진공 및 공정기술

김현후 · 김외조 · 김원식 · 이상돈 · 임기조 공저

DISPLAY
CVD DI water Venturi pump manometer
convection gauge vapor temperature
Charles UHV IPS MOCVD magnetron O-ring
VACUUM MFP turbo pump mmHg Dalton gas getter pump
VACUA HV Galilei scroll pump color filter
screw pump thermocouple
viscous flow PAGM MFC TECHNOLOGY TMP leak ultimate pressure
PROCESS He Torricelli Guericke thin film alignment pumping speed
Pascal TFT TSP Boyle pump thermal fluctuation operating pressure
pressure MPT Torr RGA base pressure laser evaporation mask dry pump deposition
fore line Langmuir rf PCVD mechanical pump back stream roots pump
Ar cfm Avogadro NEG cryo pump sorption pump
molecular flow vent TC condensation diffusion LPCVD APCVD cryogenic
valve claw pump E-beam Bernoulli reactive compression ratio CF gauge PR
throughput sublimation diffusion pump PVD LC sputtering cell bombardment
ionization coating RIE ion pump plasma roughing line BM back light
Pirani gauge 13.56MHz dc rubbing spacer
photolithography etch
printing

Vacuum means a space from which all matter has been removed.
However, nothing will come of nothing.

내하출판사

PREFACE

17세기에 Evangelista Torricelli가 수은주 실험을 통해 실험적으로 진공의 실체를 입증하면서 진공에 대한 본격적인 관심과 연구가 시작되었다. 이후 20세기에 접어들면서 진공기술은 진공 펌프와 진공 게이지의 개발과 함께 발전하였으며, 반도체 산업의 발전과 더불어 급속히 성장하게 되었다. 특히, 최근에는 평판 디스플레이산업이 대형화 진전에 따라 진공기술은 반도체산업 뿐만 아니라, 다양한 디스플레이 패널 제조에 전방산업으로 기반을 다지게 되었다. 이와 같이 산업이나 과학적인 측면에서 진공기술은 매우 중요하기 때문에 최근 50여년 동안 계속해서 빠르게 발전하여 왔으며, 앞으로도 다양한 반도체와 디스플레이를 제조하는 공정에서 더욱 엄격한 진공기술의 조건을 요구함으로 더욱 발전이 기대되는 분야이다.

진공 기술은 전기·전자, 기계, 재료, 우주항공, 물리, 생물 및 화학 등 다양한 기초과학과 공학을 토대로 반도체나 평판 디스플레이와 같은 첨단산업, 우주항공, 핵물리 및 신소재 개발을 위한 미래 산업, 그리고 각종 산업응용이나 식품/의약 등에 다방면으로 응용할 수 있다. 사실 과거에는 진공 공학에 대한 교육과정은 재료나 금속공학과 관련한 일부 학과에서만 강의하거나 대학원과정에서 실험논문이나 연구에 보조과목 정도로 여겨졌으며, 혹은 관련 산업체에서 신입사원이나 재교육자를 위한 강의가 대부분이었다. 그러나 첨단 미래 산업이 매우 빠른 속도로 성장함에 따라 대학에서도 특화된 교육과정을 마련하고 반도체학과나 디스플레이학과와 같은 첨단 신설학과를 추진하면서 진공 공학도 중요한 교육과정으로 자리 잡게 되었다. 현재 진공기술이나 진공 공학과 관련된 교재는 그리 많지 않은 실정이다.

본 교재는 첨단 산업의 전문인력을 육성하기 위해 필요한 기본적인 교재로서, 크게 2편으로 나누어 구성하였는데, 즉 진공 기술과 공정 기술로 구분하였다. 먼저 1편에서는 진공의 기초 개념, 기체 운동, 진공 펌프, 진공 게이지 및 진공 누설 등에 대해 정리하였고, 2편에서 공정 기술은 액정 디스플레이 제조기술을 공정별로 분류하여 정리하였는데, 반도체 기술을 접목한 TFT 제조공정, 칼라 필터 제조공정, 셀 제조공정, 모듈 제조공정 및 백라이트 제조공정 등을 기술하였다.

진공 기술에 대한 기초 이론에서부터 각종 제조공정 기술과 장비에 대해 세밀하게 소개하고자 하였지만, 사실 미비한 부분이 많을 것으로 고려된다. 본 교재를 접하는 공학도와 산업체의 전문가들에게 다소간의 도움이 되기를 바라며, 교재가 출판되기까지 여러 가지 도움을 아끼지 않은 내하출판사의 모홍숙 사장님과 박윤희 님께 진심으로 감사드린다.

2015년 1월
주라위길 모퉁이에서
저자 일동

CONTENTS

Part I
Basic Vacuum Engineering
진공기술

Chapter 05
진공 누설

Part II
Basic Vacuum Engineering
공정 기술

Chapter 06
TFT 제조공정

Part I

Basic Vacuum Engineering

진공 기술

Chapter

01
진공 기초

본 장에서는

진공의 기초개념과 정의를 기술하고, 진공의 역사와 성질을 설명하며, 진공의 필요성과
응용에 대해 알아보기로 한다.

진공 기초

1.1 진공의 바다

"Nothing will come of nothing.(아무것도 없다면, 결과는 어떤 것도 없다.)"

이 말은 영국의 위대한 희곡작가인 William Shakespeare가 리어왕 중에서 언급한 대화로서, 풀어서 말하면 "아무것도 말하지 않는다면 어떠한 것도 줄 수 없다."라는 뜻이다. 이와 같이 Shakespeare는 도덕적인 주제를 논함에 있어 진공(眞空)이나 무(無)에 대한 개념을 많이 사용하곤 하였다고 한다. 아마도 추상적인 말로서, 이용하기 좋았기 때문에 자주 애용하였을 것이다.

그렇다면 "진공(vacuum)이란 도대체 무엇일까"라는 질문에 대해 초등학교 어린이일 경우에 답변을 들어보면, "공기가 없는 상태입니다." 혹은 "아무것도 없는 거예요." 등으로 답한다. 그리고 어른들의 경우에는 다양한 대답이 나오는데, 이를 종합하여 정리해보면 "진공이란 비어있는 상태, 즉 어떠한 것도 없는 공허한 상태지요."라고 말한다. 또한, 공학계열의 학생들에게도 같은 질문을 던질 경우에 매우 흡사한 대답을 들을 수 있다. 이와 같은 질문에 답변들은 대체로 학문의 수준에 커다란 차이 없이 비슷한 답을 얻게 되며, 모든 답들이 사실 타당한 것이라 생각된다.

진공에 대해서 대부분의 사람들이 가지고 있는 생각들은 어렴풋이 그 의미가 유사하지만, 바로 "진공이란 이런 것이다."라고 단언해서 말하기는 쉽지 않은 듯하다. 그러나 보다 구체적인 질문으로 진공에 대해 기술해보면, 아무것도 없는 상태라는 표현에서 "아무것이란 과연 무엇을 의미하는가?"라고 다시 물어보면, 진정 아무것이 무엇인지를 쉽게 답하기는 어렵다. 왜냐하면 계속되는 질문에 사실 정확하지 않은 답으로 끌려가기가 싫어서일 것이다.

진공에 대해 공부하는 이 책에서는 다시 몇 가지 진공에 대해 더 질문을 던져보기로 하자. 이유는 이 책에서는 진공의 기술을 다루고, 또한 진공에 대해 더욱 많은 생각을 필요로 하기 때문이다. 아무것도 없는 상태라는 의미에서 "물리적인 무(無)로서의 빈 공간인 완전 진공(perfect vacuum)이 있을까?", "인공적으로 완전 진공을 만들 수 있을까?", "우주 공간에는 이와 같은 완전진공이 존재할까?" 마지막으로 "이러한 진공의 공간에서는 중력이 영향을 미칠까?" 등의 많은 의문이 예전부터 진공을 이야기하고자 하였던 고대 그리스의 철학자나 중세의 과학자들 사이에 끊임없이 이어져왔다. 특히, 중세에 종교적인 지배 하에서 이와 같은 사고는 당시 실험과학자들이 이교도의 영역으로 몰리면서 목숨까지 부지하지 못할 정도로 위험을 무릅써야 했다고 한다. 이러한 상상적인 진공의 바다에 대한 여러 질문들을 본 장을 통하여 공부하면서 양파의 껍질을 하나씩 벗기듯이 살펴보도록 한다.

1.1.1 진공의 정의

진공이란 원래 라틴어 'vacua'에서 유래하였는데, 이는 "비어있다"라는 의미이다. 진공은 기체, 즉 물질이 없는 공간의 상태를 의미하게 되는데, 이러한 이상적인 진공에서는 압력이 "0"이 된다. 그러나 실제로 이와 같은 완전한 진공의 상태를 인공적으로 제작하기란 불가능하다. 진공에 대한 정의는 여러 가지가 있지만, 진공기술에 대해 국제적인 규격을 제시하고 있는 국제표준화기구(International Standard Organization)와 미국진공학회(AVS; American Vacuum Society)의 기준을 따르면 다음과 같다. "진공이란 대기압보다 낮은 상태의 압력을 의미하거나 분자밀도가 2.5×10^{19}분자/cm^{3}보다 적은 경우를 의미한다."라고 하였다. 진공에 대한 실질적인 개념은 일정한 공간이 주위의 대기보다 적은 기체를 가진 것을 나타내며, 즉 대기보다 압력이 낮다는 것을 말한다. 사실, 진공기술을 공부하면서 처음과 끝은 바로 일정 공간 내에서 기체분자에 대한 이해라고 할 수 있다.

물리학에서 압력을 정의하면, 가해진 힘을 힘이 가해진 면적으로 나눈 값이라고 표현할 수 있다. 즉, 압력은 일정한 면적에 가해진 힘이라 말한다. 진공을 기술하면서 일정한 진공용기(vacuum vessel) 내에는 무수한 기체입자들이 존재하게 되며, 이러한 기체입자들은 공간을 자유로이 움직이면서 부딪치게 된다. 더불어 입자들은 어떤 물체(진공용기에서는 용기 내벽 등)와 부딪쳐 힘을 전달하거나 압력을 가하게 된다. 따라서 진공용기 내벽에서 단위 면적당 표면에 입자충돌의 강도를 측정하면, 바로 진공용기의 압력을 얻을 수 있다. 그림 1-1에서는 진공펌프를 사용하여 진공용기로부터 공기나 기체를 뽑아내어 진공용기 내에 남은 입자들의 형태를 나타내고 있다.

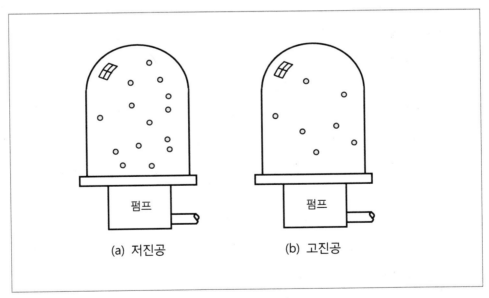

[그림 1-1] 진공용기 중에 기체입자

진공펌프는 진공도에 따라 여러 형태를 사용하게 되며, 응용하는 진공의 용도에 의해 기체를 용기 밖으로 뽑아서 제거하거나, 혹은 기체를 펌프에서 포획하기도 하며 기체의 형태를 변환하기도 한다.

1.1.2 대기압의 인식

사실 우리 인간은 지구의 표면에 살면서 잘 느끼지는 못하지만, 공기의 바다 밑바닥에서 왕성하게 활동하고 있다. 산업의 발달이나 자동차의 공해에 의한 스모그, 황사와 안개를 제외한다면, 인간이 살아가는데 가장 중요한 공기는 눈에 보이지 않는다. 우리는 흔히 가장 많이 존재하거나 자주 사용하는 것들에 대해서는 그 중요성을 망각하거나 별로 주의해서 생각하지 않는 경향이 있다. 공기도 역시 이러한 이유에서 별로 생각하지 않는 듯하다. 그러나 우리 주변에 공기의 존재를 어떻게 알 수 있는지 혹은 공기를 관찰할 수 있는 방법이 있는지 등의 의문이 생기게 된다. 물론, 등산을 하게 될 경우에 높은 산으로 오르면 공기가 희박하다는 것을 느낄 것이고, 바람이 많이 부는 경우 걷거나 자전거를 타게 되면 공기의 존재를 알 수 있다. 특히, 속도를 위주로 경기하는 단거리달리기선수, 스키선수, 경륜선수 및 자동차경주 등은 공기의 저항을 줄이기 위해 많은 노력을 하게 된다.

대기압에 대한 정량적인 측정은 17세기에 Evangelista Torricelli가 기압계를 발명하면서 알 수 있게 되었다. Galileo Galilei의 제자였던 Torricelli는 진공에 대한 많은 흥미를 가지고 있었는데, 스승인 Galilei는 광산에서 물펌프를 이용하여 단지 34 feet (10.36 m) 정도만 끌어올릴 수 있을 뿐, 이유를 정확하게 설명할 수 없었다. 그러나 Torricelli는 물펌프의 입구에서 물을 누르는 공기의 압력 때문이라는 것을 인지하였고, 이를 실험하기 위해 물보다 밀도가 큰 액체로 수은을 사용하게 되었다. 수은의 밀도는 물에 비해 약 13.6배이고, 따라서 물의 질량보다 13.6배 무겁다.

Torricelli는 실험을 준비하면서 한쪽 끝이 막힌 약 1 m 정도의 유리관을 사용하여 수은을 채운 후에 손가락으로 열린 쪽을 막고 뒤집어 수은이 채워진 용기에 담갔다. 수은은 평형이 이루어지기까지 유리관을 따라 내려가다가 정지하고 수은 기둥은 대략 76 cm 정도의 높이를 유지하였다. 그림 1-2는 Torricelli가 실험한 수은관으로 그가 제작한 기압계이며, 유리관의 모양이 바뀌더라도 수은의 높이는 동일하다는 것을 확인하였다.

또한, Torricelli는 이와 같은 실험을 통하여 유리관의 수은 기둥 윗부분의 공간이 진공이라는 사실을 처음으로 입증하였으며, 수은 기둥이 더 떨어지지 않는 이유는 유리관의 수은 기둥 위로는 진공으로 압력이 '0'이지만, 수은 기둥이 떨어지지 않도록 수은 기둥의 무게만큼 아래에서 대기압으로 밀어주고 있기 때문이라는 사실을 알게 되었다. 이와 같은 Torricelli의 실험에 의해 대기압의 단위를 수은의 높이(cm·Hg 혹은 mm·Hg)로 사용하게 된 계기가 되었다. 또한, 수은의 밀도를 알고 수은 기둥의 부피를 알아내면, 수은의 무게를 구할 수 있으며, 이를 유리관의 단면적으로 나누면 단위면적당의 힘, 즉 압력을 얻을 수 있다. 이러한 결과로부터 표준 대기압을 76 cm 의 수은 높이로 나타내며, 즉 1기압은 (1 atm=760 cm·Hg) 약 100 Pa로 환산한다. 그림 1-3은 Torricelli의 대기압 실험을 나타내고 있다.

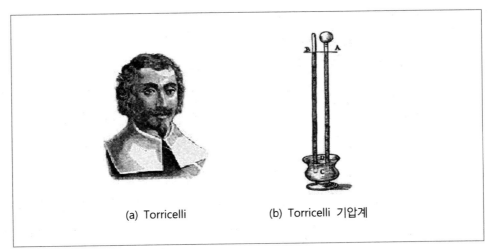

(a) Torricelli   (b) Torricelli 기압계

[그림 1-2] Torricelli와 기압계

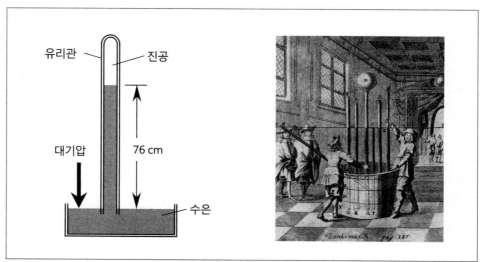

[그림 1-3] Torricelli의 대기압 측정 실험

우리는 공기라는 바다의 바닥에서 살면서 대기압을 느끼지 못하면서 살고 있다. 그 렇다면 왜 느끼지 못하는 것일까? 이는 실제로 대기압을 견딜 수 있도록 우리 몸 안에 내부 압력이 동일한 압력인 대기압으로 밀고 있어, 내부와 외부의 압력이 같기 때문이다.

높은 산을 등산할 경우, 높이 올라갈수록 공기는 희박해지고 압력은 감소하게 된다. 이를 확인하기 위해 등산을 할 때에 풍선을 가지고 올라가면 높이 올라갈수록 풍선 이 팽창한다는 것을 보게 된다. 따라서 수은관을 이용한 대기압 실험은 높은 산에서 는 수은 기둥이 낮아지게 된다. 또한, 날씨의 변화에 의해 수은의 높이는 변하게 되 며, 아주 맑은 날보다 비바람이 거센 날의 수은 기둥은 더 낮아진다. 이와 같은 수은 기둥의 높이가 변하는 것을 이용하여 날씨를 예측할 수 있으며, 대기압이 떨어지면 비나 폭풍우가 올 것이라는 기상 예측을 할 수 있다.

우리가 숨 쉬는 대기의 성분을 살펴보면, 질소가 약 78%, 산소 약 21%, 미량의 수 분, 탄산가스, 헬륨, 아르곤 등의 여러 기체가 섞여있다. 이러한 대기의 기체분자 수 는 $1cm^2$ 공간에 대략 2.5×10^{19}개가 존재한다. 대기 중에 기체들은 상온에서 음속

(340 m/sec)보다 더 빠른 속도(평균속도 440 m/sec)로 움직이며, 다른 분자나 물체의 표면에 충돌하게 된다. 이때, 기체분자는 엄청난 압력을 가하게 되는데, 예로서 1기압은 $1\,cm^2$의 면적을 1 kg 정도의 무게로 누르는 것과 같다. 이는 마치 손바닥을 펼칠 경우, 성인 두 명 정도가 올라가 손바닥을 누르는 것과 동일하다.

1.2 진공 역사

1.2.1 진공의 태동

진공에 대해서는 지금부터 2,400년 전인 그리스 시대에 이미 여러 철학자들이 생각하고 있었다. 물론 실험적으로 진공의 실체를 입증할 수 없었기 때문에 이러한 시대에 진공은 사고의 산물이었다. 먼저 그리스 시대에 위대한 철학자인 Socrates, Platon 이나 Aristotle 등은 진공의 가능성을 부정하였으며, 이 시기에 진공에 대한 일반적인 견해는 "자연은 진공을 싫어한다(nature abhors a vacuum)."라는 것으로 정의하였다. 특히, Aristotle는 "우주는 연속적인 물질로 채워져 있으며, 자연에서 진공은 필연적으로 불가능하다."고 하였고, 지구상의 만물은 4가지 요소(4원소설)인 흙, 물, 공기, 불로 구성되며, 천상계에는 제5원소로 구성되어 있다고 생각하였다. 그러나 제5원소의 개념은 잘 이해되지 않는 빈 공간을 설명하기 위한 수단인 듯하였다.

반면에 일부 철학자들은 이에 반대하는 이도 많았는데, 대표적으로 B.C. 420년경 Socrates와 동시대 인물이었던 Democritus는 세상의 모든 물질은 원자로 구성되어 있다고 하였고, 이는 처음으로 원자론에 대해 거론한 것이며, 또한 진공 상태가 존재한다고 주장하였다. 이는 Aristotle보다 약 100년 정도 앞서 진공의 존재에 대해 주장하였지만, 3명의 위대한 대철학자들의 부정으로 인하여 빛을 발하지 못하였다.

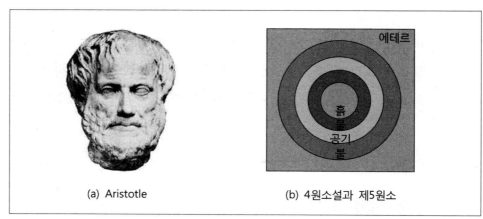

(a) Aristotle　　　　　　　(b) 4원소설과 제5원소

[그림 1-4] Aristotle과 4원소설

　이후로 로마의 철학자이자 시인인 Lucretius는 모든 물질이 작은 입자로 구성되어 있다는 원자론적 유물론을 서사시 형태로 노래하기도 하였다.

또한, Empedokles는 모든 물질이 아주 가벼운 에테르(ether)라는 매질로 가득 채워져 있다고 생각하였다. 즉, 에테르라는 존재를 가정함으로써, 아무것도 없는 것처럼 보이는 것이더라도 완전히 빈 공간은 없다고 상상하였다. 이러한 에테르의 개념은 여러 형태로 변하면서 20세기 초에 Albert Einstein에 의해 무너지기까지 우주 만물이 그 안에서 헤엄치듯이 운동하고 있다고 생각하였다.

1.2.2 진공 실험

이렇듯 중세의 암흑기는 과학사에 있어 기나긴 미혹의 터널과도 같은 시기였으며, 종교적인 관념으로 일관되었던 과학이 Copernicus, Galilei, Newton 등에 의해 서서히 타파되기 시작하였다. 특히, 실험적으로 처음 진공을 입증하였던 Torricelli를 비롯하여 Pascal, Guericke 및 Boyle 등과 같은 실험과학자들은 이에 깊은 자극을 받게 되었다.

(a) Pascal　　　　　　　　(b) Le Puy de Dome 산

[그림 1-5] Pascal과 퓌드돔산

아무튼 앞서 기술한 바와 같이 1643년에 실시한 Torricelli의 수은 기둥에 대한 실험은 진공을 증명한 진공기술의 효시였고, 당시 과학에 있어 혁명적인 사고의 변화를 이끌었으며, 이 실험은 유럽의 많은 과학자들을 자극하여 유리관의 수은 기둥 위에 만들어진 빈 공간 속에 숨어있는 성질을 알아내기 위해 여러 가지 실험들이 이어졌다.

한편, Blaise Pascal은 공기의 압력과 진공에 대한 Torricelli의 경이로운 실험을 전해 듣고, 대기압의 변화에 대한 흥미를 유발하게 된다. 그러나 그의 연구는 당시 프랑스에서 가장 영향력이 있는 자연철학자 Rene Descartes의 견해와 다른 길로 접어들게 되었다. 그는 두 개의 수은관을 준비하여 산의 높이에 따라 수은 기둥의 높이가 변한다는 것을 입증하기 위해 실험하였는데, 1648년 해발 1,465 m의 퓌드돔(Le Puy de Dome) 산을 오르면서 고도에 따라 수은의 높이를 기록하였다.

Pascal의 실험결과로 산의 높이에 따라 공기의 압력이 줄어든다는 사실을 알아냈으며, 그는 "경이와 환희 가운데 이루어졌다"라고 기술하였다. 이들은 결국 수은과 유리관을 이용하여 진공의 실재를 보여주었고, 또한 pump를 이용하여 유리 기구 내에 공기를 빨아냄으로써 진공과 대기압, 즉 공기의 무게와 압력이 실제로 존재한다는 사실을 증명하였다. 이로써, 진공이 실험과학의 한 영역으로 자리 잡게 되었다. 1654년 독일에도 Torricelli의 경이로운 실험에 자극을 받은 사람으로 진공의 역사에 결코 빠질 수 없는 인물이 있었는데, 그가 바로 Otto von Guericke이다. 그는 독일의 마그데부르크 시를 이끄는 4명의 시장 중에 한 사람으로 무려 30년을 재직하였다. 그는 진공의 실재성을 공개적으로 기념하기 위해, 두 개의 잘 맞추어진 청동 반구를 준비하고 시의 소방서로부터 지원받은 펌프를 이용하여 전폭적인 지지를 받으며 실험에 착수하였는데, 이것이 바로 "마그데부르크 반구실험"이다. 진공 반구를 준비한 후에 Guericke는 "자연은 오히려 그것을 파괴하려는 시도에 강력히 저항한다."라고 주장하며, 준비된 반구에 각각 말 여덟 마리를 한 조로 구성하여 반구를 떼어 내도록 하는 극적인 쇼를 연출하였다. 그러나 반구는 깨지지 않았고, 이때를 기다렸다는 듯이 Guericke는 밸브를 열어 반구 안으로 공기가 들어가도록 하여 아무 힘도 들이지 않고 쉽게 반구를 떼어 내었다. 이와 같은 진공실험을 통하여 과학자들은 지구에는 많은 양의 공기로 둘러싸여 있고, 공기가 지표면을 상당한 압력으로 누르고 있다는 사실을 확인하였다.

(a) 마그데부르크 반구   (b) Guericke

[그림 1-6] Guericke와 마그데부르크 반구

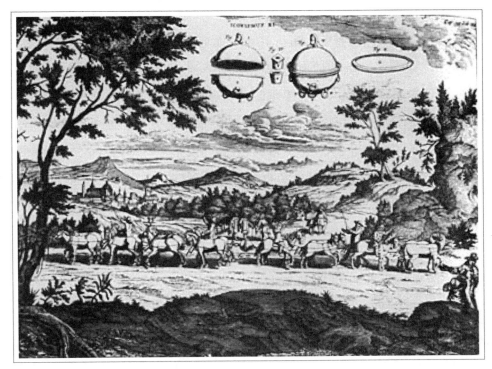

[그림 1-7] Guericke의 마그데부르크 반구 실험

이러한 진공에 대한 실험적인 성공은 당시에 많은 과학자들을 자극하기도 하였지만, 대다수의 물리학자들은 완전한 진공이 가능할지에 대해 여전히 의심을 품고 있었으며, 우주에는 에테르라는 물질로 가득 찬 바다와도 같은 것이라고 생각하였다. 그러나 만물이 그 안에서 운동한다는 것은 오래 전부터 전해져온 고정적인 과학의 개념일 뿐, 애석하게도 에테르에 대한 존재를 알 수 있는 근거나 방법은 없었다.

18~19세기의 진공과학도 이와 같이 기묘한 에테르라는 물질 때문에 어려움을 겪었으며, 그 안에서 새로이 발견된 전기력이나 자기력을 설명하고자 노력하였다. 마침내 천재 과학자인 Albert Einstein이 탁월한 과학적인 사고와 실험기술을 토대로 우주에 가득하다고 여겼던 에테르의 개념은 사실무근이라는 것으로 밝혀졌다. 따라서 1905년부터 다시금 우주에서의 진공개념이 가능하다는 생각이 제기되었고, 중력장 이론

에 의하면 질량과 에너지가 없는 빈 공간을 완전히 수학적으로 표현하면서 텅 빈 우주가 가능하였다. 그러나 극미의 세계에서 양자역학이 불려 일으킨 과학의 혁명은 진공을 완전히 텅 빈 공간으로 생각하는 것이 잘못되었다는 것을 분명히 나타내었다. 이와 같은 새로운 개념에 따르면, 진공이란 용기 안에서 제거할 수 있는 모든 것을 제거한 뒤에 남은 상태를 의미할 뿐이며, 결코 공허한 것이 아니라는 것이다. 다만, 에너지가 가장 낮은 상태이고, 이러한 상태를 변화시키면 에너지가 증가한다는 진공 에너지 개념으로 설명하였다. 이러한 양자역학적인 진공은 실험적으로 검증을 거치면서 제거 불가능한 진공 에너지를 검출함으로써, 진공이 물리적인 실체로 존재한다는 것을 알 수 있게 되었다.

〈표 1-1〉 초기 진공기술의 역사

연도	개발자	내용
1615	Beekman	• Water pump의 작용을 기술
1640	Galileo	• 피스톤을 이용한 진공측정 시도
1640	Berti	• Siphon을 이용한 기초 기압계 고안 〈베르티의 진공〉
1643	Torricelli	• 수은주를 이용하여 진공 실험 〈토리첼리의 진공〉
1648	Pascal	• 기압계 실험
1650	Guericke	• 처음으로 air pump 개발 〈마그데부르크시의 반구실험〉
1676	Picard	• 진공에서 전기방전 실험
1705	Hauksbee	• 전계발광 실험
1740	Nollet	• 달걀형 용기로 전기 방전 실험
1851	Newman	• Mechanical pump 제작
1875	Dewar	• 목탄의 흡수에 의한 가스포획 기술
1905	Gaede	• Rotary oil pump 개발
1916	Dunoyer	• Diffusion pump 고안

(a) Guericke의 진공펌프   (b) Boyle의 진공펌프(1660)

[그림 1-8] 초기 진공 펌프

이러한 진공 상태에 대한 자연관의 변천은 아마도 아직 계속되고 있으며, 이는 아무 것도 없는 상태가 아니기 때문일 것이다. 즉, 최근에 소립자를 연구하는 물리학자들은 새로운 형태의 입자나 물질의 존재를 주장하고 있고, 진공으로 기체를 제거하여도 전기자파와 같은 에너지가 공간을 채울 수 있기 때문이다. 다시 말하면, 우리가 생활하고 있는 공간에는 방방곡곡에서 날아오는 온갖 전파가 날아다니고 있으며, 만일 진공펌프를 통해 기체를 제거하더라도 어떤 신호든지 남아있을 것이다.

표 1-1에서는 이상과 같이 기술해온 간략한 진공의 역사와 더불어 여러 종류의 진공 펌프에 대한 초기 개발사를 정리하고 있다. 더욱 자세한 진공기술의 역사는 부록 A 에서 소개한다.

1.2.3 진공 펌프의 개발사

그림 1-8은 초기 진공 펌프의 외형을 나타낸다. 최초의 진공 펌프는 1650년 Guericke에 의해 발명되었는데, 피스톤과 밸브를 갖춘 water pump를 개선하여 밀폐

된 용기에서 공기를 빼는 정도의 기구 수준이었다. 이러한 시기에 "진공 펌프 (vacuum pump)"라는 말은 사용하지 않았으며, Guericke는 자신이 만든 펌프를 "syringe"라고 불렀고, 이는 기본 구조가 일종의 주사기와 같았기 때문인 듯하다. 또한, Boyle은 압축공기 장치(pneumatic machines)라고 불렀으며, 이후 기체를 압축한다는 의미의 장치로서 "pump"라고 불리게 되었다.

초기의 펌프는 Hooke나 Fleuss 등을 거치면서 피스톤 펌프로 개선되었고, 19세기에는 백열전구와 같은 산업에서 진공기술이 진보하면서 더욱 성능이 우수한 진공 펌프가 필요하게 되었다. 즉, 1865년 Sprengel은 Torricelli의 진공 방식을 이용하여 Sprengel pump를 발명하였는데, Edison은 Sprengel pump를 이용하여 1879년에 처음으로 백열전구를 제작하게 되었다. 그리고 Edison은 1896년 Sprengel-Geissler의 pump를 개선하여 새로운 펌프를 만들게 되었다.

20세기에 들어와 1905년 Kaufman은 전기 모터를 이용하여 처음으로 pump에 적용하였고, 같은 해에 독일의 Gaede는 회전식 수은 펌프를 개발하였는데, 이는 나중에 유회전 펌프로 발전하게 된다. 1916년 미국의 Langmuir가 농축 확산 펌프를 제작하였으며, 이 펌프와 수은배기 농축용 trap를 결합하여 고진공(10^{-4} Pa = 7.5×10^{-7} torr)을 얻을 수 있었고, 이는 전자관 산업의 발달을 촉진하는 계기가 되었다. 1928년 영국의 Burch는 수은 대신에 대체물로써 고융점의 석유성분을 사용하고 액체공기 trap 없이 고진공을 얻을 수 있는 펌프를 개발하였다. 이러한 진공기술은 주로 전구, 진공관 및 X-ray tube 등의 제조에 응용되었으며, 또한 고진공기술의 개발은 입자가속기, 전자현미경, 레이더 등 전자나 이온과 연관된 새로운 기술 분야의 탄생을 주도하였다.

당시 고진공의 정도는 청정한 상태의 표면에 수소 오염이 발생하기 때문에 초고진공의 필요성이 요구되었고, 1945년을 전후하여 진공기술 분야에 대한 연구가 더욱 전개되었다. 1950년 Bayard와 Alpert는 전자에 의해 생성되는 X-선에 따른 압력을 측정하기 위해 초고진공(UHV) 게이지를 개발하였다. 1958년에는 방전현상으로 인한 기체흡착을 이용하여 Getter ion pump가 개발되었고, 한편 기체에 기계적인 운동량을 가하여 기체를 제거하는 Turbo molecular pump(TMP)도 개발되었다. 그리고 1960년대 초에는 우주환경에 대한 simulation 장치를 위해 Cryo pump도 개발되었다. 이와 같은 초고진공 펌프의 개발로 인하여 약 10^{-8} Pa 정도까지 도달함으로써, 표면이나 박막에 대한 연구를 수행할 수 있는 수준에 이르렀다. 또한, 당시 연구개발에 박차를 가하던 반도체 제조공정의 장비에 많은 영향을 주었다. 이후 최근에는 재료 및 표면공학에서 원자수준의 제어기술과 고도화된 표면계측을 응용하기 위해 10^{-10} Pa 정도의 극초고진공(XHV)까지 연구할 수 있는 진공 펌프가 연구되고 있다.

1.3 진공 성질

실제로 진공이란 단지 부분적으로 비어있는 공간을 의미하며, 흔히 대기압보다 낮은 압력으로 기체가 채워진 공간을 말하기도 한다. 즉, 2.5×10^{19} 분자/cm^3 이하의 분자밀도를 가진 공간이다. 표 1-2에서는 고도에 따른 기체분자의 수를 나타내고 있는데, 진공이란 공기나 다른 기체가 제거되어 대기압의 기체분자밀도보다 낮아지는 공간을 의미하게 되었다. 그러나 완전히 기체분자를 제거하는 이상적인 공간, 즉 절대진

〈표 1-2〉 고도에 따른 기체분자량(22.4L)

위 치	고 도(km)	기체분자 수	압력(torr)
해수면	0	약 6×10^{23} 개	760
Space shuttle 작업 공간	90~110	약 8×10^{17} 개	$10^{-3} \sim 10^{-4}$
우리별 1호 작업 공간	1,300	약 6×10^{10} 개	10^{-10}
정지위성 작업 공간	36,000	약 6×10^{7} 개	10^{-13}
혜성 존재 구간	1억	약 6×10^{4} 개	10^{-16}
1억 km 이상	이상	약 6×10^{-2} 개	10^{-23}

공을 만든다는 것은 기술적으로 불가능하다.

이와 같이 기체분자의 수는 분명히 진공의 정도와 연관이 있으며, 자연스레 진공도의 직접적인 척도를 나타내는 듯하다. 사실, 기체분자의 수가 낮아질수록 진공도는 더욱 낮아진다. 그러나 대기압에서 기체분자의 수는 천문학적인 숫자로 나타나기 때문에, 이를 진공도로 사용하기에는 매우 적합하지 못하였다. 따라서 기체분자밀도와 관련이 있는 압력을 이용하여 진공도를 나타내는 단위로 사용하게 되었는데, 즉 온도가 일정할 경우에 Boyle의 법칙에 의하면 기체의 압력은 기체밀도와 비례한다. 이미 기술하였듯이, 압력의 단위로는 Torricelli의 이름에서 유래한 torr를 실용적으로 사용하고 있는데, 1 torr는 수은 기둥 1 mm 높이의 압력과 같으며, 즉 1기압은 760 torr이다. 하지만, 국제 표준단위계(SI)에서는 Pascal의 이름에서 유래한 Pascal (Pa)을 압력의 단위로 사용하고 있다. 1 Pa는 1 m^2의 단면적에 작용하는 1 N의 힘에 해당하는 압력이다. 두 단위계를 환산하면, 1 Pa은 0.0075 torr이며, 반대로 1 torr는 133 Pa이다. 이외에 여러 종류의 압력 단위에 대한 환산은 표 1-3에서 정리하여 나타낸다.

1.3.1 진공의 특성

오늘날 진공은 상당히 다양한 분야에서 폭넓게 응용되고 있는데, 진공이 지닌 특성

〈표 1-3〉 압력 단위의 환산

기 준	값	단 위
1 표준 대기압 (standard atmosphere)	14.7	psia (pounds per square inch)
	760	mm·Hg
	760	torr
	101,325	pascal(Pa)
	1,013.25	millibar(mb)
	1.035	kg·f/cm^2

을 바탕으로 목적에 적합하게 이용한다면 더욱 효율적으로 활용할 수 있을 것이다. 먼저, 진공의 특성에 대해 기술하면 다음과 같다.

① **압력차에 따른 힘의 생성** : 단순히 진공과 대기 사이의 압력차를 이용하는 생활 제품으로 주사기, 진공청소기 및 진공 수송기 등을 볼 수 있으며, 특히 진공청소 기는 대기압보다 약간 낮은 압력으로 먼지나 불순물을 빨아들여 제거하게 된다.

② **단열/차음 효과** : 보온병이나 이중 유리창 등은 외벽과 내벽 사이에 아주 얇은 공간을 낮은 진공으로 만들어 기체의 의한 열전도나 소음을 억제하는 방법이다.

③ **승화작용** : 식품을 진공처리하면 수분의 증발이 빠르며, 이를 이용하여 진공건조 할 수 있고, 특히 낮은 온도로 급냉하여 진공 배기한 냉장 포장식품이나 의약품 은 오래 보존할 수 있으며, 신선도를 계속 유지할 수 있다.

④ **산화/부패 반응 억제** : 진공을 형성하게 되면 공기의 주성분인 질소, 산소 및 수 분 등의 밀도가 낮아져 금속의 산화를 방지할 수 있으며, 부패를 억제하게 된다. 이를 이용한 것이 램프, 진공 포장 및 쓰레기 건조 등이다.

⑤ **운동저항 감소** : 고진공 하에서 입자의 평균자유행정(mean free path)은 크게 증 가하는데, 즉 진공 중에서 입자들이 비행하는 거리가 커지게 된다. 즉, 진공의 이 러한 특성은 전자, 분자, 이온 사이에 발생할 수 있는 서로의 충돌을 줄일 수 있 다. 입자가속기 및 방사광 가속기 등은 이러한 성질을 이용한 것이다.

⑥ **극청정 분위기** : 진공은 용기 내에 기체분자의 수를 감소시키게 되며, 표면처리 기, 반도체 공정 및 평판 디스플레이 제조공정 등은 청정한 분위기에서 응용하게 된다.

⑦ **플라즈마 생성** : 불활성기체를 사용하여 적절한 진공도를 조성하고 고전압을 인 가하면 플라즈마를 생성할 수 있으며, 플라즈마를 이용하여 박막을 만들 수 있다.

진공의 이러한 특성을 이용한 것이 진공 증착기나 PDP 등이다.

1.3.2 진공의 분류

지금까지 진공에 대한 기술은 주로 진공의 본질을 다루는 것이었다. 이제 구체적으로 "진공은 어떻게 만들어야 하는가?"라는 질문에 답을 얻고자 Guericke는 진공을 만들기 위해 공기를 제거하는 방법을 모색하게 되었고, 처음으로 진공 펌프를 개발하게 되었다. 그는 마그데부르크의 반구실험을 통해 진공의 실체를 증명하였을 뿐만 아니라, 또한 진공을 만드는 방법도 제시하였다. 이후 많은 과학자들이 진공 펌프의 개선을 거듭하여 오늘날에 사용하는 초고진공용 펌프까지 만들게 되었다.

진공도의 분류는 크게 저진공(LV; low vacuum 혹은 rough vacuum), 중진공(MV; medium vacuum), 고진공(HV; high vacuum), 초고진공(UHV; ultra high vacuum) 및 극초고진공(XHV; extreme high vacuum) 등 5가지로 분류한다. 또한, 간단히 3가지로 분류하면, 저진공(rough vacuum), 고진공 및 초고진공으로 나눈다.

표 1-4는 압력의 영역으로 진공을 분류한 것을 나타내며, 표 1-5에서는 진공의 분류에 따른 산업에서의 응용과 파급효과를 나타내고 있다.

〈표 1-4〉 압력 영역에 의한 진공의 분류

압력의 영역	진공도[torr]
저진공(low vacuum)	대기압 ~ 1
중진공(medium vacuum)	$1 \sim 10^{-3}$
고진공(high vacuum)	$10^{-3} \sim 10^{-7}$
초고진공(ultra high vacuum)	$10^{-7} \sim 10^{-10}$
극초고진공(extreme high vacuum)	10^{-10} 이하

〈표 1-5〉 진공의 분류와 응용

압 력	목 적	연구 개발	산업 응용	파급효과
저진공 (LV)	압력제어	• 진공포장 • 압력차 • 형광체 • 진공흡착	• 냉동건조 • 진공청소기 • 네온사인 • 진공흡착이송	• 식품가공 • 가전제품 • 조명기술 • 반송기술
고진공 (HV)	전자제어	• 음극선 • 전자파동성 • 광전효과 • X선 방전 • 양극선 방전 • 열전자 현상 • Plasma 물리	• 전구 발명 • 방전관 발명 • 진공관 발명 • X선관 발명 • 전자현미경 개발 • 질량분석기 개발 • 초고온 Plasma 기술	• 조명기술 • 통신기술 • 통신기술 • 반도체기술 • 반도체기술 • 반도체기술 • 반도체기술
초고진공 (UHV)	청정표면	• 원자의 파동성 결정 • 표면화학 발전 • 전자선 홀로그래피 개발 • XPS 개발 • 양자 Hall 효과 발견 • STM 발명	• ion 현미경 발명 • 가속기 개발 • diamond 박막 개발 • HEMT 발명 • 핵융합 개발 • 촉매반응 개발	• 반도체기술 • 반도체기술 • 반도체기술 • 반도체기술 • 신에너지원 • 화학공업
극초 고진공 (XHV)	고립원자 제어	• 표면 및 계면에서 현상 • 신기능 의료기기 • 광자 간 상호작용 • 광자 굴절에 의한 중력파 • 고립원자의 양자효과 • 절대진공 공간의 전도율	• 신기능 회로소자개발 • 신기능 하전빔 개발 • ion beam • Ultra clean 기술 • 초고순도 재료정제 • 고립원자 이용	• 차세대 반도체기술 및 재료기술

1.4 진공 기술

진공기술은 진공 용기 내부를 진공상태로 만들고, 기체, 이온, 전자 및 플라즈마 등을 조절하여 각종 첨단의 연구개발이나 생산에 응용하는 기술을 의미한다. 따라서 진공을 응용하기 위해서는 인위적으로 진공을 생성시키고 제어하여야 한다. 진공을 응용하는 진공기술의 요소로는 발생기술, 재료기술, 가공/부품기술 및 평가/제어 기술 등으로 크게 나뉘며, 이와 같은 4 가지 요소를 합하여 진공응용기술이라 한다.

1.4.1 진공의 필요성

지금까지 진공에 대해 기술하면서 먼저 "진공이 대체 무엇인가?" 혹은 "진공을 어떻게 만들어야 하는가?"라는 질문에 대해 살펴보았다. 그럼, 이제 과연 "진공이 왜 필요한가?"에 대해 공부하여야 할 것이다.

Torricelli의 수은 기둥 실험과 Guericke의 마그데부르크 반구실험 이후, 진공을 이용한 진공기술에는 거의 변화가 없었다. 그러나 19세기 말에 이르러 전기방전에 대한 실험이 유행하면서 진공을 이용하게 되었고, 특히 Geissler관의 진공도에 따른 아름다운 진공방전 실험은 많은 과학자를 자극하였고, 실험관의 진공도를 향상시키려는 노력으로 이어졌다. 그리고 잘 발달된 유리 가공기술과 더불어 전구, 진공관 및 브라운관 등의 다양한 분야로 진공기술을 접목하여 많은 실험들이 계속되었다. 물론, 진공 펌프의 개선에 힘입어, 당시 진공도는 10^{-4} torr 정도에 도달하였으며, 새로운 학문으로써 진공과학은 현대 물리학과 화학에 많은 역할을 하게 되었다. 대표적으로 1879년 Crooks가 진공방전실험을 하다가 음극이 방출되는 음극선관을 발명하였고, 1887년 Hertz의 광전효과실험을 비롯하여, 1885년부터 진공방전을 연구하던 Thomson이 기본 입자인 전자를 발견하였으며, 또한 1895년에는 Roentgen이 진공관에서 고압의 음극선 실험을 통하여 X선을 발견하였다.

이와 같이 19세기 말과 20세기 초에 태동하였던 초창기의 현대물리학은 진공기술이 뒷받침되면서 발전하게 되었고, 이를 토대로 많은 노벨상의 수상자들이 배출되었다. 즉, 현대 과학의 발달은 진공기술과 직접 혹은 간접적으로 영향을 받아 이루어진 결과라고 할 수 있다. 또한, 20세기 초반에 진공기술은 다양한 고진공 펌프와 진공 게이지가 개발되었고, 여러 종류의 기술을 바탕으로 하는 산업과 생활에 이용되는 분야로 응용하게 되었다. 예로서, 재료와 관련한 표면처리, 제련 및 진공 증착 등에 이용되었고, 또한 식품 건조나 저장 및 의약품 개발에도 진공 내에서 수행하게 되었다. 이와 같은 진공기술의 필요성이 더욱 확대되면서 진공 펌프가 개선되어 진공도는 10^{-8} torr에 도달하게 되었고, 정확한 진공도를 측정하기 위해 진공 게이지의 필요성도 커져, 1937년에는 Penning이 냉음극 이온 게이지를 발명하기에 이른다.

제2차 세계대전을 거치면서 많은 과학기술이 한층 발전하게 되는데, 진공기술도 엄청난 변화를 가져오게 되었다. 즉, 진공장치가 대형화되고 각종 진공부품 및 소재의 제조기술이 개선되어 초고진공의 시대를 열게 되었다. 이를 바탕으로 이전까지 주로 사용하던 진공 구성 소재인 유리를 이용한 진공용기 대신에 스테인레스강을 사용하여 진공 용기를 제작하게 되었다. 특히, 1960년대에 반도체 산업은 진공기술의 산업화와 본격적으로 결합하면서 대형화를 이루게 되는데, 사실 반도체 분야에서의 진공기술은 필요에 의해 기술을 창출할 정도였다고 할 수 있다. 전자산업에 있어 진공관이 반도체로 교체되어 제조공정에서 계면의 특성이 매우 중요하였으며, 청정 표면을 만족시킬 수 있는 진공기술을 필요로 하게 되었고, 바로 진공도는 반도체의 핵심 요소였던 것이다. 초고진공의 분위기는 반도체의 성장기술을 이용한 반도체 소자의 제조와 대규모 집적회로(IC)의 생산에 기본적인 필수조건으로 자리 잡게 되었다. 따라서 오늘날에는 반도체 산업과 진공기술은 결코 뗄 수 없는 관계를 유지하고 있으며, 초고진공기술의 발전으로 인하여 반도체 분야는 더욱 활성화되었다. 20세기 말의 반도체 산업과 나노기술의 개발뿐만 아니라, 21세기 초에 국가별로 첨예하기 경쟁하고 있는 첨단성장동력산업이라 할 수 있는 평판 디스플레이 분야에서도 진공기술을 필수조건으로 응용하고 있으며, 향후 초고진공기술은 대부분의 산업에서 지속적으로 견인차 역할을 담당할 것이라 예상된다.

〈표 1-6〉 진공의 목적과 응용

목 적	현상 및 효과	장치 예
진공에서 생성되는 물리적/화학적 가공	방전 이온화 이온분리 가속 Sputtering	PECVD Plasma etching Sputter
균일성 향상	평균자유거리 증대	감압 CVD Plasma etching
표면 청정화	탈가스, 탈수	CVD 전처리 Sputtering 전처리
반응 제어	화학적 평형상태 제어 생성물의 이탈 촉진	감압 CVD Plasma etching
반응 용기 내의 분위기	효율 향상	CVD Epitaxial growth
청정 공간	진공 형성	진공장치

1.4.2 진공 기술의 응용

넓은 의미에서 진공이란 대기압보다 낮은 기체의 압력 상태라고 정의하며, 사실 진공은 우리 주변에서 자주 접하게 된다. 즉, 빨대를 이용하여 음료수를 마시거나 주사기로 혈액을 뽑는 것 등 생활 속에서 이러한 진공 현상은 많이 이용하게 된다. 또한, 일반 가정에서 애용하고 있는 가전제품이나 생활제품으로는 CRT TV를 비롯한 각종 디스플레이, 진공청소기, 진공보온병 및 네온사인 등이 있으며, 생활용품 중에는 컵라면, 식품 포장 및 통조림 등이 있다.

진공기술을 응용하는 대표적인 분야는 다음과 같다.

① **첨단산업** : 반도체, 디스플레이(PDP, FED, OELD 등)
② **미래산업** : 우주항공, 핵공학, 신소재개발 등
③ **산업응용** : 기계부품, 광학부품, 코팅, 보온병, 램프, 브라운관, 냉동기 등
④ **의약/화학** : 의약품 제조, 식품보관, 진공건조식품, 진공증류 등
⑤ **첨단연구** : 가속기, 표면분석장치, 질량분석, 표면처리 등

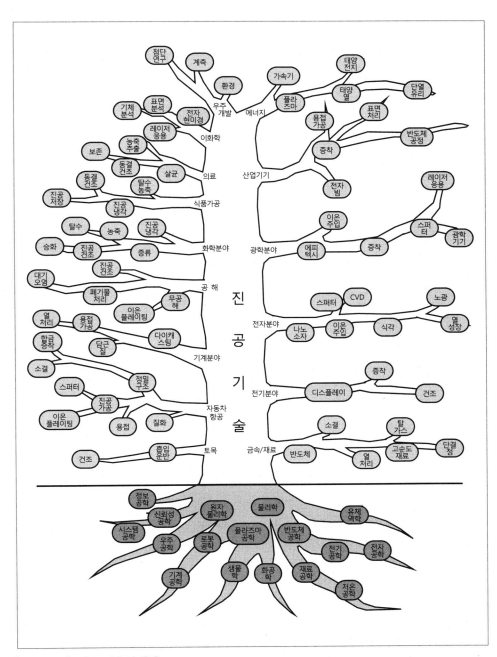

[그림 1-9] 진공 기술의 응용

그림 1-9는 진공 기술의 응용을 나타내는 나무(tree) 모양으로써, 진공 기술의 응용분야는 나무의 뿌리에 해당하는 기계공학, 로봇공학, 전기전자공학, 재료공학, 화학공학, 시스템공학, 물리학, 생물학 및 진공공학 등의 순수과학과 공학을 총망라한 과학을 토대로 응용되는 상당히 폭넓은 범위를 표현하고 있다.

Millenium의 전환기였던 21세기의 시작과 더불어 우리나라의 반도체 및 평판 디스플레이 산업은 현재 생산량에 있어 세계 제일을 차지하면서 국가발전의 기틀이 되는 차세대 성장동력산업으로 자리하고 있지만, 이와 같은 산업의 기초라고 할 수 있는 진공장비나 소재 등의 기초 분야는 아직도 매우 미약한 편이라고 할 수 있다. 특히 진공장비 시장은 설비면에서 반도체와 디스플레이 장비 전체의 약 1/3 정도를 차지하고 있다. 그러나 우리나라에서 생산되는 진공장비의 국산화율은 매우 낮은 편으로 거의 해외에 의존하고 있는 실정이다. 실제로 진공 장비의 개발이나 기술의 특성은 고도로 전문화된 진공 부품으로 제조되기 때문에 전문화된 기술력과 인력의 축적을 요구하고 있다. 그러므로 진공 장비의 국산화를 비롯하여 기술 개발과 인력 양성이 원만하게 지원되어 기초 첨단 진공기술을 확보함으로써, 그림에서 나타나는 각종 응용 분야에서 최고의 자리를 공고히 할 것이라 여겨진다.

진공의 태동_ 토리첼리(Evangelista Torricelli)의 생애에 대해 알아보자.

수학자이자 물리학자인 토리첼리는 1608년 10월 15일 이탈리아의 Faenza에서 직조공이었던 아버지 가스펠 토리첼리(Gaspare Torricelli)와 어머니 카테리나 앤제티(Caterina Angetti) 사이에 장남으로 태어났다. 시골 마을의 가난한 집안에서 태어났지만, 그가 학문적으로 뛰어난 업적을 남기며 성공하기까지는 그의 재능을 일찍 알아본 부모의 덕분이었다. 가난으로 제대로 교육을 시킬 여건이 없었던 부모는 그를 삼촌인 신부 야코포(Jacopo Torricelli)에게 보내 초등 및 중등교육을 받을 수 있도록 하였고, 16세이던 1624년 예수회 대학에 입학하였다. 대학에서 매우 특출한 재능을 가졌다는 것을 알았던 삼촌 야코포는 로마대학의 교수인 카스텔리(Benedetto Castelli)에게 사사받을 수 있도록 주선하였으며, 1926년 어머니, 형제와 함께 로마로 이사하여 생활하게 되었는데, 이전에 그의 아버지는 이미 사망하였다.

 카스텔리는 갈릴레오(Galileo Galilei)의 수제자로 나중에 토리첼리를 갈릴레오에게 소개하였다. 토리첼리가 카스텔리에게 배운 것은 수학, 기계공학, 수리학 및 천문학이었고, 토리첼리의 포물선 운동에 대한 논문의 결과를 카스텔리가 갈릴레오에게 보여준 것이 계기가 되어 갈릴레오가 그를 초청하게 되었다. 그러나 갈릴레오가 사망하기까지 그의 제자로 지낸 3달 동안 토리첼리는 기압계의 기본 원리와 공기의 무게를 증명하는 실험 등을 공부하였으며, 또한 갈릴레오의 지동설을 신봉하게 되었고, 이외 수학과 공학에 많은 연구를 수행하였다.

갈릴레오의 사망 이후, 그는 갈릴레오의 직위인 투스카니 대공(the Grand Duck of Tuscany) 페르디난도 2세의 법정 수학자를 승계하게 되었다. 수학자로써 토리첼리는 기하학에서 많은 업적을 남겼으며, 또한 수리학자로써 지속적인 진공상태를 유지하는 방법을 제안하였고, 이를 바탕으로 1643년 기압계를 발명하였다. 그 시기에 오랫동안 논란의 대상이 되어왔던 진공의 존재에 대한 것과 진공을 안정되게 만드는 방법을 실험으로 증명하였다. 진공 실험으로 그는 다음과 같은 결과를 기술하였는데, "실험의 결과로 공기가 무게를 가지고 있으며, 이와 같이 무게를 가진 공기의 바다 아래에 잠겨 우리가 살아가고 있다."라고 설명하였다. 이외에 그는 유체역학의 아버지라고 불리우기도 할 정도로 많은 연구를 하였고, 바람이 부는 원리를 처음으로 정확히 설명하였다. 이와 같이 다양한 분야에서 많은 업적을 남긴 토리첼리는 39세의 젊은 나이에 장티푸스로 사망하였다. 토리첼리는 생전에 2권의 책을 출판하였으며, 사후 거의 300년이 지난 후에야 남은 자료를 모아 4권의 책이 출판되었다. 그는 가난한 집안에서 출생하였지만, 현명한 부모와 삼촌의 도움으로 당대 최고의 학자로써 성공할 수 있었다. 특히, 그는 이론의 정립에 그치지 않고, 이를 실험으로 증명하는 능력을 보여주었으며, 다만 생전에 자신의 성과를 출판하는데 소홀하여 큰 진보를 이루지 못한 것이 아쉽지만, 당대에 이론적인 주장보다는 실험으로 입증하려고 했던 그의 연구자로의 자세는 높이 평가되고 있다.

용어
정리

01. 진공(vacuum): 보통 대기압보다 낮은 압력의 기체로 채워진 공간 상태로 원래 라틴어 "vacua"에서 유래한 것으로 "비어있다"라는 의미한다.

02. 저진공(low vacuum; LV, rough vacuum): 압력 100 Pa 이상인 진공 범위

03. 중진공(medium vacuum; MV): 압력 100~0.1 Pa의 진공 범위

04. 고진공(high vacuum; HV): 압력 $0.1{\sim}10^{-5}$ Pa의 진공 범위

05. 초고진공(ultra high vacuum; UHV): 압력 $10^{-5}{\sim}10^{-8}$ Pa인 진공 범위

06. 극고진공(extreme ultra-high vacuum; XHV): 압력 10^{-8} Pa 이하의 진공 범위

07. 압력(pressure): 공간 내의 어떤 지점을 포함하는 가상의 작은 평면을 양쪽 방향에서 통과하는 분자에 의해 단위면적당과 단위시간에 수송되는 운동량의 수직 성분의 총합. 공간 내에 정상적인 기체의 흐름에서 흐르는 방향에 대한 면의 기울기를 의미한다.

08. Pa(Pascal): 국제 단위계의 압력 단위이다.

09. Torr: 1 표준기압(101,325 Pa)의 760분의 1이다.

Chapter

02
기체 운동

본 장에서는

기체의 운동을 기술하고자 먼저 기체의 성질과 몇 가지 법칙을 설명하고, 기체의 전달현상과 흐름 및 기체와 고체의 표면에 대해 알아보기로 한다.

기체 운동

2.1 기체 성질

진공에 대한 실질적인 정의에서 진공이란 대기압보다 낮은 압력을 의미하는데, 즉 진공은 일정한 공간 내에 대기압보다 적은 수의 기체(gas)를 가지는 것으로 정의하였다. 그러므로 아무리 낮은 진공도일지라도 그 안에는 기체가 존재하게 되며, 기체의 거동과 특성은 진공 시스템을 이해하는데 기본 요소라 할 수 있다. 즉, 진공을 만들고자 한다면 용기 내에 기체분자밀도를 줄이거나 용기 내벽에 표면 충돌률을 줄여야 한다. 따라서 본 교재가 다루는 진공기술을 이해하기 위해서는 먼저 일정한 공간에서 운동하는 기체에 대한 성질을 공부하여야 하며, 본 장에서는 기체의 성질과 기체 법칙들에 대해 기술하고자 한다.

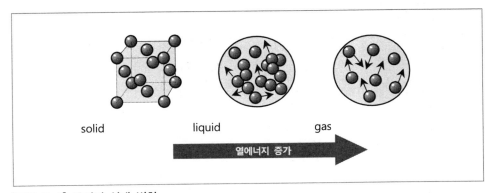

[그림 2-1] 물질의 상태 변화

이제, 우리는 진공을 다루기에 앞서 "기체란 무엇인가?"라는 기본적인 의문을 갖게 되며, 먼저 기체에 대한 정의를 알아보도록 한다. 기체란 형태가 없는 작은 알갱이로서, 무수히 모여 어느 방향으로나 자유롭게 움직이는 입자들이 있는 물질 상태이다. 그림 2-1은 열에너지의 증가에 따른 물질의 상태 변화를 나타내고 있다. 기체는 물질의 3가지 상태 중에 하나이며, 고체나 액체와 달리 일정한 모양이나 부피를 갖지 못하고, 용기 속에 넣으면 용기를 채우고 항상 한없이 확산하려는 성질이 있다.

2.1.1 기체의 역사

이미 옛날부터 사람들은 물을 가열하게 되면 수증기가 되고, 반대로 냉각하면 얼음이 된다는 사실을 인식하고 있었다. 17세기에 이르러서는 이와 같은 물질의 상태 변화를 보다 학술적으로 연구하기 시작하였는데, Helmont는 당시에 사람들이 관심을 갖지 않았던 기체를 연구하였고, 진공의 존재와 관련한 실험을 통하여 다양한 성질을 알게 되었다. 당시 과학자들은 상온에서 액체상태인 물질을 기화시키면 "증기(vapor)"가 되고, 상온에서 기체상태인 물질을 "가스(gas)"라고 하여 구별하였다. 그러나 과학적인 연구가 거듭되면서 증기와 가스에 대한 구분이 무의미하다는 것을 알게 되었고, 이는 가스도 온도를 낮추어 조건이 달라지면 액체가 된다는 것이 판명되었기 때문이다.

이후로, 기체의 성질에 대한 연구는 근대 과학이 탄생한 이래 많은 과학자들이 꾸준히 탐구해온 분야라 할 수 있다. 이러한 결과로 1662년 Boyle은 기체의 압력과 부피 사이에 관계가 반비례한다는 Boyle의 법칙을 발견하였다. 아일랜드 출신의 Boyle은 모든 이론은 실험으로 검증되어야 의미가 있다고 하였다. 그는 물질이 원자로 이루어져 있고, 실험을 통하여 4원소설인 흙, 물, 공기 및 불이 원소가 아님을 증명하였다. Boyle은 최후의 연금술사이자 최초의 화학자라고 할 수 있는데, 그는 Newton, Hooke와 함께 17세기 과학혁명의 추진자라고 할 수 있다. Newton은 물질을 구성하는 입자는 파괴될 수 없으며, 영구적인 성질을 가지고 있을 것이라고 분자의 존재를 파악하고 있었다.

스위스의 물리학자인 Bernoulli는 1738년 기체 운동론을 추론하였는데, 기체는 무수히 많은 입자로 구성되며 제멋대로 움직이다가 서로 충돌하고 용기에 담겨 있으면 기체의 압력은 이러한 입자들이 용기 내벽과 충돌하여 나타나는 것이라고 생각하였다. 이와 같이 18세기에 들어서면서 기체에 대한 연구가 크게 발전되었는데, J. Black은 이산화탄소를, D. Rutherford는 질소를, Cavendish는 수소를 각각 발견하였다. 특히, 1750년대 프랑스 출신의 영국 화학자인 H. Cavendish는 공기를 구성하는 기체에 대해 체계적으로 연구하였고, 여러 종류의 기체 밀도를 발견하기 위해 서로 다른 기체를 대상으로 일정한 부피의 무게를 알아보고자 하였다. 1774년에 J. Priestly와 A. L. Lavoisier는 새로운 기체에 대해 연구하다가 산소를 발견하게 되었으며, 주기율표상의 원소 중에 하나라는 것을 알게 되었고, 이를 산소라고 명명하였다. 그런데 이들에 앞서 새로운 공기에 대해 연구하여 처음 발견한 사람은 바로 스웨덴의 화학자인 K. Scheele 였다. 그는 공기와 연소에 대해 실험하면서 새로운 공기를 발견하였지만, 이러한 사실을 늦게 발표하였기 때문에 산소를 처음 발견한 사람이 Lavoisier로 되었다. 이외에 Scheele는 염소, 질소, 망간 및 바륨 등 많은 원소를 발견하였지만, 대부분 다른 과학자에게 우선권을 빼앗겼다.

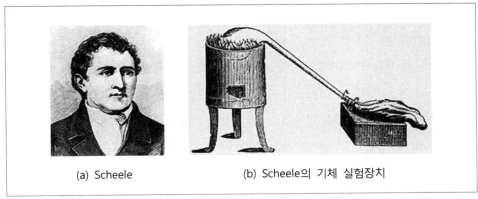

(a) Scheele　　　　　(b) Scheele의 기체 실험장치

[그림 2-2] Scheele와 기체 실험장치

이와 같은 산소의 발견을 비롯하여 18세기 후반에는 화학에 대한 발전이 빠르게 진행되었고, 특히 고체, 액체 및 기체에 대한 개념을 알게 되면서 새로운 물질이 발견되면 상태를 변화시키면서 여러 성질을 관찰하려는 경향이 많아졌다. 따라서 고체나 액체에 비해 다소 발전이 늦었던 기체에 대한 연구가 가속화되었다. 특히, Lavoisier는 연소이론에 바탕을 두고 화학자를 위한 교재로서 "화학교론"을 출판하였으며, 그의 업적을 중심으로 한 이 시기를 화학발전에 혁명기라 부르고 Lavoisier를 근대화학의 아버지라고 일컫는다.

19세기에는 근대화학이 비약적으로 발전하는 시기로서, 1802년 J. Dalton은 물질이 더 이상 쪼갤 수 없는 원자로 구성되어 있다고 생각하는 원자론을 주장하였고, 1811년 A. Avogadro는 산소나 질소 등의 기체는 2원자로 구성된 분자로 존재한다고 설명하였으며, 아보가드로의 가설을 발표하였다. 1845년 영국의 Waterston은 기체의 성질이 온도, 압력과 기체의 운동 사이에 관련한다고 제안하였지만, 당시에는 분자에 대한 개념과 기체 운동론을 받아들이지 못하였다. 이후, 1860년에 Maxwell이 기체의 동력학적 이론이라는 논문을 발표하면서 기체 운동론을 본격적으로 인식하게 되었다. 기체에 대한 연구는 이후로도 계속되어 기체 상태에 대한 보다 체계적인 접근을 이루게 되었으며, 19~20세기를 거치면서 진공기술에 밑거름이 되었다.

2.1.2 이상적인 기체

진공기술에서 기체의 거동은 일반적으로 이상적인 기체법칙으로 설명할 수 있다. 이상적인 기체(ideal gases), 즉 완전 기체(perfect gases)는 연속적으로 무질서하게 운동하는 분자 혹은 원자들의 집단이며, 기체분자들 사이에 충돌을 제외하면 서로 멀리 떨어져 있고, 분자 간에 힘의 영향을 거의 받지 않는 독립적인 운동을 한다. 또한, 기체분자는 온도가 상승하면 운동속도가 증가하며, 기체의 성질을 이해하기 위해서는 이상적인 기체의 조건으로 가정하는 기체분자의 운동론을 공부하여야 한다. 일정한 부피의 용기 안에 들어있는 기체의 거동을 알아보기 위해서는 다음과 같은 기본적인 조건을 가정하게 된다.

① 기체분자는 지속적이고 불규칙한 직선운동
② 기체분자는 완전탄성체이고 충돌은 순식간에 발생
③ 기체분자의 자체 부피는 무시
④ 기체분자들 사이에 인력이나 반발력은 무시
⑤ 기체분자의 평균 운동에너지는 절대온도에 비례한다고 가정함

실제로 분자의 크기는 수 Å 정도이며, 분자 간에 평균거리는 수십 Å 정도이다. 따라서 각 분자들은 지름에 10배 정도 떨어져 있지만, 진공에서 압력이 낮아지면 거리는 더욱 멀어진다. 예로서, 진공도 10^{-2} torr에서 분자들 사이에 거리는 분자 크기의 대략 10^6 배 정도로 분자들은 무한히 떨어져 있다고 가정할 수 있다.

이와 같은 이상 기체는 가상의 기체이며, 실제 기체가 이상 기체에 가까워지기 위한 조건으로는 온도가 높고 압력이 낮을수록 좋으며, 분자량이 작을수록 분자의 크기가 작아지기 때문에 좋고, 분자 간에 인력이 작을수록 이상 기체에 가까워진다. 기체분자의 운동론은 기체를 구성하는 각 분자들의 운동 에너지 모델로 설명하려는 것이다. 즉, 이상 기체에서 분자들의 수가 매우 많다고 하더라도 모든 분자는 대부분 같은 형태의 운동을 하기 때문에, 분자 하나의 운동을 이해하면 모든 분자들의 거동을 알 수 있다.

2.2 기체 법칙

진공 시스템에서의 기체의 법칙도 기체의 성질에 영향을 미치는 4 가지 변수인 압력, 부피, 온도 및 기체의 양(몰 수)과 관련된다. 고체나 액체에서는 압력을 가하더라도 그 성질이 거의 변하지 않지만, 기체에서는 압력에 대한 영향이 크기 때문에 기체에

대한 연구가 압력에서 비롯되었다고 할 수 있다. 이제, 기체에 대한 몇 가지 법칙을 알아보도록 한다.

2.2.1 Boyle의 법칙

물질이 입자로 이루어져 있다고 믿으며 입자철학의 신봉자였던 Boyle은 Aristotle 방식의 단순한 경험적인 관찰에서 탈피하여 과학자의 의도대로 변수를 조절하는 실험이 과학연구에 매우 중요하다고 여겼다. 그는 1662년 실험을 통하여 일정한 온도에서 일정량의 기체 부피와 압력 사이에 관계는 반비례한다는 Boyle의 법칙을 발견하였다. 일정한 기체의 부피와 압력의 곱은 일정하며, 만일 기체의 물질량이나 온도가 변하게 되면 성립하기 않는다고 하였다. 즉, 일정량의 기체에서 처음 상태가 V_1P_1이고, 나중에 V_2P_2 라면, $V_1P_1=V_2P_2$ 라는 등식이 성립하게 된다. 그림 2-3은 이러한 것을 설명하고 있으며, 처음의 부피와 압력에 대해 나중에 부피가 반으로 줄게 되면, 압력은 두 배로 늘어나게 된다.

$$P \cdot V = a$$
$$P_1 \cdot V_1 = P_2 \cdot V_2$$

$$(2-1)$$

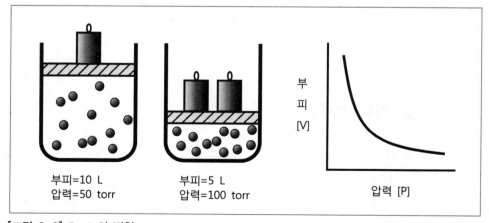

부피=10 L
압력=50 torr

부피=5 L
압력=100 torr

부
피
[V]

압력 [P]

[그림 2-3] Boyle의 법칙

여기서, P는 기체의 압력, V는 기체의 부피이고, a는 비례상수이다. 비례상수 a는 기체의 종류나 온도에 따라 다르며, 이러한 조건들이 고정되면 a도 일정하다. 이와 같이 압력과 부피는 독립적인 변수가 아니고 서로 연관되어 있다는 것을 발견하였다. 진공 시스템에서 Boyle의 법칙을 살펴보면, 대기압에서 작업을 한 뒤에 진공상태로 압력을 낮추면 기체는 엄청나게 팽창하게 된다. 예로서, 진공용기에 O-ring과 홈 부위에 잔류하는 약간의 대기압의 공기는 진공 시스템이 동작하면서 압력이 낮아질 경우, 이러한 갇힌 공기는 고진공 상태에서 팽창하기 시작하며 최종적으로 누설에 문제를 야기할 수 있다.

2.2.2 Charles의 법칙

1787년 Charles은 기체의 부피와 온도 사이에 관계를 실험적으로 발견하였는데, 온도가 변할 경우에 기체의 부피를 살펴보면, 기체가 차가워지면 부피는 감소하고 기체를 가열하면 부피는 증가한다는 것이다. 이것을 Charles의 법칙이라 한다. 그림 2-4는 동일한 압력 하에서 Charles의 법칙을 설명하는 것이며, 이를 정리하면 식 (2-2)로 표현할 수 있다.

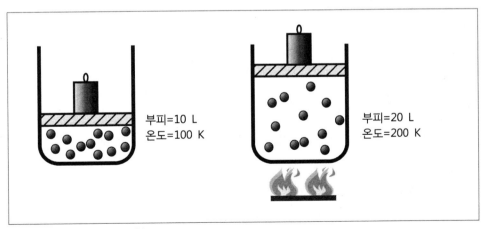

부피=10 L
온도=100 K

부피=20 L
온도=200 K

[그림 2-4] Charles의 법칙

$$\frac{V_1}{T_1} = \frac{V_2}{T_2} \tag{2-2}$$

여기서, V는 기체의 부피, T는 절대온도이다.

즉, Charles의 법칙을 다시 한 번 상세히 기술하면, 압력이 일정할 때 일정량의 기체 부피는 그 종류에 관계없이 온도가 1℃ 올라갈 때마다 0℃에서의 부피에 1/273씩 증가하고, 반대로 온도가 1℃ 내릴 때마다 기체의 부피는 1/273씩 감소한다. 이를 식으로 표현하면 다음과 같다.

$$\begin{aligned} V &= V_0\left(1 + \frac{t}{273}\right) \\ &= V_0(273 + t)/273 \\ &= V_0 \cdot T/273 \end{aligned} \tag{2-3}$$

여기서, t는 섭씨온도(℃)이고, T는 절대 온도(K)이며, 절대 온도와 섭씨 온도 사이에 관계는 $T = t + 273$ 이다. 이 법칙은 1809년 Gay-Lussac에 의해 확립되어 Gay-Lussac의 법칙이라고 부르기도 하지만, 이에 앞서 Charles이 발표한 내용과 동일하기 때문에 Charles의 법칙이라고 하기도 한다. 즉, 기체의 부피는 일정한 압력 하에서 기체의 종류에 관계없이 절대 온도에 정비례하여 증가한다는 것이다.

2.2.3 Dalton의 법칙

여러 종류의 기체가 혼합되어 있을 경우에 혼합 가스의 전체 압력은 각 기체의 압력인 분압의 합과 같다. 이것이 1801년 Dalton이 발견한 것으로 전체 기체의 압력이 증가하면 그 기체를 구성하는 각각의 기체의 압력도 증가한다는 의미이다. 즉, 공기의 압력이 높아지면, 공기를 구성하고 있는 질소와 산소 등의 압력도 높아진다. 이를 식으로 표현하면 다음과 같다.

$$P_T = n_1 kT + n_2 kT + n_3 kT \cdots + n_i kT$$
$$= P_1 + P_2 + P_3 + \cdots + P_i$$

(2-4)

여기서, P_T는 전체 압력이고, P_i와 n_i는 각 기체의 부분 압력과 밀도이다. 이러한 부분 압력의 식을 Dalton의 법칙이라 하고, 대기압보다 낮은 진공 중에서도 적용할 수 있다. 이제, 대기압에서의 부분압에 대해 알아보자.

표 2-1에서는 대기압 중에 포함하고 있는 각종 기체분자의 조성과 부분압(partial pressure)을 나타내며, 대기 중에 질소와 산소의 부분압을 예로 구하면, 다음과 같다.

$$P(N_2) = 760\,torr \times 0.7808 = 593\,torr$$
$$P(O_2) = 760\,torr \times 0.2095 = 159\,torr$$

〈표 2-1〉 대기압에서 부분압

기체분자	대기압	
	조성비(%)	부분압(torr)
N_2	78.08	593
O_2	20.95	159
Ar	0.93	7.05
CO_2	0.033	0.25
Ne	1.8×10^{-3}	0.014
He	5.24×10^{-4}	0.004
Kr	1.1×10^{-4}	0.00084
H_2	5.0×10^{-5}	0.00038
H_2O	1.57	11.9

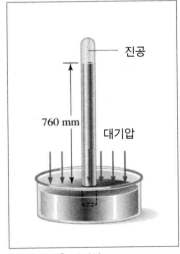

[그림 2-5] 대기압

이와 같은 예를 정리하면 표 2-1에 부분압으로 나타나며, 각 기체의 부분압을 모두 합하게 되면 전체 압력은 760 torr가 된다. 즉, 이를 표현하면

$$760 \ torr = 593 + 159 + 7.05 + \ \cdots \ + 11.9$$

이며, 이는 바로 Dalton의 부분압 법칙이다.

2.2.4 Avogadro의 가설

동일한 온도와 압력 하에서 동일 부피의 기체 속에는 동일한 수의 분자가 들어있으며, 이때 분자의 수를 **아보가드로수**(Avogadro's number)라고 한다. 1811년 Avogadro가 기체의 반응 법칙을 설명하기 위해 제안한 가설로서, 일정한 온도와 압력 하에서 기체의 부피는 기체의 양에 비례한다는 것이다.

$$\frac{V_1}{N_1} = \frac{V_2}{N_2} \tag{2-5}$$

여기서, V는 기체의 부피이고, N은 기체의 양으로 분자 수 혹은 몰의 수를 의미한다. **표준 온도와 압력 조건**(STP; standard temperature and pressure)인 760 torr의 압력과 273 K(즉, 0℃)의 온도에서 부피는 22.414 L를 차지하며, 기체의 종류에 관계없이 1몰의 기체에는 6.023×10^{23}개의 분자가 있다는 것이다. 예로서, STP 조건에서 1 cm^3 속에 들어 있는 기체의 분자수를 구하면,

$$분자수 = \frac{6.023 \times 10^{23} \#}{22.414 \, L} \times \frac{10^{-3} \, L}{1 \, cm^3} = 2.69 \times 10^{19} \, [\# / cm^3]$$

2.69×10^{19}개이다.

2.2.5 이상 기체의 법칙

이미 기술한 Boyle의 법칙과 Charles의 법칙을 결합하면, 일반 기체 법칙을 얻을 수 있으며, 다음과 같이 표현한다.

$$\frac{P_1 V_1}{T_1} = \frac{P_2 V_2}{T_2} \tag{2-6}$$

이와 같은 일반 기체 법칙은 하나의 방정식에 압력, 부피 및 온도가 결합하여 구성되며, 식에서 온도는 절대온도로 나타낸다. 기체의 성질은 이러한 3개의 변수 가운데 압력에 의해 가장 영향을 받지만, 액체나 고체는 압력을 가하더라도 그 성질이 변하지 않는다.

이제, 두 개의 법칙에 Avogadro의 법칙까지 포함하여 정리하면, 다음과 같다.

$$\frac{P_1 V_1}{N_1 T_1} = \frac{P_2 V_2}{N_2 T_2} = k \tag{2-7}$$

이를 간결하게 정리하면,

$$PV = kNT$$

이고, N은 구성 기체분자의 수이다. 식에서 주어진 압력, 부피 및 온도는 공기에 한정되지 않고, 여러 종류의 기체에 대해 일반적으로 성립한다. 이와 같은 종합적인 방정식을 **이상 기체 법칙**(ideal gas law)이라 하며, 혹은 **기체의 상태 방정식**이라고 한다. 또한, 상수 k는 분자 하나에 대한 기체 상수이며, 이를 Boltzmann 상수라고 한다. 예로서, 대기압과 0℃의 온도 하에서 Boltzmann 상수를 계산하면,

$$k = \frac{PV}{NT} = \frac{(1\,atm)(22.4\,L)}{(1\,mol)(273\,K)} = 0.082\,[atm \cdot L/mol \cdot K]$$

$$= 8.314\,[J/mol \cdot K] = 1.38 \times 10^{-23}\,[J/K]$$

이고, Boltzmann 상수는 1.3804×10^{-23} [J/K]임을 알 수 있다.

압력이 매우 높은 경우에는 기체분자의 크기나 상호 간에 작용하는 힘을 무시할 수 없지만, 진공 시스템에서 다루는 고진공 하에서는 이상기체법칙을 사용하더라도 무방하다.

2.3 기체의 전달현상

진공 시스템에서 기체분자는 매우 빠른 속도로 무질서하고 끊임없이 직선운동을 하게 되며, 이와 같은 운동을 하기 때문에 압력이 발생하게 된다. 즉, 기체분자가 진공 용기의 내벽에 충돌하면, 내벽에 받는 충격량으로 인하여 압력이 생기게 된다. 기체의 전달현상을 살펴보면, 기체분자의 농도, 속도 혹은 온도의 구배(gradient)에 의해 기체는 높은 곳에서 낮은 곳으로 이동한다. 기체에 의한 전달현상을 확산, 점성 혹은 열전도라고 하고, 이러한 전달 과정에서 전달되는 물리량은 각각 다르며, 확산 에서는 입자, 점성의 경우에서는 선형 운동량, 그리고 열전도의 경우에는 에너지가 전달된다. 일반적으로 이와 같은 전달현상은 기체분자들의 충돌의 산물이라 할 수 있으며, 이는 농도, 점성이나 온도의 구배에 의해 야기된다. 이제, 기체의 전달현상 (gas transport phenomena)을 살펴보도록 한다.

2.3.1 확산

하나의 기체분자가 운동의 의해 다른 기체 분위기로 퍼져 혼합되는 과정을 확산

(diffusion)이라고 한다. 기체의 확산속도는 그 기체분자의 평균속도보다 훨씬 느리며, 분자량이 작고 밀도가 작을수록 확산속도는 빠르다. 그림 2-6에서는 기체의 확산현상을 나타내고 있는데, 밸브로 차단된 두 개의 용기에 각각 산소와 질소를 주입한후, 밸브를 개방하게 되면 각 기체분자들의 농도 구배에 의해 그림 (b)와 같이 균일하게 퍼진다. 이와 같이 용기 내에 포함된 두 개의 가스에 대한 확산은 Fick의 법칙으로 이해할 수 있다.

먼저, **Fick의 제1법칙**은 시간에 따라 농도가 변하지 않는 정상상태의 경우에 있어확산에 대한 해석이며, 이를 다음과 같은 식으로 표현할 수 있다.

$$F = -D\frac{dc}{dx} \tag{2-8}$$

여기서, F는 단위 시간에 단위 면적을 통과하는 원자의 수를 의미하며, D는 확산계수로 단위는 $[m^2/s]$이고, C는 농도로서 dc/dx 는 거리에 따른 농도차를 나타낸다. 즉, 상기 식에서 확산의 양은 거리에 따른 농도의 차로 인하여 결정되며, 농도차가크고 거리가 가까울수록 확산은 증가한다는 의미이다.

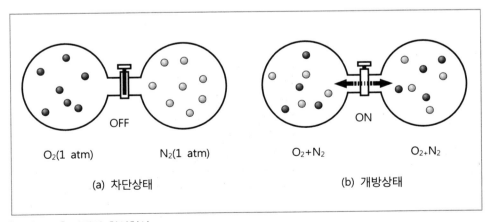

[그림 2-6] 기체의 확산현상

이제, 시간에 따라 농도가 변하는 과도인 비정상상태에서의 확산은 다음과 같은 식으로 표현되며,

$$\frac{dF}{dx} = -\frac{dc}{dt}$$

여기서 t는 시간이며, 상기 식에 식 (2-8)을 대입하여 정리하면

$$D\frac{d^2c}{dx^2} = \frac{dc}{dt} \tag{2-9}$$

이며, 이를 Fick의 제2법칙이라고 한다. 이는 Fick의 제1법칙에 시간의 개념이 추가되어 시간이 흐르면 자연히 확산에 의해 균일하게 변한다. 식 (2-9)에 대한 해는 다음과 같이 정리할 수 있다.

$$C(x,t) = C_o\left(1 - erf\left(\frac{x}{2\,(Dt)^{1/2}}\right)\right) \tag{2-10}$$

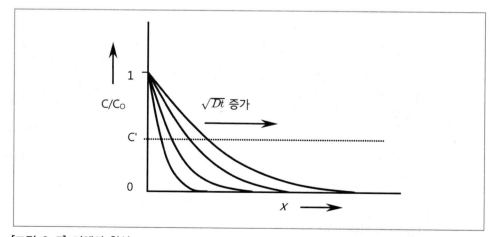

[그림 2-7] 기체의 확산 profile

여기서, erf는 error function이다.

식 (2-10)의 확산방정식을 이용하면, 일정한 시간 동안에 기체분자가 퍼져나간 실효 거리를 구할 수 있다. 그림 2-7은 상기 식을 이용하여 농도차에 의해 기체분자가 확산되어 퍼져나간 거리를 나타내고 있다.

2.3.2 점성

진공기술에서 기체의 점성(viscosity)은 기체 흐름에 영향을 준다. 만일, 두 개의 이웃하는 기체층이 서로 다른 속도로 이동하게 되면, 이러한 과정에서 속도에 의한 구배(gradient)가 발생하며, 인접하는 두 개의 층 사이의 경계면에서 기체분자들은 다른 운동량을 가지게 된다. 따라서 점성에 의한 물리적인 발생기구는 이와 같은 운동량의 전달이다.

운동량을 운반하는 분자수가 증가하면 당연히 기체분자의 평균자유행정(MFP)이 짧아지고, 결국 멀리 운동량을 실어 나르는 분자수의 감소를 초래한다. 그러나 이러한 결과는 평균자유행정이 진공용기의 크기에 비해 충분히 작고, 분자의 크기에 비해 충분히 큰 경우에 성립하게 된다는 것을 상기하여야 한다. 또한, 액체의 점성은 온도가 증가하게 되면 감소하지만, 반면에 기체에서의 점성은 온도의 증가에 따라 같이 증가한다는 것이다. 이는 기체분자가 빨리 움직일수록 운동량의 수송이 많아지기 때문이다.

2.3.3 열전달

두 물체의 사이의 온도차에 의해 온도가 높은 곳에서 낮은 곳으로 열이 이동하게 된다. 이와 같이 온도가 높은 곳에서 낮은 곳으로의 열전달은 기체분자의 운동 에너지에 의한 것이며, 두 물체의 온도가 같아질 때까지 계속된다. 열전달은 여러 가지 방법으로 기체를 통하여 발생하게 된다. 예로서, 보온병은 이러한 열전달을 차단하는 역할을 이용한 것으로 이중벽 사이에 설치된 진공층은 열의 대류와 전도 현상을 차단하며, 보온병 내벽의 은도금은 복사에 의한 열전달을 차단하게 된다. 이와 같이 열전달 현상은 크게 3가지로 구분하는데, 즉 전도(conduction), 대류(convection) 및 복사(radiation) 등이다.

❶ 전도

진공 시스템에서 실제 압력을 측정하기 위해 사용하는 압력 게이지 중에 열전대 게이지(thermocouple gauge)는 기체의 열전도율을 이용한 것이다. 열전도(thermal conduction)는 기체분자의 상호 충돌에 의한 직접 접촉으로 한 분자에서 다른 분자로 운동 에너지가 전달되는 것이며, 시간이 경과하면 온도차는 없어지고 결국 동일한 온도로 열평형 상태에 이르게 된다. 즉, 이러한 현상은 열이 고온의 물체에서 저온의 물체로 이동하여 발생하며, 열전도의 정도를 나타내는 양을 열전도율(thermal conductivity)이라고 한다. 일반적으로 열전도율은 금속이 높으며, 기체에서는 낮은데, 이는 단위부피당 분자수가 적어 충돌률이 적기 때문이다.

압력이 높은 경우에 열전도율은 압력과 거의 무관하지만, 압력이 낮은 경우는 열전도율이 압력에 비례한다. 이는 압력이 아주 낮은 경우, 진공용기의 크기보다 평균자유행정이 길어져서 에너지가 운반되는 경로의 길이가 용기의 크기에 의해 결정되며, 운반되는 에너지는 운반체인 기체분자수에 비례하게 된다. 이와 같은 원리는 열전대나 피라니(Pirani) 게이지에서 필라멘트를 가열하여 압력을 측정하는 방식에 응용하고 있다.

❷ 대류

온도가 증가하면 기체분자의 운동이 활발해지며 팽창하여 분자들 사이에 평균 거리가 증가하기 때문에 밀도가 작아진다. 이때, 밀도가 작아진 기체는 위로 올라가고 밀도가 높은 기체들은 아래로 내려오는데, 이와 같이 밀도의 차에 의해 열이 이동하는 전달현상을 대류(convection)라고 한다.

❸ 복사

열에너지는 기체분자와 같은 중간 매질을 거치지 않고 가시광선, 적외선 및 자외선과 같은 전자파의 형태로 전달할 수 있다. 이와 같이 전자파에 의한 열이 전달되는 현상을 복사(radiation)라고 한다. 복사 에너지는 단위 표면적에 단위시간당 복사되는 총 에너지로 Stefan-Boltzmann 법칙에 의해 얻을 수 있으며, 다음 식과 같이 나타난다.

$$J = \sigma T^4 \qquad\qquad (2-11)$$

여기서, σ는 Stefan-Boltzmann 상수(5.67×10^{-12} [$W \cdot K^4/cm^2$])이고, T는 절대온도이다. 식에서와 같이 복사 에너지는 절대온도의 4제곱에 비례한다.

진공 시스템에서 복사열은 가장 중요한 열전달 방식이며, 전도나 대류에 의한 열전달이 발생한다면 기체분자가 존재한다는 의미이다.

2.3.4 평균자유행정

기체분자는 자유로이 분포하며, 매우 빠른 속도로 끊임없이 움직이다가 서로 충돌하게 된다. 기체분자의 크기는 상당히 작다고 할 수 있지만, 아무튼 일정한 크기를 갖고 있으며 직선운동을 하다가 다른 분자와 충돌하게 되면 운동 방향을 바꾸게 된다. 이와 같이 한번 충돌한 기체분자는 직선운동을 하며, 다음 충돌이 발생하기 전까지

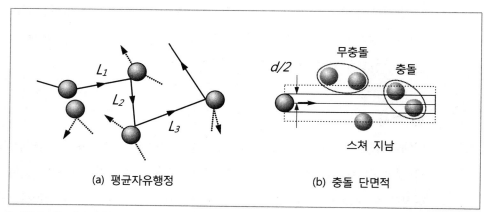

(a) 평균자유행정　　　　　(b) 충돌 단면적

[그림 2-8] 평균자유행정과 충돌 단면적

등속운동을 하게 되는데, 충돌과 충돌 사이에 거리를 자유행정(free path)라고 하고, 이러한 자유행정의 평균값을 계산하면 평균자유행정(MFP; mean free path)이라고 한다. 그림 2-8에서는 이와 같은 평균자유행정을 나타낸다.

그림에서 나타내듯이, 임의의 시간 동안에 용기 내에 기체분자가 자유로이 운동하며 다른 기체와 충돌할 경우, L_1, L_2, L_3 등의 자유행정이 발생하며, 이들 값에 평균을 산출하면 평균자유행정을 얻을 수 있다. 그림 (b)에서는 기체분자가 직선운동을 하다가 기체분자의 궤적 내에 다른 기체가 있으면 충돌하게 되는데, 이러한 단면적은 $\sigma = \pi d^2$ 이며, 이를 충돌 단면적이라 한다. 진공 시스템에서 압력이 낮아지면 기체분자들 사이의 공간은 넓어지고 입자들 사이에 충돌의 횟수도 줄어든다. 즉, 대기압에서 평균자유행정은 짧지만, 진공 중에서는 기체분자의 존재가 희박해지기 때문에 평균자유행정은 길어진다.

평균자유행정은 진공기술에서 매우 중요한 물리량 중에 하나이며, 공기의 경우에 평균자유행정(λ)은 다음과 같다.

$$\lambda = \frac{5 \times 10^{-3}}{P} \ [cm] \tag{2-12}$$

여기서, P는 압력이며, 단위는 [torr]이다. 만일, 압력이 10^{-4} torr 라면, 평균자유행정은 대략 50 cm 정도이다. 표 2-2에서는 진공의 분류에 의한 압력에서의 기체분자수와 평균자유행정을 나타내고 있다.

〈표 2-2〉 진공 영역에 따른 분자수와 평균자유행정

진공 영역	압력(torr)	분자수(cm^{-3})	평균자유행정(cm)
대기압	760	2.5×10^{19}	6.6×10^{-6}
저진공	1	3.3×10^{16}	5.0×10^{-3}
중진공	10^{-3}	3.3×10^{13}	5.0×10^{0}
고진공	10^{-6}	3.3×10^{10}	5.0×10^{3}
초고진공	10^{-10}	3.3×10^{6}	5.0×10^{7}
극초고진공	10^{-13}	3.3×10^{3}	5.0×10^{10}

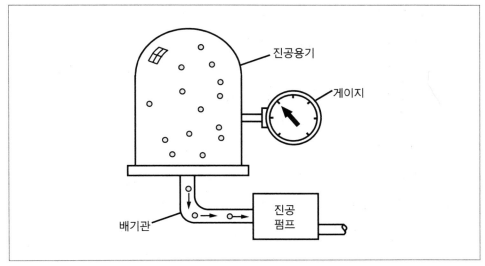

[그림 2-9] 진공 시스템의 구성요소

2.4 기체 흐름(gas flow)

진공 시스템에서 가장 중요한 4가지 요소로는 진공용기, 진공 펌프, 배기관 및 진공 게이지 등으로 나눌 수 있으며, 그림 2-9에서는 진공 시스템의 기본 요소를 나타내고 있다. 그림에서와 같이 진공을 형성하기 위해서는 용기와 연결된 배기관을 통해 진공 펌프를 이용하여 기체분자를 빼내야 한다.

진공용기로부터 기체분자를 빼내기 위해서는 기체의 흐름을 이해하여야 한다. 사실, 기체의 흐름은 매우 복잡하며, 배기관의 구조와 크기, 표면 상태, 기체의 종류, 기체의 유량, 압력 및 온도 등과 같은 특성에 의존하게 된다. 본 절에서는 낮은 압력 하에서의 기체의 흐름에 대해 기술하도록 한다.

2.4.1 기체 흐름의 영역

진공 시스템에서 기체의 흐름은 크게 3가지 영역으로 나눌 수 있는데, **난류**(turbulent flow), **점성 유동**(viscous flow)과 **분자 유동**(molecular flow)이다. 이러한 기체 흐름의 영역을 결정하는 요소는 유량의 크기, 배기관 양단의 압력차, 배기관의 표면 상태와 구조, 및 배기되는 가스의 성질 등이다. 진공용기에서 배기관을 통해 진공 펌프와 연결된 진공 시스템이 대기압으로부터 고진공으로 내려가는 진공을 형성하는 과정에서 기체 흐름의 3가지 영역을 경유하게 된다.

압력이 높고 유량의 흐름이 빠른 경우에 기체분자의 평균자유행정은 진공용기의 크기와 비교하여 엄청나게 작기 때문에, 기체의 흐름은 기체의 점성으로 제한된다. 특히, 기체의 속도가 순간적으로 빠를 경우, 기체의 흐름은 난류를 일으키게 된다. 즉, 대기압의 진공용기에서 고진공으로 배기를 시작하게 되면, 처음에 급격한 기체 흐름이 잠시 진행되는데, 이때 초기에 순간적으로 일어나는 불규칙한 흐름을 **난류**라고 하며, 이러한 흐름은 마치 유체의 흐름과 유사하다. 이와 같은 난류는 비행기가 이상

기류를 만나 심하게 요동치는 현상과 같으며, 진공 시스템에서도 초기에 진공 펌프로 배기를 시작한 뒤에 수십 초간 큰 소음을 일으키며 진행되는 기체 흐름이다. 그러나 시간이 조금 지나면 소음이 줄어들면서 기체의 흐름은 조용해진다. 이때는 기체분자들이 충돌하여 서로 운동량을 교환하며 펌프가 있는 방향으로 배기관을 통해 흐름을 유지하는데, 이를 **점성 유동**이라고 한다. 대체로 10^{-2} torr 이상인 비교적 높은 압력의 공간에서 기체분자들은 점성 유동을 하며, 마치 유체와 같은 거동으로 움직인다.

진공용기의 압력을 더욱 낮추게 되면, 기체분자의 존재가 적어지고 분자들 사이에 거리는 더욱 멀어지며 상호 영향은 거의 없어진다. 이때의 기체분자들의 흐름을 **분자 유동**이라 하는데, 분자 유동은 압력의 영향을 받지만, 분자들 사이에 거동은 불규칙적이다.

이상과 같이 분류한 기체 흐름의 성질은 평균자유행정(MFP)과 진공 시스템의 크기에 관련되며, 이들 사이에 비율을 Knudsen number(K_n)라고 한다.

$$K_n = \frac{\lambda}{d} \tag{2-13}$$

여기서, λ 는 평균자유행정이고, d는 진공 시스템에서 배기관의 지름이다. K_n의 값에 따라 기체의 흐름을 예견할 수 있는데, 만일 $K_n \geq 1$이면, 기체의 흐름은 기체와 배기관 내벽의 충돌에 의해 결정되고, 이때의 흐름은 분자 유동이라 하며 기체분자 사이에 영향이 없고 운동의 방향을 알 수 없다. 그러므로 고진공 펌프를 설계할 경우, 고진공에서는 기체분자가 많지 않기 때문에 입구가 커야 하고 펌프를 가능한 한 진공용기에 가까이 붙여서 설치하게 된다.

그리고 $K_n < 0.01$일 때는, 점성 유동 상태라고 하며 기체분자는 진공용기의 내벽과의 충돌보다는 기체들 사이에 충돌이 많아진다. 따라서 기체분자들 사이에 상호 작용이

크고 기체 흐름의 전체적인 유형이 마치 유체와 같으며 흐름의 방향을 예상할 수 있다. 저진공 영역에서 펌프를 설계할 경우, 펌프로 진입하는 배기관의 입구는 좁고, 배기관의 길이가 길더라도 큰 문제는 없다.

기체 흐름이 난류와 점성 유동 사이의 차이는 Reynolds number(R_e)의 의해 알 수 있는데, 다음 식과 같다.

$$R_e = \frac{\rho \, vd}{\eta} \qquad\qquad (2\text{-}14)$$

여기서, ρ 는 밀도이고, v는 속도(=유량 / 배기관의 단면적), d는 배기관의 지름, 그리고 η 는 기체의 점성이다.

만일, Reynolds number R_e > 2,100이면, 기체의 흐름은 난류이고, R_e < 1,100이면, 점성 유동이다. 비교적 높은 압력 하에서 흐름의 속도가 증가하면, Reynolds number 가 증가한다. 즉, 난류와 점성 유동 사이에 기본적인 차이는 배기관으로 흐르는 기체의 상대적인 유량이다. 배기관 양단에서 압력차가 매우 크게 되면 흐르는 기체는 부분적으로 소용돌이나 진동을 야기하게 되며, 배기관 내에 각 지점에서의 압력이나 속도가 순식간에 변하는 난류가 일어난다. 이러한 난류는 진공 시스템의 초기에 순간적으로 발생하며, 배기관의 양단의 압력차를 크게 하여 기체를 많이 빼고자 하더라도 순탄하게 증가하지 않는다. 그러나 난류는 진공 시스템에서 잠시 발생할 뿐이며, 진공기술에서 크게 문제시 되지 않는다.

2.4.2 컨덕턴스(conductance)

컨덕턴스는 주어진 시간 동안에 기체분자를 통과시키는 배기관의 능력을 의미한다.

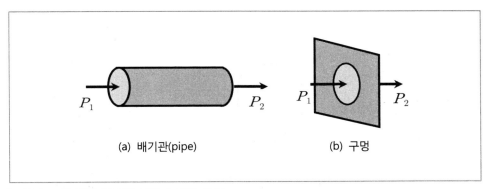

[그림 2-10] 진공 부품의 모양과 기체 흐름

진공 시스템의 고진공 하에서 기체의 흐름인 분자 유동 상태를 고려하면, 기체분자
는 진공용기에서부터 배기관과 고진공 펌프를 통해 외부의 대기압에 배출되기까지
각종 진공부품을 거치게 되며, 얼마나 쉽게 배기되는가 하는 정도를 나타내는 물리
량이 바로 컨덕턴스이다.

그림 2-10에서 나타나듯이, 배기관이나 진공 부품을 통해 양단의 두 부분을 지나는
기체의 유량(Q)은 입구와 출구의 압력차(ΔP)에 비례하며, 이를 식으로 표현하면 다
음과 같다.

$$Q = C \cdot \Delta P \tag{2-15}$$

여기서, C는 비례상수로서 컨덕턴스이며, 단위는 [L/sec] 혹은 [ft^3/min]이고, 유량의
단위는 [torr·L/sec]이다. 분자 유동에 있어 우수한 컨덕턴스는 배기 입구가 넓고 짧
으며 굴곡이 없는 것이 바람직하며, 기체 거동이 자유롭다. 진공 시스템에서 기체분
자의 흐름은 관(pipe)이나 구멍(hole, aperture)과 같은 모양의 진공 부품을 통하여
흐르게 된다.

이제, 컨덕턴스의 연결에 대해 알아보도록 하자. 그림 2-11에서는 각각 진공펌프들

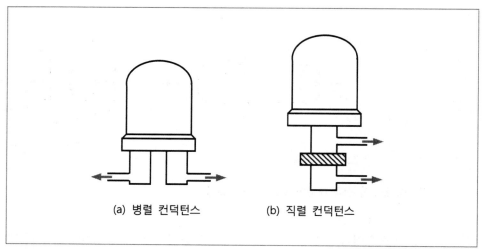

(a) 병렬 컨덕턴스　　　　(b) 직렬 컨덕턴스

[그림 2-11] 컨덕턴스의 연결

이 병렬 혹은 직렬로 연결되어 있을 경우, 전체 컨덕턴스를 계산하는 방식을 나타내고 있다. 먼저, 그림 (a)와 같이 병렬로 연결되어 있을 경우에 전체 컨덕턴스는 각 컨덕턴스의 합으로 나타난다. 즉,

$$
\begin{aligned}
C_{total} &= C_1 + C_2 \\
&= \Sigma C_i
\end{aligned} \tag{2-16}
$$

이고, 그림 (b)와 같이 직렬로 연결되어 있을 경우에는 다음과 같이 표현한다.

$$
\begin{aligned}
\frac{1}{C_{total}} &= \frac{1}{C_1} + \frac{1}{C_2} \\
&= \Sigma \frac{1}{C_i}
\end{aligned} \tag{2-17}
$$

진공 시스템에서 부품이 직렬로 연결되어 있다면, 전체 컨덕턴스는 가장 작은 컨덕

턴스보다 더 작은 값을 갖게 된다. 즉, 컨덕턴스가 좋지 않은 부품 하나를 직렬로 사용하게 되면, 전체 컨덕턴스가 그 부품에 의해 결정된다.

2.4.3 유량(throughput)

유량(flow) 혹은 배기량(throughput)이란 단위 시간당 배기되는 기체의 양을 의미한다. 이는 진공 펌프의 용량을 나타내며, 진공 시스템의 어디서나 유량은 같다. 이미 기술하였듯이, 유량은 식 (2-15)에서와 같이 컨덕턴스와 연관되며, 단위 시간당 배기되는 기체의 양으로 표현하면 다음과 같다.

$$Q = \frac{P \cdot V}{t} = P \cdot S \qquad (2-18)$$

여기서, P는 압력, V는 기체의 부피, t는 시간이며, S($= V/t$)는 배기속도로 진공 펌프의 성능을 의미하고, 이는 부피 배기를 나타낸다. 진공 중에 기체의 양은 압력과 부피의 곱($P \times V$)으로 정의되며, 또한 진공 시스템 내에서 기체분자의 수를 가스로드(gas load)라고 하고, 단위는 [torr-L] 혹은 [pascal-L]이다.

압력과 온도가 일정한 정상 상태에서의 유량은 다음과 같이 표현할 수 있는데,

$$Q = P\frac{dV}{dt} = P \cdot S \qquad (2-19)$$

여기에서 유량은 단위 시간에 지나는 기체의 양과 동일하다는 의미이며, 식에서 **PV**는 에너지 차원에서 일(work)의 척도를 나타낸다. 역학적으로 유량은 일률과 동일하며, 이는 다음 식으로 알 수 있다.

$$\text{일률} = \text{힘} \times \text{속도} = (\text{압력} \times \text{단면적}) \times \text{속도}$$
$$= \text{압력} \times \text{부피 흐름도} = \text{유량}(Q)$$

따라서 유량은 상기 식으로부터 일률과 동일하기 때문에 단위를 [W]로 나타낼 수 있으며, 1 W는 7.5 [torr·L/sec] 혹은 1,000 [Pa·L/sec]이다. 유량을 일률로 표현하면, 진공 시스템에서 더 많은 기체를 뽑아내기 위해서는 더 많은 전기를 필요로 한다는 의미이다.

2.5 기체와 고체 표면

진공 시스템에서 기체분자와 고체 표면 사이의 관계는 매우 중요하다. 진공 펌프에 의해 용기 내의 기체를 배기하기 시작하면, 압력은 급격하게 떨어지지만, 이내 압력의 감소율은 서서히 감소하여 고진공에 도달하기까지는 많은 시간이 소요된다. 이는 진공 시스템의 누설에 의한 요소도 있을 수 있지만, 이외에 진공용기의 재료로부터 발생하는 증발이나 탈착 등에서도 일어나게 된다. 그림 2-12에서는 진공용기로부터 발생할 수 있는 증기나 각종 가스의 근원을 나타내고 있다.

대기압 하에서 기체와 고체 사이의 관계는 화학반응에 의한 운동뿐만 아니라, 응축이나 확산과 같은 특성을 나타낸다. 그러나 압력이 낮아지면 진공용기의 고체 표면과 상호 작용할 수 있는 기체분자의 수는 적어지고, 단지 고체 표면과 충돌하는 기체분자 정도만 남게 된다. 이와 같이 진공용기 내에는 공간에 존재하는 기체분자 이외에도 용기의 내벽 안이나 표면에 존재하는 기체가 있으며, 이러한 기체들은 압력이 낮아지면 그림에서 보듯이 서서히 진공용기로 방출하게 된다.

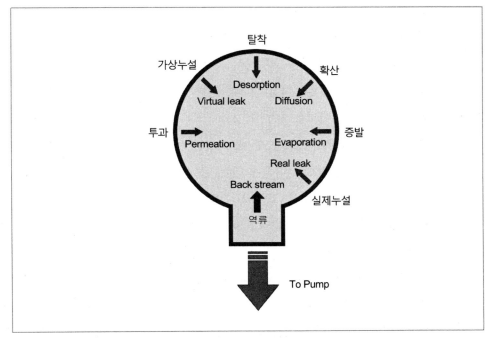

[그림 2-12] 진공용기에서 발생하는 증기나 가스의 발생원

따라서 고진공에서는 진공용기의 표면에 존재하는 기체분자의 수가 공간에 기체보다 압도적으로 많아지며, 압력이 더욱 내려가 초고진공이 이르게 되면, 용기 내벽이나 표면의 청결도는 더욱 중요해진다.

기체나 증기가 고체 표면과 접촉하여 상호작용으로 표면에 달라붙는 현상을 흡착(adsorption)이라고 한다. 이때, 물리화학적으로 흡착되는 기체분자를 흡착질(adsorbate)이라 하며, 흡착을 만드는 고체를 흡착매(adsorbent)라고 한다. 그리고 흡착된 기체분자가 고체의 내부로 녹아 들어가는 경우를 흡수(absorption)라고 부른다. 기체가 고체 표면에 흡착되는 방식에는 두 가지가 있는데, 하나는 물리흡착(physisorption)이고 다른 하나는 화학흡착(chemisorption)이다.

물리흡착은 흡착질과 흡착매 사이에 반데르발스(Van der Waals) 힘으로 결합하여 매우 약한 결합력을 가지며, 기체분자의 구조에 아무런 변형을 갖지는 않는다. 이때,

흡착열은 0.25 eV 이하로 매우 미약한 결합이고, 여기서 흡착열은 기체분자가 표면에 흡착할 때 내놓는 열에너지를 의미한다. 반면에 화학흡착이란 기체분자가 고체 표면에 붙을 때에 전자를 교환하여 화학적으로 강한 결합력을 형성하여 흡착하는 것을 말한다. 이는 물리흡착보다 매우 강하게 결합하며, 흡착열은 약 2 eV 정도이다. 진공 시스템에서 압력을 낮추어 성능이 우수한 고진공을 형성하기 위해서는 고체 표면의 흡착된 기체를 반드시 제거하여야만 한다. 사실 흡수나 흡착되어 있는 기체분자를 표면에서 공간으로 나오게 하는 현상을 총칭하여 가스방출(out-gassing)이라고 한다. 이러한 가스방출은 그림 2-12에서 보여주는 여러 가지 방출을 의미하며, 그 중에서 대표적인 과정이 탈착(desorption)이다.

탈착이란 흡착과 반대되는 현상으로 열로 인하여 표면에 붙어있던 기체분자가 고체로부터 벗어나 공간으로 나오는 과정이며, 일반적으로 열탈착(thermal desorption)이라고 한다. 그림 2-13에서는 기체분자가 고체 표면에서 나타내는 반응 과정을 나타내고 있다. 그림에서 확산은 표면에서 나타나는 표면 확산을 의미하며, 이는 흡착된 기체가 표면과의 상호작용으로 이동도에 따라 확산하는 현상이다. 사실, 증착 과정에서 표면 확산은 흡착층과 반응하여 형성되는 증착막이나 결정성장에 있어서는 매우 중요한 역할을 한다. 이상에서 기술한 가스방출에 대한 내용은 진공 시스템의 누설에서 다시 상세히 다루기로 한다.

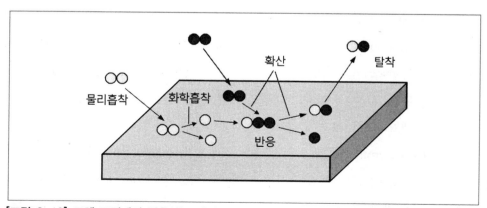

[그림 2-13] 고체 표면에서 반응하는 과정

진공용기에 가장 문제를 일으키는 것이 바로 물이다. 그릇에 물을 담아 진공 중에 넣으면 어찌될까? 자세히 알아보자.

이와 같이 그릇에 물을 담아 진공용기 중에 넣은 후에 진공 펌프로 진공을 만들면, 물이 펌프를 통해 빠져나갈 것으로 생각하지만, 실제로는 그렇지 않다. 이러한 환경 하에서 먼저 물은 기화하여 기체상태로 바뀌어 수증기가 되고 수증기가 펌프를 통해 외부로 빠져나가게 된다. 사실 물은 100℃로 가열하였을 때에 기체인 수증기로 상변이를 하게 된다. 그러나 물을 기화하기 위해서 온도를 올리는 방법 이외에 압력을 낮추어도 가능하며, 물과 기체의 경계면에서 열에 의한 운동 에너지를 갖고 물분자들이 기화하여 펌프를 통해 나오게 된다. 만일, 물분자에 에너지를 공급하지 못하게 되면, 물분자는 기화하지 않고 물분자의 에너지가 감소하여 심한 경우에는 얼어버리게 된다. 따라서 진공 시스템에서 기체를 배기할 경우에 수분이 외부로 충분히 빠져 나가지 않으면 용기 중에 남아 온도가 일시적으로 감소하는 현상이 발생하기도 한다.

용어
정리

01. 충돌률(impinge rate): 진공용기에서 기체분자가 단위 시간당 용기 내의 단위 면적에 부딪치는 횟수를 충돌률 혹은 입사율이라 한다.

02. 증발(evaporation): 액체나 고체가 기체로 바뀌는 과정. 이때 만들어진 기체를 증기(vapor)라고 한다.

03. 증기압(vapor pressure): 특정한 물질의 증기에 의한 압력을 말하며, 물질은 온도에 따라 직접 변하는 포화증기압력을 가진다. 증기압은 온도가 낮을수록 낮아진다.

04. 포화증기압(saturation vapor pressure): 증발과 응축이 평형을 이루어 공간이 증기로 포화되었을 때의 압력으로 온도에 의존하는 양이다.

05. 응축(condensation): 기체가 액체로 바뀌는 과정이며, 증기는 적절한 압력과 온도에서 액체로 응축한다.

06. 승화(sublimation): 고체가 기체로 직접 증발하는 과정이다.

07. 평균자유시간(mean free time; MFT): 하나의 입자가 충돌이 일어난 뒤에 다음 충돌이 발생할 때까지의 평균 시간을 말한다.

08. 열적 요동(thermal fluctuation): 흡착 원자를 변화시키는 핵심 요소로서, 요동 에너지가 크면, 원자는 전위장벽을 뛰어 넘어 표면으로 이동하며, 에너지가 충분히 크면 탈착이 일어난다.

09. 분압(partial pressure; 부분압): 혼합 가스의 전체 압력은 혼합물 속에 포함된 개별 가스압력들을 합한 압력과 동일하며, 이는 Dalton의 부분압 법칙을 따른다.

10. 증착(deposition): 증발된 원자를 낮은 온도의 기판에 흡착시키는 과정을 말한다.

11. 기체(gas): 분자가 분자 사이의 힘에 의하여 운동의 제한을 받지 않고 공간을 자유로이 채울 수 있는 상태에 있는 물질로써, 진공기술에서 기체는 비응축성 기체 및 증기의 양쪽을 나타낸다.

12. 기체의 표준상태(standard reference conditions for gases): 기체운동론에서 기체의 표준조건을 나타낸 것으로 온도 0℃, 압력 101,325 Pa(1기압=760 mmHg)의 상태이다.

13. 증기(vapor): 온도가 그 물질의 임계온도 이하로 되어 있을 때, 압력의 증가만으로 응축상으로 변화시킬 수 있는 상태이다.

14. 평균자유행정(mean free path): 기체 사이를 자유로이 움직이는 입자(분자, 원자, 전자, 이온 및 중성자 등)가 다른 입자와 충돌하고 다음 충돌이 발생하기까지 입자가 가지는 평균 비행거리를 의미한다.

15. 크누센 수(Knudsen number): 흐름의 특성을 표시하는 무차원의 수로써, 흐름을 특징짓는 대표적인 길이에 대한 분자의 평균자유행정 비율을 나타낸다.

16. 레이놀즈 수(Reynolds number): 무차원의 수로써, 흐름의 특성을 나타내는 대표적인 흐름의 속도, 기체의 밀도 및 기체의 정도를 의미하는 함수이다.

17. 흡수(absorption): 기체 혹은 증기분자가 고체 또는 액체의 내부로 들어가는 현상으로 여기서는 기체 혹은 증기분자를 흡수질이라 하고, 고체나 액체를 흡수매라고 한다.

18. 흡착(adsorption): 기체 혹은 증기분자가 고체 또는 액체 표면에 머무르고 있는 현상이다.

19. 물리 흡착(physical adsorption, 혹은 physisorption): 화학결합을 수반하지 않는 물리적인 힘에 의한 흡착이다.

20. 화학물리 흡착(chemical adsorption, 혹은 chemisorption): 화학적인 결합을 수반하는 흡착이다.

Chapter

03
진공 펌프

본 장에서는

진공 펌프를 공부하기에 앞서 진공 펌프의 성능에 중요 요소를 설명하고, 진공 펌프를 분류하여 저진공, 고진공 및 초고진공 펌프의 원리와 동작 및 특징 등에 대해 알아보기로 한다.

진공 펌프

3.1 진공 펌프의 성능

진공 시스템을 이용하여 작업을 수행하기 위해서는 먼저 진공 펌프를 가동하여 진공 상태를 만들어야 한다. 고진공 시스템을 살펴보면, 일반적으로 두 개 이상의 진공 펌프를 사용하게 되는데, 이는 모든 압력 영역에서 하나의 진공 펌프로 적용할만한 이상적인 펌프가 없기 때문이며, 또한 응용하려는 작업 환경에서 가장 적합한 진공 펌프를 선정하는 것도 역시 중요하기 때문이다. 현재 다양한 진공 시스템에서 사용하는 진공 펌프는 그 종류가 엄청나게 많으며, 본 장에서는 압력의 범위에 따라 진공 펌프를 분류할 것이다.

진공 펌프의 성능은 펌프의 입구에서 관측될 수 있는 최저 압력인 최저도달압력 (ultimate pressure), 진공 시스템의 환경에 맞도록 적절히 동작할 수 있는 펌프의 적정한 사용압력범위, 그리고 진공 펌프에 의해 시간당 배기되는 가스의 양을 나타내는 배기속도와 배기시간 등을 고려하여야 한다.

3.1.1 배기 속도

진공 시스템에서 진공을 만들기 위해서는 진공 펌프를 사용하게 된다. 이때, 작업의 환경조건에 따라 합당한 진공펌프의 성능을 발휘하여야 하는데, 여기서 펌프의 성능이란 기체를 제거하는 능력을 의미한다. 일반적으로 이미 앞 장에서 기술한 바 있는 유량에 의해 펌프의 성능을 표시하기도 하지만, 고진공에서의 유량은 압력에 따라 비례하여 변하기 때문에 펌프의 성능을 유량으로 표시하는 것은 불합리하다. 따라서 압력이 바뀌더라도 잘 변하지 않는 성능의 표시로 배기속도를 주로 사용한다.

"진공을 만든다."라는 말은 기체분자를 제거하는 것이다. 이는 진공용기의 압력인 대기압에서 존재하는 공기를 진공 펌프로 뽑아내게 되며, 이러한 배기 과정을 계속하게 되면 용기 내벽에 흡착하고 있던 기체분자까지 탈착하여 빠져 나오게 된다. 그리고 진공 펌프를 계속 가동하게 되면 펌프의 의한 배기량과 용기 내에서 발생하는 기체분자의 수가 같아질 때에 압력은 안정에 도달하게 되며, 진공 시스템은 사용하는 진공 펌프로 뽑을 수 있는 최저도달압력에 이르게 된다. 이와 같이 진공용기는 진공 펌프로 일정한 유량을 빼내게 되면, 어느 정도의 시간이 지난 후에는 일정한 압력으로 정상상태에 도달하게 된다. 배기속도(pumping speed)는 식 (2-18)에서 이미 기술하였으며, 이 식을 배기속도로 다시 정리하면 다음과 같다.

$$S = \frac{Q}{P} \hspace{6cm} (3\text{-}1)$$

즉, 배기속도는 압력에 대한 유량으로 표현할 수 있으며, 단위는 [L/sec] 혹은 [m³/sec]이다. 이때, 배기속도의 단위는 식 (2-15)에서 나타난 바와 같이 컨덕턴스와 같다는 것을 유의하자. 또한, 단위에서도 알 수 있듯이, 배기속도는 단위시간당 부피 비율(V/t)로 나타난다. 상기 식에서 Q는 펌프가 배기하는 기체의 양으로 유량 혹은 배기량이라 하기도 하며, P는 압력이다. 여기서 고려한 배기속도는 진공용기와 직접 연결된 펌프만을 고려하였지만, 실제로 진공 시스템은 배기관을 포함하여 배기와 관련된 전체 진공 부품을 고려하여야 하는데, 이를 유효배기속도(effective pumping speed; S_eff)라고 하고, 진공 시스템의 배기속도라는 의미이다. 그림 3-1에서 보여주듯이, 진공용기 출구의 압력과 진공 펌프 입구에서의 압력은 다르며, 진공 펌프의 입구에서 압력이 더 낮을 것이다. 이제, 진공용기의 출구와 펌프의 입구에서의 압력을 고려하여 유효배기속도를 구하기 위해 식 (2-18)을 사용하여 정리하면,

$$Q = C(P_1 - P_2)$$
(3-2)

이고, 여기에서 P_1과 P_2는 그림에서도 나타나듯이 각각 진공용기의 출구와 진공 펌프의 입구에서 압력을 나타낸다. 온도가 일정할 경우에 배기관의 어디든 간에 유량 Q는 동일함으로, 배기속도의 정의에 의해

$$P_1 = \frac{Q}{S_{eff}}$$
(3-3)

$$P_2 = \frac{Q}{S}$$
(3-4)

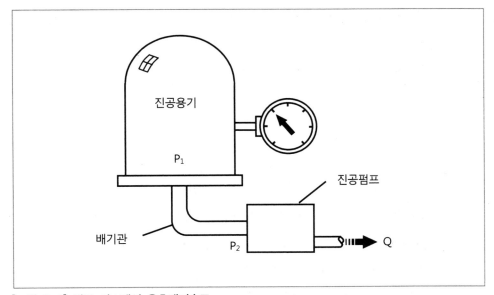

[그림 3-1] 진공 시스템의 유효배기속도

이다. 상기 식들을 식 (3-2)에 대입하여 정리하면 다음과 같다.

$$\frac{1}{S_{eff}} = \frac{1}{S} + \frac{1}{C}$$

(3-5)

여기서, S는 진공 펌프의 배기속도이다. 식으로부터 유효배기속도는 배기속도보다 더 떨어지게 된다는 것을 알 수 있으며, 또한 진공 시스템에서 컨덕턴스(C)가 결정되면 아무리 좋은 배기속도를 가진 진공 펌프를 사용하더라도 실효배기속도는 컨덕턴스 C를 넘을 수 없다는 점이다. 만일, $C = \infty$ 라고 한다면, 유효배기속도는 진공 펌프의 배기속도와 같으며, 이는 배기관 없이 진공용기에 바로 진공 펌프를 설치하거나 혹은 진공용기 자체를 진공 펌프로 사용하였다는 의미이다. 또한, $S = C$ 라고 하면, 유효배기속도는 배기속도의 절반($S/2$)에 해당한다는 것이며, 컨덕턴스가 최소한 $C > 5S$ 이상의 값을 가져야만 유효배기속도가 진공 펌프의 배기속도에 접근하게 된다. 그러므로 배기관의 크기는 가능한 한 짧고 굵은 것이 바람직 하지만, 진공 시스템을 설계하는데 결코 용이한 것은 아니다. 식 (3-5)로부터 의미를 다시 한번 상기하면, 배기속도가 아무리 큰 펌프를 사용한다 할지라도 배기관의 컨덕턴스가 유효배기속도를 제한한다는 것이다.

3.1.2 배기 시간

고진공 시스템에서 배기속도와 최저도달압력은 진공용기로부터 방출되는 수증기를 포함한 표면 탈착을 비롯하여 다양한 가스방출원에 의해 제한된다. 배기 시간 (pumping time)은 진공용기의 체적, 펌프의 용량, 내부 표면적뿐만 아니라 표면 청결도에 의해 의존하게 된다. 진공용기를 펌프에 의해 배기하면 두 단계로 구분할 수 있으며, 공간 배기와 표면 배기로 나눈다. 공간 배기는 주로 진공 펌프를 구동하기 시작한 초기의 배기로서 용기 안의 공간에 존재하는 기체분자를 뽑아내는 것이고, 표면 배기는 용기 내벽으로부터 방출하는 가스를 배기하는 것이다. 이미 전 장의 그림 2-12에서 용기 벽을 통하여 일어날 수 있는 여러 가지 가스방출원에 대해 기술하였다.

먼저, 공간 배기를 고려하면 온도가 일정할 경우, 진공용기 내에 기체분자의 변화율은 단위 시간당 용기 안으로 유입되는 기체의 양과 유출되는 기체의 양 사이의 차이일 것이고, 이를 식 (2-19)를 이용하여 정리하면

$$V\frac{dP}{dt} = Q_i - Q_o \qquad (3-6)$$

이고, 여기서 Q_i와 Q_o는 각각 진공용기 내로 유입되는 기체의 양과 유출되는 기체의 양이다. 만일, 유효배기속도를 S라고 하면 $Q_o = SP$ 임으로 식 (3-6)에 대입하여 정리하면,

$$V\frac{dP}{dt} = Q_i - SP \qquad (3-7)$$

이다. 그런데, 진공 펌프를 이용하여 배기를 시작하는 초기에는 표면으로부터 방출되는 가스방출은 공간에 존재하는 기체의 양에 비해 무시할 정도로 적기 때문에 식 (3-7)에서 Q_i는 무시할 수 있다. 따라서 상기 식을 정리하면 다음과 같이 간단히 표현할 수 있다.

$$V\frac{dP}{dt} = - SP \qquad (3-8)$$

이러한 미분 방정식의 해는 쉽게 적분하여 구할 수 있는데, 초기 조건으로 $t = 0$ 에서 진공용기의 압력은 배기되기 시작하기 때문에 대기압으로 고려하여야 하며 이를 P_i라고 하고, 시간에 대한 압력의 해를 정리하면

$$P = P_i e^{-\frac{S}{V}t} = P_i e^{-\frac{t}{\tau}} \tag{3-9}$$

이다. 여기서, τ 는 시정수($= V/S$)로서 펌프의 성능을 나타내는 척도이다. 이와 같이 압력은 시간에 대해 지수함수적으로 감소한다는 것을 알 수 있다. 이를 시간 t에 대해 다시 정리하면 다음과 같다.

$$t = \frac{V}{S}\ln\left(\frac{P_i}{P}\right) = \tau \, ln\left(\frac{P_i}{P}\right) \tag{3-10}$$

진공용기의 크기와 배기속도에 따라 약간의 차이는 있지만, 상기 식을 이용하여 압력이 10^{-1} torr까지 이르는 시간은 대략 5분 정도 소요할 것이다. 진공 시스템에서 펌프를 사용하여 배기하게 되면, 최종적으로 펌프에 의해 떨어지게 되는 최저도달압력이 있으며, 이때 압력을 P_o라고 하면 식 (3-8)은 다음과 같이 표현할 수 있다.

$$- V\frac{dP}{dt} + SP_o = SP$$
$$- V\frac{dP}{dt} = S(P - P_o) \tag{3-11}$$

상기 미분 방정식의 해를 구하면, 다음과 같다.

$$P = P_o - (P_o - P_i)e^{-\frac{S}{V}t} \tag{3-12}$$

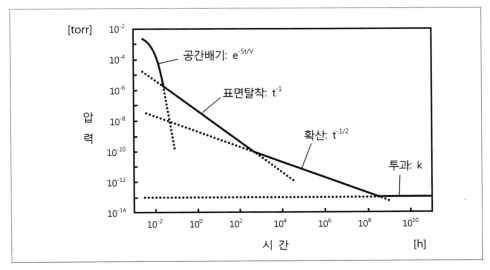

[그림 3-2] 압력-시간의 배기 곡선

이상과 같이 시간에 따라 압력은 지수함수적으로 감소하고, 그림 3-2에서 나타나듯이 용기 안의 공간에서 배기되는 압력은 $e^{-St/V}$의 함수로 급격하게 감소한다. 압력이 약 10^{-3} torr 이하로 내려가면, 그림에서와 같이 다양한 가스방출원에 의해 압력의 감소가 완만하게 줄며, 먼저 표면에서 탈착되는 기체로 인하여 t^{-1}에 비례하여 감소한다. 배기 시간이 약 1,000시간 정도에 도달하면, 용기 표면의 불순물에 의한 확산 특성이 일어 나 배기되며, $t^{-1/2}$에 비례하여 압력이 줄어든다. 그림에서는 압력의 감소가 로그 그래 프(log graph)로 나타나 직선으로 감소한다. 이후에는 투과에 의한 가스가 방출되어 용 기로 투과되는 비율과 배기량이 평형을 이루어 압력은 일정하게 유지된다.

3.1.3 진공 펌프의 분류

진공 펌프의 개발은 이미 언급한 바와 같이, 독일의 Guericke에 의해 처음 개발되어 표 3-1에서 기술하고 있듯이 20세기 초에 빠르게 개발되어 왔다.

〈표 3-1〉 진공 영역에 따른 펌프의 개발사

진공	진공펌프	연도	개발자	내 용
저진공	Mechanical pump	1650	Guericke	• 진공 펌프 개발
		1660	Boyle	• 게리케의 진공 펌프 개선
		1865	Sprengel	• 스프렌젤 펌프 개발
		1896	Edison	• 스프렌젤-가이슬러 펌프 개발
		1905	Kaufman	• 전동기를 이용한 펌프 개발
		1905	Gaede	• Rotary pump 개발
		1922	Dunoyer	• pumping 속도 계산
고진공	확산 펌프	1915	Dunoyer	• 확산 펌프 고안
		1927	Burch	• 저증기압 액체를 이용한 펌프 고안
		1960	Varian사	• 현대식 확산 펌프 개발
	터보분자 펌프	1913	Dushman	• 터보분자 펌프 고안
		1950	Pfeiffer사	• 산업용 분자 펌프 개발
		1961	Shapiro	• 현대식 분자 펌프 개발
	이온게터 펌프	1896	Malignani	• 기초 gettering pump 고안
		1953	David	• ionic pump 고안
		1958	Hall	• sputter ion pump 개발
		1978	Weston	• ion-getter pump 개발
	크라이오 펌프	1959	Gifford	• cryopumping process 개발

Guericke와 Boyle의 펌프 이후, 약 200여 년간 진공 펌프의 개발은 주춤한 상태였다. 그러나 19세기 후반부터 진공방전에 대한 연구가 시작되면서 다시 활개를 띠기 시작하여 각종 진공 펌프와 진공 게이지가 개발되었는데, 특히 1865년 Sprengel이 개발한 Sprengel 펌프와 1874년 MacLeod가 개발한 진공 게이지로 인하여 진공 시스템과 방전기술이 빠르게 발전하였다. 이후, 20세기에 들어서면서 고진공 펌프의 개발이 급격하게 전개되었다.

진공 펌프의 종류는 크게 펌프의 동작 압력에 따른 분류와 동작방식에 따른 분류로 구분할 수 있다. 표 3-2에서는 진공의 영역에 따라 나누어진 진공 펌프를 나타낸다. 이미 1-3절에서 진공을 분류하면서 진공의 영역을 크게 5가지로 나누었다. 그러나

〈표 3-2〉 진공 영역에 따른 진공 펌프의 분류

진공 영역	압력 범위(torr)	진공 펌프 영역	펌 프 명
저진공	$760 \sim 10^{-3}$	roughing pump	• rotary oil pump • sorption pump • Venturi pump • booster pump
중진공			
고진공	$10^{-3} \sim 10^{-8}$	high vacuum pump	• diffusion pump • cryopump • cryotrap • turbo-molecular pump
초고진공	10^{-8} 이하	ultra high vacuum pump	• titanium sublimation pump • sputter ion pump
극초고진공			

진공 펌프의 종류는 3가지로 분류하는데, 압력의 범위에 따라 러핑 펌프, 고진공 펌프 및 초고진공 펌프로 구분한다. 진공 압력의 각 영역마다 사용할 수 있는 펌프를 나열하였다.

그림 3-3에서는 진공 펌프의 동작압력 범위를 나타내고 있다. 이러한 진공 펌프는 사용이 가능한 각 압력의 범위가 있으며, 이에 맞추어 가동하여야 한다. 만일 그렇지 못하면, 진공 시스템에 오염을 일으키거나 파손 등의 문제를 야기할 수 있다.

이제, 진공 펌프의 동작방식에 따라 분류해보면, 크게 압축 배출식과 내부 흡수식 두 가지로 나눈다. 압축 배출식(throughput type 혹은 가스 이송식; gas transfer type)은 진공용기 내의 기체를 진공 펌프에 의해 외부로 방출하는 방식이다. 진공용기 내의 낮은 압력에서 외부의 높은 압력으로 기체분자를 방출한다는 것은 마치 낮은 위치에 있는 물체를 높은 곳으로 옮기는 것과 유사하며, 이는 낮은 위치 에너지를 변화시켜 높은 위치 에너지로 올리기 위해 운동 에너지를 주는 것과 흡사하다. 이와 같은 에너지 차를 극복하기 위해 Charles의 법칙을 이용하여 일정한 부피 내에 기체

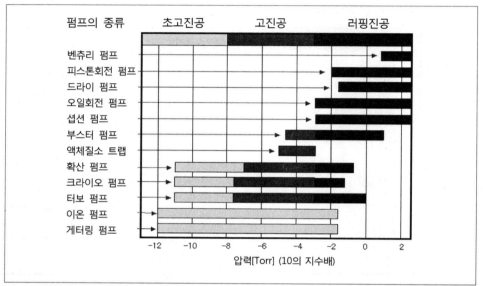

[그림 3-3] 진공 펌프의 동작압력 범위

분자를 유입하여 압축하여 부피를 줄임으로서 압력을 증가시켜 펌프 밖으로 배출하게 된다.

압력의 사용 범위를 고려하면 주로 저진공에서부터 고진공 영역까지 사용하는 펌프에 해당하며, 압축 배출식은 다시 용적 수송식과 운동량 전달식으로 나눈다. 여기서, 용적 수송식은 압축된 기체를 외부로 이동시켜 배출하는 방식이고, 운동량 전달식은 기체분자에 운동 에너지를 부가하여 높은 압력으로의 유동을 발생하게 하는 방식이다. 특히, 운동량 전달식 펌프는 운동을 유발하는 에너지원과 기체분자의 상대속도에 따라 성능이 매우 다르며 기체분자의 평균속도는 분자량에 따라 달라지기 때문에 기체의 종류에 따라 성능에 차이가 있다. 일반적으로 용적 수송식으로는 왕복운동식 펌프와 회전식 펌프 등이 있고, 운동량 전달식에는 분자 펌프와 유체분사식 펌프가 있다.

내부 흡수식(capture type 혹은 가스 포획식; gas entrapment type)은 진공용기 내의 기체분자를 외부로 방출하는 것이 아니라, 진공 펌프 내에 가두는 방식이다. 즉, 물리화학적인 힘을 이용하여 기체가 진공용기로 되돌아가지 않도록 내부에 포획시키

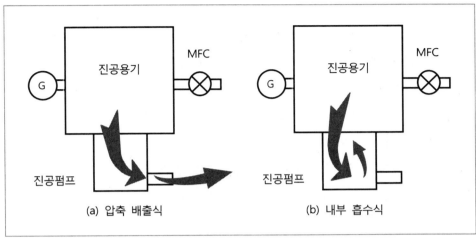

[그림 3-4] 동작방식에 따른 진공 펌프

〈표 3-3〉 동작방식에 따른 진공 펌프의 분류

압축 배출식	용적식	왕복 운동식	피스톤 펌프 (piston pump)
			다이어프램 펌프 (diaphragm pump)
		회전식	액체링 펌프 (liquid ring pump)
			회전베인 펌프 (rotary vane pump)
			회전피스톤 펌프 (rotary piston pump)
			트로코이드 펌프 (trochoid pump)
			루츠 펌프 (roots pump)
			스크류 펌프 (screw pump)
			스크롤 펌프 (scroll pump)
			클로 펌프 (claw pump)
	운동량 전달식	분자펌프	분자드래그 펌프 (molecular drag pump)
			터보분자 펌프 (turbo-molecular pump)
		유체 분사식	확산 펌프 (diffusion pump)
			액체제트 펌프 (liquid jet pump)
			이젝터 (ejectors)
내부 흡수식	흡착식	표면 흡착식	수착 펌프 (sorption pump)
		화학 흡착식	게터 펌프 (getter pump)
			티타늄승화 펌프 (titanium sublimation pump)
			스퍼터이온 펌프 (sputter ion pump)
	응축식	저온 응축식	저온 펌프 (cryo pump)

는 것으로 주로 온도를 낮추어 고체 표면에 잠시 고착시키게 된다. 이와 같은 방식은 주로 고진공에서부터 극초고진공 영역에서 사용하는 펌프에 해당하며, 이를 다시 분류하면 흡착식과 응축식으로 나눈다. 일정량 이상의 기체를 포획하게 되면, 배기능력이 저하함으로 일정한 시간이 지난 뒤에는 부착된 기체를 외부로 방출하여야 한다. 여기서, 흡착식은 표면 흡착식 펌프와 화학 흡착식 펌프 등이 있고, 응축식에는 저온 응축식 펌프가 있다.

그림 3-4에서는 압축 배출식과 내부 흡수식 펌프의 동작을 나타내고 있고, 표 3-3에서는 펌프의 동작방식에 따른 분류를 기술한다.

3.1.4 진공 펌프의 선정

진공 시스템에 적합한 펌프를 선정하는 것은 매우 중요하다. 앞에서 기술하였듯이, 진공 펌프의 종류는 동작방식에 따라 크게 두 종류가 있으며, 진공용기로부터 기체를 외부로 배출하는 펌프와 기체를 포획하는 펌프로 구분한다. 또한, 진공 펌프는 압력의 범위에 따라 많은 종류가 있으며, 다양한 진공 펌프 중에서 진공 시스템에 알맞은 펌프를 선정하기 위한 기준으로는 최저도달압력, 동작 압력범위, 배기속도, 배기압력, 배기되는 기체의 종류와 소비전력 등이 있다. 이제, 진공 펌프의 선정에 있어 중요한 몇 가지 항목들을 알아보도록 한다.

❶ 최저도달압력

진공 펌프의 입구에서 도달할 수 있는 최저도달압력은 펌프의 종류에 따라 다르지만, 진공도 측면에서 어떠한 펌프이든 간에 낮을수록 좋다.

❷ 동작 압력범위

진공 시스템을 고진공이나 초고진공으로 사용할 경우 가능하다면 대기압에서 원하는 압력까지 하나의 펌프로 넓은 압력범위에서 사용하는 것이 바람직하겠지만, 이러한 이상적인 진공 펌프는 없으며, 2개 이상의 펌프를 사용하여 요구하는 압력까지 낮추게 된다. 따라서 진공용기의 압력을 어느 정도까지 낮추어야 하는지 하는 최저 도달압력과 작업환경 하에서의 압력이 얼마인지 하는 동작 압력범위를 알아야 한다.

❸ 배기속도

진공 시스템에서 진공용기의 크기가 결정되면, 유량과 압력 등을 고려하여 이미 기술한 식들에 의해 배기시간이나 배기속도를 얻을 수 있다. 이와 같은 계산 결과를 토대로 적절한 진공 펌프를 선정하여야 하지만, 작업 중에도 연속해서 기체분자를 배기하여야 하기 때문에 약간 여유 있는 배기속도를 가진 펌프를 사용하여야 한다. 그러나 배기시간을 줄이고자 무작정 배기속도가 큰 펌프를 사용하는 것은 바람직하지 않다. 이는 배기속도가 크면 너무 빠른 배기로 인하여 잔류 수분이 응축하는 결과를 초래할 수 있기 때문이다. 특히, 이와 같은 현상은 평판 디스플레이를 제조하는 진공장비 사이에 load-lock chamber를 배기할 경우, 불순물이나 오염을 감소시키기 위해 반드시 고려하여야 한다.

❹ 배기압력

펌프를 중심으로 진공용기에서 유입한 기체분자는 펌프 내에서 압축하여 외부로 배출하게 된다. 즉, 압축된 기체의 압력이 외부의 대기압보다 높아야 배기하게 된다. 만일, 진공 펌프를 압력이 낮은 고지대에서 사용하면, 진공도가 좋아지는 반면에, 압력이 높은 저지대에서 사용하게 되면, 희망하는 최저 압력에 도달하는데 많은 시간이 필요하다. 이와 같이 진공 펌프의 배기부에 압력이 높아지면, 진공도가 좋지 않은데, 만일 펌프의 배기부가 막혀 있다면 펌프 내부의 압력이 증가하여 펌프가 깨지거나 폭발할 수도 있다. 따라서 펌프 제조사에서는 이러한 경우를 고려하여 펌프의 내부 압력을 완화시키는 밸브를 설치하거나 지정된 압력에서 자동으로 펌프가 동작하지 못하도록 설계하고 있다.

❺ 진공 작업조건

동일한 압력 하에서 작업하는 진공 펌프라고 하더라도 펌프의 동작원리는 다를 것이며, 특히 펌프의 배기과정이 진공용기에 영향을 미칠 수 있다. 이미 기술한 바와 같이, 펌프의 동작방식은 압축 배출식과 내부 흡수식이 있으며, 이들의 배기동작 방식은 다시 용기에 영향을 줄 수 있다. 즉, 오염을 일으키거나 소음이나 진동으로 영향을 줄 수 있으며, 사용하는 기체의 종류도 고려하여야 한다.

또한, 진공 펌프의 가격이나 유지비용 등과 같은 경제적인 측면이 진공 시스템을 구축하는데, 중요한 요인이 되기도 한다. 물론 경제적인 요인도 무시할 수 없는 중요한 사항이지만, 먼저 작업환경에 적합한 지를 우선 고려하여야 할 것이다. 이외에도 진공 펌프의 안전성이나 편리성 등 많은 사항을 확인하여야 한다.

3.1.5 진공 펌프의 사용방법

다음 절부터 기술하는 진공 펌프는 러핑 펌프, 고진공 펌프 및 초고진공 펌프 등 압력의 영역에 의해 3가지로 나누어 기술하며, 여러 종류의 진공 펌프를 사용하여 수행하는 일반적인 진공 작업은 먼저 청결도를 높이기 위해 진공도를 고진공이나 초고진공으로 조성한 후에 다시 작업환경에 맞는 다른 기체를 주입하여 진공도를 올려서 증착이나 표면처리 등의 작업을 수행하게 된다. 따라서 진공 펌프의 압력 영역에 맞추어 몇 개의 펌프를 사용하게 되며, 이와 같이 처음에 진공 작업을 진행하기 전에 압력을 최저로 낮추게 되는데, 이러한 압력을 최저 압력(base pressure)이라고 하고, 작업을 진행하는 동안에 압력을 동작 압력(operating pressure 혹은 working pressure)이라고 한다. 표 3-4에서는 진공 작업의 압력범위에 따라 사용되는 펌프의 종류를 나타내며, 특히 진공 시스템의 작업환경을 고려하여 사용하여야 한다.

〈표 3-4〉 진공 압력범위에 따른 진공 펌프의 사용

러핑 진공 영역	고진공 영역	초고진공 영역
• mechanical pump	• mechanical pump • cryo-trap 혹은 baffle • diffusion pump	• sorption pump • cryo-trap • ion pump • titanium-sublimation pump
• dry vacuum pump	• trapped mechanical pump • mechanical cryo pump	
• mechanical pump • booster pump • blower pump	• mechanical pump • turbo-molecular pump	• sorption pump • cryo-trap ion pump • titanium-sublimation pump

이제, 압력 제어에 의해 주로 저진공이나 중진공에서 펌프의 사용방법과 주의사항을 살펴보도록 한다. 대개 저진공에서 사용하는 펌프는 펌프 내에 오일을 포함하는 경우가 많으며, 기름 상태나 종류에 따라 관리에 유의하여야 한다. 이외에 증기압, 배출기체 환기, 배출 기체용 trap, 역류 방지 및 수분 응축방지 등에 대해 세밀하게 관찰하여야 한다. 낮은 진공 압력영역에서 사용하는 진공 시스템은 진공용기, 러핑 펌프, 저진공 게이지 및 venting valve 등으로 구성되며, 일반적인 사용법을 기술하면 다음과 같다.

① 진공 시스템에서 모든 valve를 닫고, 펌프를 동작시킨 다음 진공 게이지로 압력을 측정한다.

② 진공용기와 연결된 러핑 펌프의 배기관에 main valve를 열어 배기하면서 진공 게이지를 확인하고, 희망하는 진공도를 얻으면 작업을 수행한다.

③ 진공 작업이 완료되면, main valve를 잠그고, 진공을 해제하기 위해 venting valve를 열어 질소가스를 주입하여 대기압으로 만든다.

④ 진공용기를 열어 진공으로 완성한 부품을 꺼내고, 반복 작업이 필요하면 이상의

순서를 다시 수행한다.

⑤ 만일, 진공 시스템을 완전히 종료할 경우에는 펌프의 전원을 끄고 배기관의 venting valve를 열어 배기관의 진공도 해제한다.

고진공이나 초고진공의 압력영역에서 응용하는 진공 시스템은 작업환경을 고려하여 진공 펌프를 두 개 이상 사용하여야 하며, 이는 진공 펌프가 동작하는 압력범위가 다르기 때문이다. 따라서 주로 저진공 영역에서 사용하는 펌프를 이용하여 압력을 내린 후에 다시 희망하는 고진공이나 초고진공으로 압력을 더 내리기 위해 고진공 펌프로 바꾸게 된다. 여기서 저진공 영역에서 동작하던 러핑 펌프는 고진공 펌프의 배기관과 연결된 fore line를 통해 고진공 펌프의 뒤에서 다시 가스를 외부로 배출하기 위한 역할을 수행하게 된다. 즉, 고진공 시스템에서 러핑 펌프는 진공용기와 roughing line으로 연결되어 있지만, 또한 고진공 펌프와도 연결되며, 각 압력범위에 따라 valve의 개폐 동작으로 임무를 변경하게 된다. 그림 3-5는 이상과 같이 기술한 내용을 나타내고 있다. 그림에서도 나타내듯이, 고진공 펌프는 진공용기와 러핑 펌프 사이에 설치되며, 고진공 펌프의 입구나 출구는 대기압이 노출되지 않도록 되어 있다. 보다 자세한 펌프의 구동은 다음 장부터 기술하는 각종 펌프를 소개하면서 공부할 것이다.

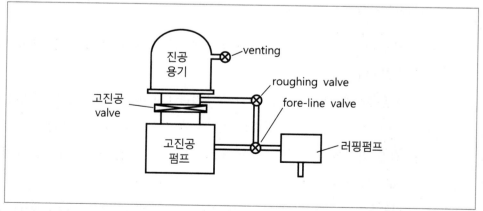

[그림 3-5] 고진공 시스템에서 진공 펌프의 사용

청결도를 필요로 하는 진공 시스템은 진공 펌프를 이용하여 진공을 형성하게 되는데, 진공을 만드는 이유에 대해서 자세히 알아보자.

1967년 Yarwood는 기체분자 운동론을 이용하여 표면에 충돌하는 기체분자의 수를 다음과 같은 방법으로 제시하였다. 즉, 1초당 1 m^2의 표면에 충돌하여 달라붙는 기체분자의 수를 sticking coefficient가 1이라고 가정하면

$$n = bP\sqrt{MT} \ [molecular\#/m^2sec]$$

이고, 여기서 P는 표면에서의 가스 압력, M은 기체분자의 몰 질량, b는 비례 상수로서, b=3.51×10²⁶ [molecular#/m^2sec K$^{1/2}$/torr]이다. 이 식을 이용하여 단위 시간당 용기 표면에 붙는 기체분자의 수를 계산해보도록 한다. 질소만 들어 있는 용기에 진공도를 대략 10⁻⁶ torr라고 하면, n=3.0×10¹⁴ [molecular#/cm^2sec] 정도이다. 만일, 원자 하나의 직경이 0.3 nm이고 1×1 cm^2 면적에 10¹⁵ 개의 원자들이 있다면, 표면에 고르게 질소 원자층(단일층; monolayer)이 만들어지는데 걸리는 시간은 불과 3초 정도이다. 또한, 진공도 10⁻¹⁰ torr에서는 질소 단일층을 형성하는데, 약 8시간 정도 소요된다.

디스플레이 공정과정에서 유리 기판 위에 ITO 박막을 형성하려고 할 때, 기판을 용기에 넣고 진공도를 10⁻⁶ torr으로 하면 불과 3초 만에 질소 단일층이 형성되어 ITO막을 만들기도 전에 먼저 질소층이 만들어짐으로 당연히 이를 피하기 위해서는 진공도를 낮추어야 한다. 이와 같이 기판에 희망하는 물질을 증착하거나 표면 분석을 하기 위해서는 고진공을 필요로 하게 된다.

3.2 러핑 펌프

일반적으로 대기압에서부터 10⁻³ torr 정도까지의 저진공 및 중진공 영역에서 사용하는 펌프를 러핑 펌프(roughing pump)라고 하며, 주로 초기 진공을 생성하기 위해 사용된다. 원래 "rough"의 사전적인 의미는 "거칠거나 부드럽지 못한" 것을 나타낸다. 이는 초기에 대기압 상태인 진공용기를 펌프로 기체분자를 배기하기 시작하면 순간적으로 일어나는 불규칙한 흐름으로 인해 심한 소음과 진동을 만들게 되며, 이내 서서히 조용해지며 점성 유동을 하게 된다. 이와 같이 진공 시스템을 구동하기

시작하면, 처음에 발생하는 거친 소음이나 진동을 일으키는 초기 진공단계 동안에 거칠게 동작하는 펌프이기 때문에 붙여진 명칭일 것으로 여겨진다.

러핑 펌프는 초기에 배기하는 펌프로서의 역할을 완료하게 되면, 고진공 펌프가 동작하면서 임무를 교대하고 러핑 펌프는 고진공 펌프의 배기부로 연결되어 보조 펌프로서 동작하게 된다. 이때 러핑 펌프를 포라인 펌프(foreline pump 혹은 backing pump)라고 한다.

이번 장에서는 3종류의 진공 펌프 중에서 러핑 펌프에 대해 자세히 알아보도록 한다. 러핑 펌프를 분류하면, 피스톤 회전 펌프, 오일 회전 펌프, 드라이 펌프, 벤츄리 펌프, 부스터 펌프 및 섭션 펌프 등이 있고, 드라이 펌프에는 다시 screw 펌프, Roots 펌프, claw 펌프 및 scroll 펌프 등으로 나눈다. 이와 같이 분류되는 러핑 펌프를 기계식 펌프(mechanical pump)라고 부르기도 하는데, 이는 러핑 펌프의 대부분이 기계적인 운동으로 기체분자를 배기하기 때문이다. 그러나 벤츄리 펌프나 섭션 펌프 등은 기계식 펌프에 속하지 않는다. 이제, 각 펌프의 동작원리, 구조 및 일반 사용방법 등에 대해 기술해 보도록 한다.

3.2.1 피스톤 회전 펌프

피스톤 회전 펌프(rotary piston pump)는 기체분자를 흡입하고 기계적으로 압축하여 대기 중으로 배기하게 되는데, 이는 Charles의 법칙을 이용한 것으로 압축하게 되면 부피는 작아지지만 대기압보다 압력이 높아져 외부로 배출하게 되는 원리를 적용한 것이다. 진공 시스템에서 보편적으로 많이 사용되는 펌프로서, 많은 양의 기체분자를 빨리 배출하기 위해 사용하며, 펌프의 배기속도는 1,000 cfm(cubic feet per minute) 정도이다. 또한, 피스톤 회전 펌프가 도달할 수 있는 최저 압력은 대략 10^{-2} torr 정도로 약간 높은 편이다.

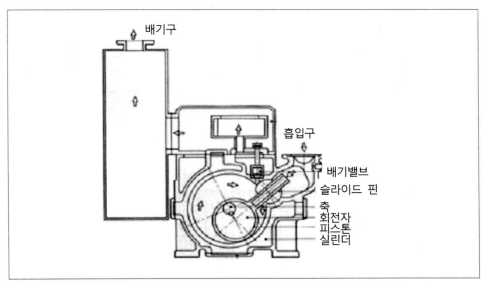

[그림 3-6] 피스톤 회전 펌프의 내부 구조

그림 3-6에서는 대표적인 피스톤 회전 펌프의 내부 구조를 보여주는데, 구조는 약간 복잡하지만, 견고하고 수명이 약 20년 이상으로 길다는 장점이 있다. 펌프의 구조를 살펴보면, 회전축의 중심에서 한쪽으로 치우쳐진 원통형의 피스톤이 회전하며, 흡입구에는 슬라이딩 밸브(sliding valve)가 있고 배출 밸브에는 증기압이 낮은 오일로 채워져 있다.

일반적으로 펌프는 주철(cast iron)로 제조되며, 그림에서 보여주는 하우징(housing)은 대부분 알루미늄 합금으로 만들어진다. 이는 배기구가 막히는 현상으로 인하여 펌프 내부의 압력이 갑자기 증가하게 되면 폭발이나 화재가 발생할 수 있고, 경우에 따라 깨지면서 조각이 날아가는 것을 방지하기 위해 사용하며, 대체로 이러한 경우에 알루미늄 합금은 균열이 일어날 뿐, 조각이 나면서 폭발하지 않기 때문이다.

그림 3-7에서는 피스톤 회전 펌프의 동작과정을 상세히 표현하고 있는데, 먼저 진공 용기로부터 기체분자를 흡입(induction)하는 초기과정을 지나면, 펌프 내로 들어온 기체를 차단(isolation)하는 과정을 거치게 되고, 펌프 내부에서 회전자의 회전으로

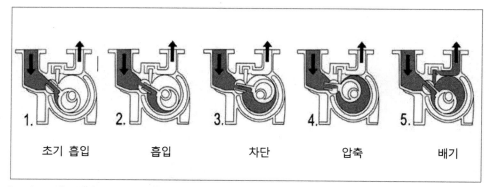

[그림 3-7] 피스톤 회전 펌프의 동작순서

[그림 3-8] 피스톤 회전 펌프의 외형

압축(compression)하며, 마지막으로 압축된 기체를 배기구를 통하여 배출하는 배기(exhaust)과정을 나타내고 있다. 즉, 펌프의 배기과정은 4가지의 고정을 통하여 기체를 배출하게 된다. 이와 같이 펌프가 회전하면서 기체분자를 차단과 압축하는 과정에서 펌프에 사용하는 오일의 점도는 매우 중요하며, 피스톤의 회전운동이 원활하게 이루어지지 않는다면 정상적으로 기체를 압축할 수 없고, 이로 말미암아 진공용기의 압력을 낮출 수 없게 된다.

피스톤 회전 펌프에서 사용하는 오일은 고정자와 회전자 사이에 윤활제와 밀폐제의 역할뿐만 아니라, 냉각제로서의 역할도 수행한다. 그림 3-8에서는 피스톤 회전 펌프의 외형들을 나타낸다.

3.2.2 오일 회전 펌프

오일 회전 펌프(oil rotary pump 혹은 oil-sealed mechanical pump)는 일명 회전 베인 펌프(rotary vane pump)라고 부르기도 하며, 중소형 진공 시스템에서 러핑 펌프로서 가장 널리 사용된다. 그림 3-9에서는 오일 회전 펌프의 내부 구조를 보여주며, 펌프의 구성은 외측에 고정자(stator), 회전하는 회전자(rotor) 및 회전자에 중심을 향하는 날개(vane)가 있고, 날개 안쪽으로는 용수철이 연결된다. 회전자의 중심은 고정자의 중심에서 약간 벗어나게 설치된다.

펌프의 회전자에 설치된 날개는 용수철이 밀어 고정자에 접촉하게 되며, 이때 용수철은 날개가 고정자에 밀착하여 누설되는 공간이 없도록 밀면서 회전하게 된다. 그림 3-10에서는 오일 회전 펌프의 간단한 동작원리를 나타내는데, 기본 원리는 기체 분자를 대기압보다 약간 높게 압축하여 외부로 방출하는 펌프로 피스톤 회전 펌프와 동작방식이 거의 유사하게 흡입, 차단, 압축 및 배기과정을 수행한다. 일반적으로 4개 이상의 날개가 설치되어 고정자와 마찰하면서 회전하기 때문에 열이 많이 발생하지만, 피스톤 회전 펌프보다 약간 낮은 진공도(~수 mtorr)를 만들 수 있다. 오일 회전 펌프의 배기속도는 약 150 cfm 정도이며, 회전속도는 약 400 rpm 정도로 약간 소음이 많은 편이다. 펌프에서 사용하는 오일은 윤활제의 역할뿐만 아니라, 열을 식혀주는 냉각제와 가스가 누설하는 것을 막아주는 밀폐제의 역할까지도 하게 된다. 펌프 오일의 증기압이 낮을수록 낮은 압력까지 내릴 수 있으며, 특히 오일의 역류(back-stream)에 의한 진공 시스템의 오염도 줄일 수 있다.

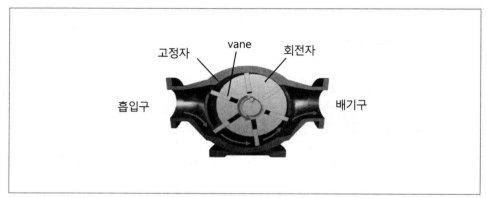

[그림 3-9] 오일 회전 펌프의 내부 구조

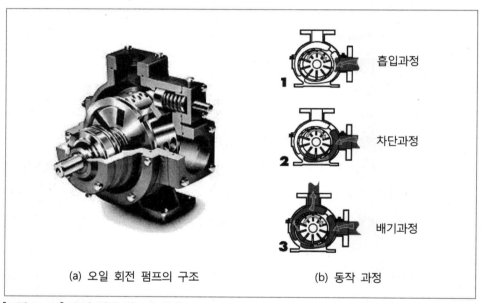

(a) 오일 회전 펌프의 구조   (b) 동작 과정

[그림 3-10] 오일 회전 펌프의 동작

일반적으로 많이 사용하는 오일은 석유제품의 탄화수소(hydrocarbon)이며, 이외에 유
기합성 오일(organic synthetic oil), 실리콘 오일(silicon oil), 불화 오일(fluorinated oil)
등이 있다. 탄화수소 오일은 실온에서 증기압이 대략 10^{-6} torr 정도이며, 공기, 불활
성 기체 및 수소 등에 주로 사용한다. 유기합성 오일은 주로 고온에 의한 산화 방지

를 위해 사용하며 증기압은 10^{-8} torr 정도이다. 실리콘 오일은 증기압이 $10^{-5} \sim 10^{-9}$ torr 정도이며, 고온에서 주로 사용하지만, 윤활성이 좋지 않다는 단점을 가진다. 또한, 고분자 오일에 속하는 불화 오일은 증기압이 10^{-10} torr 정도로 매우 낮은 편으로 반도체 공정 등에서 유독기체를 사용하는 경우나 화학적으로 불활성이 요구되는 경우에 많이 사용한다.

진공 시스템의 압력이 낮아질 경우, 오일 증기 분자가 가스의 흐름과 반대방향으로 확산되거나 압력차로 발생하는 현상을 **역류**(back stream)라고 한다. 즉, 압력이 낮을수록 역류는 증가하게 되며, 역류는 액체가 아닌 기체 상태로만 발생한다. 오일이 역류하여 진공 시스템 안으로 들어가면 오염의 원인이 된다. 이와 같은 역류를 방지하기 위해서는 일정량의 질소 가스를 펌프의 흡입구나 진공용기로 흘리거나 펌프의 구동온도를 낮추어야 한다. 또한, 역류 방지용의 inlet filter를 설치하거나 근본적인 해결책으로 오일을 사용하는 러핑 펌프 대신에 건식 펌프를 사용하는 것이 가장 바람직하다.

대체로 오일을 사용하는 러핑 펌프의 경우, 공기 중에 포함된 수분이 펌프 내부로 유입되어 응결되면서 오일과 섞여 진공용기에 영향을 미치게 되고, 결국 진공도가 저하될 수 있다. 이와 같이 펌프로 유입되는 수분은 공기 중에 약 1% 정도 섞여 있으며, 계절이나 날씨에 따라 습도차는 많은 편이다. 장마철에는 공기 중에 수분의 부분압이 매우 커지게 되며, 펌프 내에서 물로 상변이를 일으켜 오일 중에 수분을 생성하게 된다. 특히, 급격히 온도가 내려가면 수증기가 물방울로 변하며, 또한 상변이 수분뿐만 아니라 이물질이 생성되면, 펌프의 부하가 증가하며, 만일 대량으로 부산물이 만들어지면 펌프에 고장을 유발할 수 있다.

진공 펌프에서 사용하는 오일과 수분이 섞이면 물리적인 변화뿐만 아니라 화학적인 변화를 발생하게 된다. 물리적인 변화로는 점성의 변화로서 오일의 점도가 증가하며, 펌프의 회전에 장애를 일으켜 전기적인 부하가 증가하고 이로 인하여 진공도가 감소한다. 화학적인 변화로는 회전자의 마찰에 의해 온도가 증가하고 압력이 올라가면

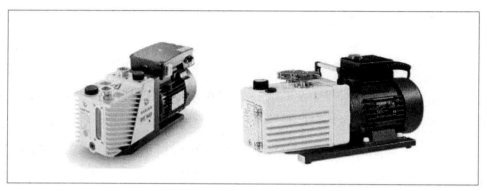

[그림 3-11] 오일 회전 펌프의 외형

광물계통의 오일과 배기가스가 반응하여 고분자로 바뀌면서 슬러지를 생성하게 된다. 이러한 슬러지는 일부 공정에서 펌프가 폭발하는 경우도 발생한다.

오일 회전 펌프에서 수분이나 이물질에 의해 발생하는 문제점을 해결하기 위해서는 gas ballast를 설치하거나 수분을 분리하는 장치를 이용하기도 하며, venting valve를 이용하여 진공용기에 질소 가스를 주입하기도 한다. 펌프가 압축과정에서 수분이 응축하여 오일을 오염시키는데, Gaede가 처음으로 고안한 gas ballast는 압축주기일 때 외부에서 대기를 주입하여 인위적으로 부분압의 증가를 낮춤으로서 수증기가 응축하여 액화하는 것을 방지하는 장치이다. 그러나 ballast의 단점은 장시간 사용할 경우에 오일이 가스와 같이 빠져나가게 된다는 점이다.

그리고 수분 분리장치는 펌프의 오일을 뽑아 외부에 설치된 oil cleaner에서 수분이나 이물질을 제거하는 것이다. 펌프의 수명이 길어지는 반면에 별도의 수분 분리장치를 설치하기 때문에 경제적인 문제가 발생하며, 사용하는 오일의 증가를 초래하기도 한다. 또한, 분리장치에 필터를 주기적으로 확인하고 교체하여야 한다. 진공용기가 대기에 노출될 경우에 질소가스를 주입하게 되면, 수분의 유입을 방지할 수 있는데, 첨단의 반도체 공정이나 평판 디스플레이를 제조하는 공정에서 많이 이용한다. 그림 3-11에서는 오일톤 회전 펌프의 외형들을 나타내고 있다.

3.2.3 드라이 펌프

최근 국가산업 경쟁력의 핵심으로 떠오르고 있는 차세대 동력산업인 첨단의 평판 디스플레이 산업이나 반도체 산업에 있어 진공 장치의 오염은 제조공정에서 반드시 제거하여야 하는 필수 요건이라 할 수 있다. 드라이 펌프(dry pump; 일명 건식 펌프)는 펌프에 오일을 사용하지 않기 때문에 진공 시스템의 청결도를 유지할 수 있다는 장점으로 각광을 받고 있다. 이미 앞 절에서 기술하였듯이, 오일에 의한 역류는 진공용기의 오염이나 고장에 가장 큰 원인을 제공하기도 한다. 따라서 진공의 청정을 필요로 하는 공정에서 드라이 펌프를 사용하게 되면, 제조공정의 신뢰성 및 안전성이 증가하고, 운영의 경비를 절감할 수 있으며, 또한 폐기물 처리비용을 절감할 수 있다. 드라이 펌프의 종류로는 screw 펌프, Roots 펌프, claw 펌프 및 scroll 펌프 등이 있으며, 각 펌프를 다단으로 구성하거나 혹은 서로 다른 종류의 펌프를 결합하여 사용하기도 한다. 이와 같이 다양한 종류의 드라이 펌프가 사용되고 있으며, 진공 시스템에 적용할 경우 공정의 특성에 알맞은 펌프를 선택한다는 것은 무엇보다 중요한 작업일 것이다.

❶ Screw 펌프

Screw 펌프의 구조는 두 개의 나사모양 회전자와 고정자가 잘 맞물려 서로 반대방향으로 회전하는 펌프로서, 본래 공기 압축기로 설계된 것이다. 그림 3-12와 그림 3-13은 screw 펌프의 전체 구조, 내부 구조 및 동작을 나타내는데, 내부 구조를 살펴보면 나선형의 회전자는 숫나사이고, 고정자는 암나사모양을 하게 된다. 회전자와 고정자는 접촉면이 거의 맞닿아 있으며, 펌프의 축을 따라 꽈배기 모양의 공간을 통해 배기 가스를 회전하며 방출한다. 즉, 그림 3-12 (b)에서 나타나듯이, 펌프의 동작은 흡입구를 통해 진공용기에서 들어온 배기가스는 나사선을 따라 축방향으로 이동하면서 압축되어 배출하게 된다. 배기가스의 이동 경로가 축방향으로 길기 때문에 다단의 펌프를 구성하기 어렵다.

screw 펌프는 동일한 크기의 다른 펌프들과 비교하여 배기되는 부피가 작기 때문에 같은 성능을 얻기 위해서는 고속으로 회전하여야 하며, 마찰에 의한 문제가 발생할 수 있고, 윤활, 소음, 냉각 및 밀폐에 대해 반드시 고려하여야 한다.

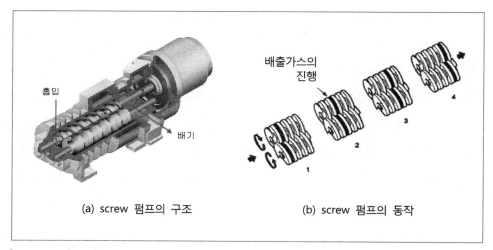

(a) screw 펌프의 구조   (b) screw 펌프의 동작

[그림 3-12] screw 펌프의 구조와 동작

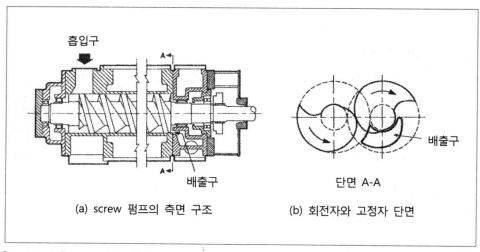

(a) screw 펌프의 측면 구조   (b) 회전자와 고정자 단면

[그림 3-13] screw 펌프의 내부 구조

screw 펌프의 회전속도는 대략 10,000 rpm 정도이고, 동작 압력범위는 대기압에서부터 10^{-3} torr 영역이다. 펌프의 장점으로는 배기속도가 비교적 큰 편인데, 24~2,700 m^3/h 정도이며, 단점으로는 전력 소모량이 크고, 구동 온도가 매우 높다는 것이다. 그러나 구동 온도가 높기 때문에 유입되는 가스의 응축이나 액체 성분이 펌프 내부에 잘 형성되지 않게 되기도 하지만, 높은 온도로 인하여 배기관에서 부식성 가스에 의한 부식의 위험이 높은 편이다. 또한, 고속으로 동작할 경우에 누설의 위험이 높으며, 마찰면이 많은 편이기 때문에 소음의 문제가 발생한다.

❷ Roots 펌프

Roots 펌프는 booster 펌프와 흡사한 구조를 가지고 있으며, 일명 blower 펌프 혹은 lobe 펌프라고 부르기도 한다. Roots 펌프는 밸브가 없는 양압 이송방식으로 일종의 송풍기와 같은 구조이다. 사실, Roots 펌프는 진공 시스템에서 독립적으로 사용하기보다는 오일 회전 펌프와 진공용기 사이에 직렬로 펌프들을 설치하면 배기속도를 증가시킬 뿐만 아니라, 오일의 역류에 의한 오염을 방지할 수 있는 보조 펌프로 사용되기도 한다. 이와 같이 오일의 역류를 방지한다는 의미에서 dry 펌프(건식 펌프)라고 부르게 되었는데, Roots 펌프는 19세기 중반에 처음 영국의 I. Davies에 의해 고안되었지만, 이후에 약 20여년이 지나서 미국의 Roots가 개발하였으며, 그의 이름을 사용하여 명명하게 되었다.

그림 3-14에서는 Roots 펌프의 내부 구조와 동작 순서를 나타내고 있다. 그림에서 나타내듯이, 두 개의 8자 모양 혹은 잎사귀(lobe) 모양인 회전자가 90° 위상차를 가지고 서로 맞물려 반대방향으로 회전하며, 그림 (a)에서와 같이 흡입된 가스는 고정자의 주변을 따라 배출구로 쓸려 나가게 된다. 펌프의 동작은 송풍기와 같이 압축 방식이 아니기 때문에 압력이 높은 방향으로 배기하기에 부적합하고, 이로 인하여 더 많은 일을 하여야 함으로 부하가 많이 걸리면 가동온도의 상승을 발생하기도 한다.

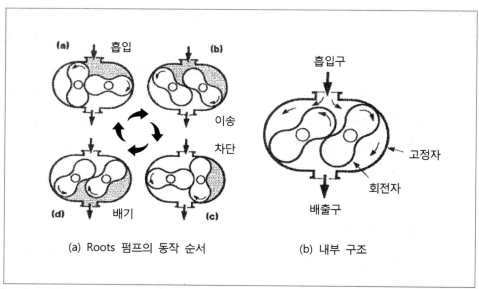

[그림 3-14] Roots 펌프의 동작과 기본 구조

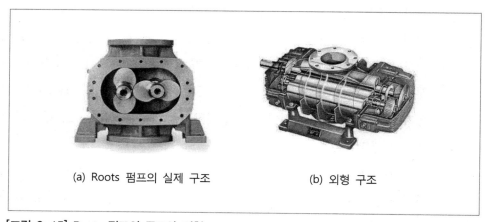

(a) Roots 펌프의 실제 구조   (b) 외형 구조

[그림 3-15] Roots 펌프의 구조와 외형

두 개의 lobe가 접하는 부분은 회전을 계속하더라도 미세한 간격(약 0.1 mm)으로 거의 밀폐된 상태를 유지하게 되며, 또한 고정자의 벽면과도 밀폐된 공간을 유지하여 배기가스의 공간을 만들게 된다. 물론, 미세 간격에는 윤활유를 사용하며, 이외 다른

오일을 사용하지 않기 때문에 오염에 대한 우려는 없다.

그림 3-15에서는 Roots 펌프의 실제 내부 구조와 외형의 구조를 나타낸다. Roots 펌프의 회전속도는 대략 3,000 rpm 정도이고, 동작 압력범위는 대기압에서부터 10^{-4} torr 영역이며, 배기속도는 25~1,000 m³/h 정도이다. 그림 3-16은 회전자에 3개의 lobe를 가진 3엽식 Roots 펌프를 나타내는데, 이전의 그림에서는 lobe가 2개인 2엽식의 Roots 펌프를 나타내었다.

이미 기술하였듯이, Roots 펌프는 일종의 송풍기로서 압축 방식이 아니므로 펌프의 배출구인 외부의 대기압으로 배기하기에 부적합하다. 따라서 5~6단의 다단 구조를 만들어 동작하게 되는데, 그림 3-17에서 나타낸 바와 같이 흡입구 쪽의 펌프는 2엽식으로 구성하고 배출구 쪽의 펌프는 압축비를 높이기 위해 3엽식으로 배치하였다. 그림에서는 각 축에 3개의 회전자를 직렬로 3단 연결한 구조이며, 전체는 2엽식과 3엽식이 직렬로 연결된 6단 구조이다. 이와 같이 다단으로 구성하게 되면 펌프의 내부 구조가 복잡해지고, 축의 길이가 길어져 펌프의 크기가 커진다. 일반적으로 하나의 축에 5개의 회전자까지 연결하기도 하는데, 이처럼 축이 길어지면, 마찰 등의 요

[그림 3-16] 3엽식 Roots 펌프의 구조

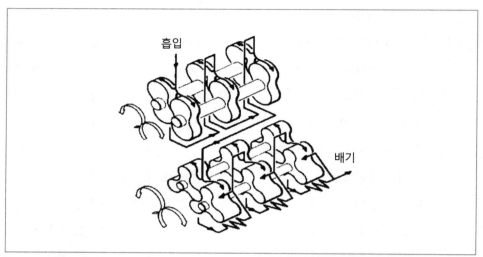

흡입

배기

[그림 3-17] 다단의 Roots 펌프 구성

인으로 축이 팽창이나 수축하여 유연성을 잃게 되며, 심지어는 갑자기 정지하거나 고장이 발생할 수도 있다.

배기가스의 이동 경로가 긴 다단의 Roots 펌프는 과열에 의해 고장을 야기하기 쉬우며, 배기압력 상태의 가스가 이송 공간으로 역 팽창하여 더욱 심각한 문제를 일으킬 수도 있다. 이러한 과열과 열팽창을 막기 위해 마지막 단에 온도를 낮추는 냉각 장치를 사용하기도 한다. 또한, 다단의 Roots 펌프는 흡입구에 2엽식 회전자를 사용하고 배기구 쪽에는 3엽식을 사용하는데, 이는 소음을 줄이는 효과도 있다. 따라서 첨단 분야의 공정라인에서 소음을 더욱 줄이고자 배기구에 5엽식의 회전자를 설치하기도 한다.

❸ Claw 펌프

Claw 펌프는 Roots 펌프와 동작 원리는 동일하지만, 회전자의 모양이 압축비를 향상하기 위해 집게발과 같기 때문에 붙여진 이름이며, 그림 3-18에서 나타낸 바와 같이 흡입구와 배기구가 측면에 배치된다. 그림에서 나타내듯이, 두 개의 집게발은 모양이 거의 흡사하며 회전하면서 거의 접촉하게 되고, 또한 claw 회전자와 고정자의

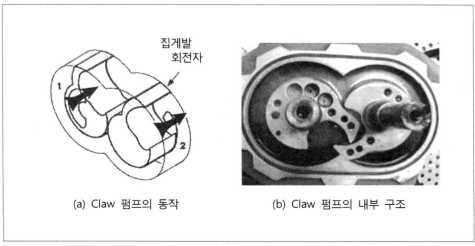

(a) Claw 펌프의 동작   (b) Claw 펌프의 내부 구조

[그림 3-18] Claw 펌프의 회전자 형태

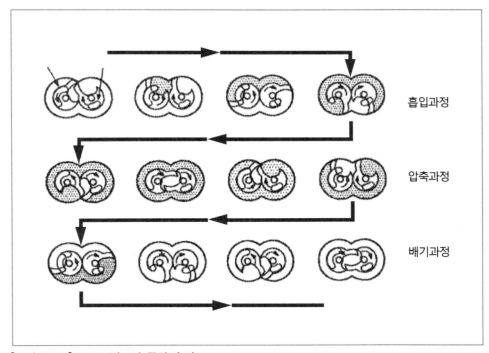

흡입과정

압축과정

배기과정

[그림 3-19] Claw 펌프의 동작 순서

내벽은 서로 밀착하여 배기가스의 공간을 형성한다. Roots 펌프의 두 회전자는 수직으로 교차하기 때문에 회전 위상이 정확히 맞아야 하지만, 이에 비해 claw 펌프는 구조적으로 이러한 제한에 어느 정도 여유를 갖기 때문에 소형 펌프로서 매우 유리한 편이다. Claw 펌프의 압축비는 큰 반면에 배기속도는 낮다.

그림 3-19는 claw 펌프의 동작과정인 흡입, 압축 및 배기 과정을 자세히 나타내고 있다. 그림에서와 같이 claw 펌프에도 밸브가 없지만, 회전자 자체가 회전하면서 흡입구나 배기구가 서서히 열렸다가 역시 닫히는 밸브 역할을 하게 된다. 따라서 Roots 펌프와 비교하여 컨덕턴스가 낮고 배기속도가 낮은 편이다.

Claw 펌프도 다단으로 회전자를 하나의 축에 4개까지 구성하기도 하는데, 흡입구와 배기구가 반대 방향에 놓이기 때문에 전단의 배기구가 바로 다음 단의 배기구로 연결된다. 그러나 배기가스는 고정자의 내벽을 통과하여 다음으로 이어짐으로 이동 경로가 길어진다.

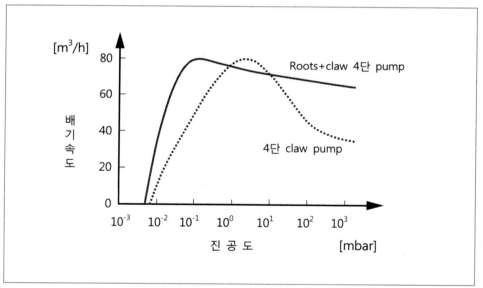

[그림 3-20] 다단 펌프의 배기속도 비교

이미 기술한 Roots 펌프는 낮은 압력에서 압축비가 효과적이며, claw 펌프는 압력이
높을 경우에 더 효과적이다. 따라서 Roots 펌프와 claw 펌프를 결합하여 다단으로
사용하면 최상의 효과를 얻을 수 있는데, 제일 첫 단의 펌프를 Roots 펌프로 구성하
고 다음 단은 모두 claw 펌프로 형성하면 배기속도를 증가시킬 수 있다. 이는 낮은
압력에서 Roots 펌프의 압축비가 더 효과적인 특징을 이용한 것이다. 그림 3-20에서
는 Roots 펌프와 claw 펌프를 결합한 다단 펌프에서 배기속도가 빨라지는 것을 나타
내고 있다. 그리고 claw 펌프만으로 구성한 다단 펌프보다 Roots 펌프를 결합하여
사용하면 배기가스의 이동 경로가 짧아지고, 배기가스의 잔류 시간이 짧다.

❹ Scroll 펌프

Scroll 펌프는 태엽 시계의 스프링과 같은 나선형의 회전자가 역시 동일한 모양의
고정자에 끼워진 형상을 가진 구조이다. 그림 3-21에서는 scroll 펌프의 내부 구조를
나타내며, 그림 3-22에서는 회전자가 회전하면서 고정자와 접촉하여 만드는 초승달

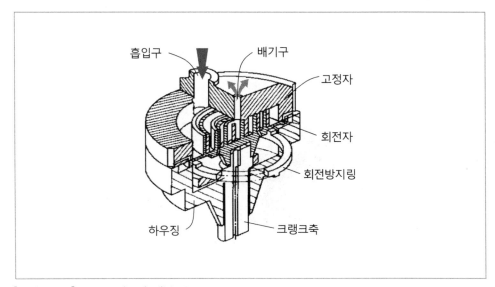

[그림 3-21] Scroll 펌프의 내부 구조

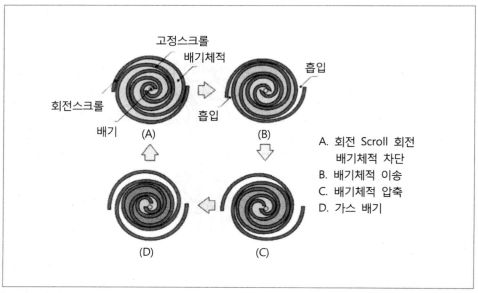

[그림 3-22] Scroll 펌프의 동작 순서

모양의 배기 공간을 나타낸다. 그림에서와 같이 배기가스가 흡입구를 통하여 들어오면, 회전자가 회전진동하여 고정자의 나선형 벽을 따라 중심으로 이송하게 되며, 배기 공간은 중심을 향하면서 감소하기 때문에 압축하게 되고, 결국 중심부에 배기구를 통하여 배출한다. Scroll 펌프는 구조적으로 배기가스의 이동 경로가 긴 편이고,

[그림 3-23] Scroll 펌프의 외형

압축비가 비교적 낮은 펌프이며, 흡입구와 배기구의 밸브 없이 항상 열려 있는 상태이다.

Scroll 펌프는 그림에서와 같이 나선형의 회전자와 고정자가 접합면에서 서로 금속 밀폐하여 용적수송식으로 배기가스를 방출하기 때문에 오일을 사용하지 않는 구조이다. 또한, 흡입구와 배기구가 나선형 scroll 펌프의 측면에 설치되며, 항상 열려 있다. 펌프의 회전속도는 대략 3,000 rpm 정도이고, 동작 압력범위는 대기압에서부터 10^{-3} torr 영역이며, 배기속도는 20~50 m^3/h 정도이다. 그림 3-23은 scroll 펌프의 외형을 나타내고 있다.

3.2.4 부스터 펌프

그림 3-24에서는 부스터 펌프(booster pump)의 기본 구조를 나타내는데, 이미 기술한 바와 같이 Roots 펌프와 매우 흡사하며, 일종의 송풍기로 사용한다. 부스터 펌프의 구성은 두 개의 회전자와 고정자로 이루어져 있으며, 두 개의 회전자는 서로 반대방향으로 돌며, 배기가스를 고정자의 내벽을 따라 이송하여 방출하게 된다. 따라서두 개의 회전자는 서로 90°의 위상차를 가지고 회전하며, 고정자와의 접촉면은 약 0.1 mm 정도의 간격을 유지한다. 이때, 간격은 펌프의 크기, 효율 및 용도에 따라의존하게 된다.

부스터 펌프의 회전 속도는 2,500~3,500 rpm 정도이며, 유효 압력범위는 10~10^{-4} torr이다. 내부 구조에서 알 수 있듯이, 고정자와 회전 lobe, 그리고 두 개의 회전자사이로 가스의 누설이 발생할 수 있으며, 부스터 펌프의 배기속도를 높이기 위해 회전수를 증가시키면, 고속 및 고압으로 인하여 열이 발생하며 이는 lobe의 팽창을 유도하여 펌프의 손실을 초래할 수 있다. 그림 3-25는 부스터 펌프의 외형을 나타낸다.

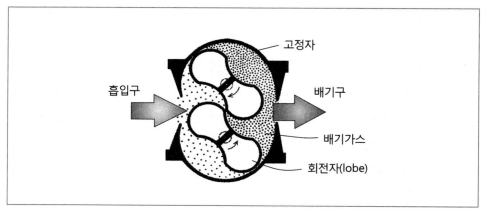

[그림 3-24] 부스터 펌프의 기본 구조

[그림 3-25] 부스터 펌프의 외형

3.2.5 벤츄리 펌프

벤츄리 펌프(Venturi pump)는 이태리의 물리학자인 G. B. Venturi가 개발하여 지어
진 이름이다. 진공용기 내의 기체를 낮은 압력으로 형성하여 배출하는 원리를 이용
한 것으로 주로 섭션 펌프와 함께 사용한다. 그림 3-26에서는 벤츄리 펌프의 기본적
인 동작원리를 설명하는 것으로, 펌프의 가운데를 가늘게 구성하여 베르누이 원리
(Bernoulli principle)를 이용한다. 즉, 베르누이 원리에 의하면 A부분에서의 기체 속

도는 가운데의 가느다란 부분에서 더욱 빨라지게 되며, 이에 따라 B부분에서의 압력
은 낮아지기 때문에 진공용기로부터 배기가스가 낮은 압력 쪽으로 끌려 나가면서 방
출하게 된다. 그림에서와 같이 배기부에는 소음을 줄이기 위해 머플러(muffler)를 설
치한다.

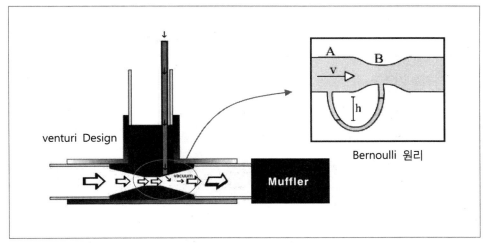

[그림 3-26] 벤츄리 펌프의 기본 동작 원리

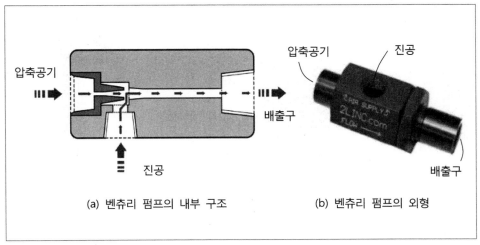

(a) 벤츄리 펌프의 내부 구조   (b) 벤츄리 펌프의 외형

[그림 3-27] 벤츄리 펌프의 구조 및 외형

그림 3-27은 벤츄리 펌프의 내부 구조와 외형을 나타내고 있으며, 펌프의 입구로 압축공기를 주입하게 되면 진공 흡입구의 좁은 길목에서는 매우 빠른 속도로 빠져나감으로서 압력이 낮아진다. 그림 (b)는 벤츄리 펌프의 외형을 나타낸다.

3.2.6 섭션 펌프

지금까지 기술한 대부분의 러핑 펌프는 진공용기 내의 기체분자를 외부로 빼내는 가스 이송식이나 압축 배출식이었다. 그러나 펌프의 역할은 진공용기의 압력을 낮추는 것이므로 배기가스를 내부에 포획하는 펌프가 사용되기도 한다. 즉, 섭션 펌프(sorption pump 혹은 흡착 펌프)가 바로 포획 방식의 펌프인데, 기계적으로 압축하거나 외부로 방출하지 않으며, 또한 오일을 전혀 사용하지 않기 때문에 아주 깨끗하다는 특징을 가진다.

섭션 펌프의 구조는 그림 3-28에서 나타내듯이, 병 모양으로 몸체는 알루미늄이나 스테인레스강으로 구성되며, 펌프의 입구는 진공용기에 연결된다. 내부 구조는 열 전

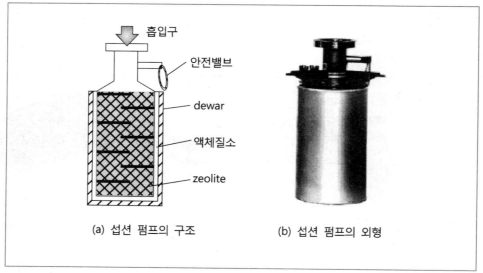

(a) 섭션 펌프의 구조   (b) 섭션 펌프의 외형

[그림 3-28] 섭션 펌프의 내부 구조 및 외형

[그림 3-29] 다단의 섭션 펌프 응용

달핀과 다공성의 물질(porous materials)로 채워지는데, 넓은 표면적을 이용하여 기체분자를 흡착하게 된다. 다공성 물질로 주로 사용되는 재료로는 zeolite가 있으며, 기체에 노출시키면 5~10 Å 정도의 미세 구멍으로 기체를 달라붙게 한다. 이와 같이 흡착된 기체를 다공질 내에 붙잡아두기 위해 온도를 낮추게 되며, 이는 액체질소(LN_2)를 이용하여 -195℃까지 내리게 된다. 이러한 과정을 통하여 섭션 펌프의 압력 범위는 10^{-4} torr에 이르게 된다.

섭션 펌프와 같은 포획식의 펌프는 기체분자를 무한정으로 가둘 수 없기 때문에 계속 사용할 수 없으며, 일정한 기체를 포획한 후에는 기체를 방출시켜야 하고 다시 사용하게 된다. 따라서 연속적으로 배기가스를 제거하여야 하는 공정에서는 사용할 수 없으며, 특히 유독성이나 폭발성 가스는 사용하지 말아야 한다. 섭션 펌프는 온도를 낮추기 위해 액체질소를 사용함으로 절연용기로 dewar를 이용하며, 혹은 절연체로 보온 역할을 수행할 수 있는 스티로폼을 사용하기도 한다.

그림 3-29에서는 여러 개의 섭션 펌프를 다단으로 연결한 예를 나타낸다. 동작 방법은 각 섭션 펌프의 밸브를 차례대로 열고 닫음으로서 진공용기의 압력을 낮추게 되

며, 반드시 진공 게이지를 살피면서 동작하게 된다.

일반적으로 섭션 펌프는 일회용의 러핑 펌프로서 동작하며, 다른 기계적인 펌프 (mechanical pump)와 같이 고진공 펌프의 보조 역할(포라인 펌프)까지는 수행하지 못 한다. 만일, 액체질소가 다 증발하게 되면 온도는 다시 서서히 상승하게 되며, 실온으로 돌아온 후에는 안전밸브를 열고 섭션 펌프를 가열하여 흡착된 기체를 방출하게 된다. 이와 같이 펌프를 다시 사용하기 위한 작업을 재생과정(regeneration)이라 한다.

3.3 고진공 펌프

일반적으로 초기 진공을 형성하기 위해서는 러핑 펌프가 사용되며, 러핑 펌프는 저진공 영역에서의 배기 역할을 완료하게 된다. 그리고 이어서 진공용기의 압력을 희망하는 고진공까지 낮추기 위하여 고진공 펌프가 동작하면서 임무를 교대하고, 대체로 기계적인 펌프는 고진공 펌프의 배기부로 연결되어 보조 펌프로서 다시 역할을 계속하게 된다. 고진공 펌프는 러핑 펌프에 비해 흡입구의 면적이 크며, 이는 고진공 영역에서는 분자 유동에 의해 기체분자들의 평균자유행정이 커지기 때문에 펌프의 입구로 많이 들어올 수 있도록 흡입구가 커지게 된다.

유체는 기체분자들의 운동 에너지에 비례하여 외부의 압력에 대해 저항하게 된다. 기체분자의 운동 속도는 방향성을 가진 유동 성분과 방향성이 없는 열운동 성분으로 구성되며, 정지상태의 기체는 모든 방향으로 동등한 열운동 성분을 가짐으로 기체분자의 열운동 에너지와 평형을 이루는 외부 압력은 열운동 속도에 대응하는 자체 압력과 같아진다. 기체분자가 어느 방향으로 움직이면 그 운동 에너지 만큼의 압력 구배에 대응하는 유동을 유지시킬 수 있으며, 각 방향으로의 속도 성분에 의해 방향별로 다른 압력 구배를 유지하게 된다. 이는 유체에서 관련하면 베르누이 정리로 표현할 수 있으며, 기체분자에서도 동일한 방법으로 나타낼 수 있다. 만일, 진공부분과 외부의 고압부분이 서로 맞닿아 기계적인 장치로 차단되지 않고 열려 있더라도 진공부에서 고압부로 유동속도 성분을 줄 수 있다면 기체분자를 배기하는 것이 가능해진다. 기체분자의 운동량을 변화시켜 배기할 수 있는 방식을 운동량 전달식이라 하며, 여기에는 유체분사식과 터보식으로 나눈다. 이번 절에서 다루게 되는 고진공 펌프는 3종류이며, 즉 오일 확산 펌프(oil diffusion pump), 터보 분자 펌프(turbo molecular pump) 및 크라이오 펌프(cryo pump)로서, 각 고진공 펌프의 동작원리, 구조, 특성 및 일반 사용법 등에 대해 기술해 보도록 한다.

3.3.1 오일 확산 펌프

오일 확산 펌프(oil diffusion pump)는 오일 증기를 기체 중에 분사시켜 운동 에너지에 의해 기체를 방출하는 펌프로서 유체분사식이다. 기체분자가 내재하고 있는 분자류 영역으로 오일 증기가 제트로 분사되면 제트 분자와 기체분자가 충돌하여 제트 방향으로 속도를 얻게 됨으로서 높은 배기속도를 얻을 수 있다. 확산 펌프에는 여러 종류가 있지만, 주로 작동액으로 오일을 사용하는 오일 확산 펌프가 많이 사용되고 있다. 일반적인 러핑 펌프와 비교하여 배기속도가 높고 기계적인 펌프가 아니기 때문에 소음이나 진동이 없으며, 안정적이라는 장점을 가진다. 작동액으로 예전에는 수은을 사용하기도 하였지만, 현재는 거의 사용하지 않는다. 이제 오일 확산 펌프에 대해 보다 자세히 알아보도록 한다.

❶ 확산 펌프의 역사

확산 펌프의 개발은 1913년 독일의 W. Gaede가 수은 증기를 이용한 회전 수은 기계 펌프에 대한 연구에서 시작하여 1916년 미국의 I. Langmuir가 Gaede의 펌프를 개선하였다. 그림 3-30에서는 Gaede와 Langmuir 펌프를 보여준다.

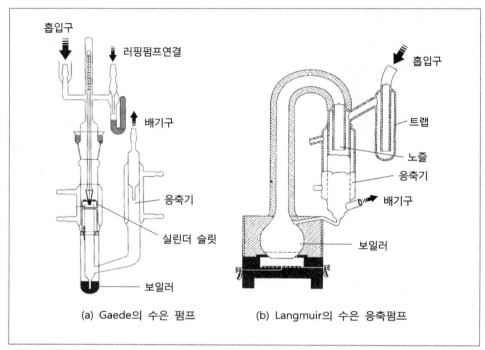

흡입구

러핑펌프연결

배기구

응축기

실린더 슬릿

보일러

(a) Gaede의 수은 펌프

흡입구

트랩

노즐

응축기

배기구

보일러

(b) Langmuir의 수은 응축펌프

[그림 3-30] 초기 확산 펌프의 내부 구조

그림 (b)에서 나타나듯이, Langmuir 확산 펌프는 노즐을 통해 수은 증기를 분사하며
적절하게 응축하는 장치를 가진 펌프이며, 그림 3-31(a)에서는 우산형의 노즐을 이용
한 금속 응축펌프로 1919년에 특허를 얻었다. 이와 같은 수은 증기 확산 펌프는 진
공관 산업의 개발과 더불어 1940년대까지 폭넓게 사용되었다. 사실 수은은 다양한
종류의 기체분자를 방출하여도 분해되지 않으며, 또한 공기에서도 산화하지 않는다
는 장점 때문에 확산 펌프의 작동액으로 많이 사용하여 왔지만, 유독성이라는 단점
으로 오일로 대체되었다. 1928년에는 영국의 C.R. Burch가 수은 대신에 고분자 오
일을 사용하여 확산 펌프를 개선하였고, 1929년에도 미국의 C.D. Hickman이 역시
수은을 대신하여 합성 오일을 사용한 유리 확산 펌프를 개발하였다. 그림 3-31(b)에
서는 Hickman이 개발한 3단 유리 확산 펌프를 나타낸다. 이후, 1937년에는 L.
Malter가 금속으로 구성된 다단 오일 확산 펌프(all metal multistage oil diffusion

pump)를 개발하여 특허를 획득하였다.

오일 확산 펌프의 흡입구 쪽에는 있는 첫 단의 오일 jet 구조는 매우 중요하며, 이는 배기속도와 최종 압력을 결정하는 중요한 요소이다. 1937년 Embree는 그림 3-32에서 보여주는 바와 같이 직선 jet형(a)보다 배기속도를 개선한 노즐을 설계하여 특허를 얻었다.

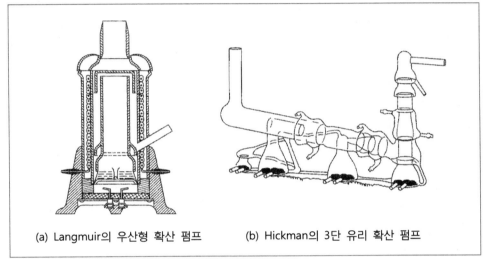

(a) Langmuir의 우산형 확산 펌프   (b) Hickman의 3단 유리 확산 펌프

[그림 3-31] 초기 오일 확산 펌프의 내부 구조

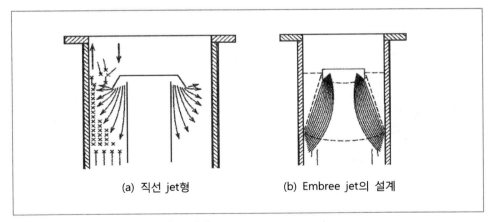

(a) 직선 jet형   (b) Embree jet의 설계

[그림 3-32] Embree의 확산 펌프 설계

❷ 확산 펌프의 구조와 원리

그림 3-33(a)에서는 일반적인 오일 확산 펌프의 구조를 나타내며, 그림 (b)에서는 최신 오일 확산 펌프의 구조와 외형을 나타낸다. 그림에서와 같이 확산 펌프의 구성은 펌프의 용기, 오일을 분사하는 3단의 우산형 제트분사 노즐, 오일을 가열하여 증발시키는 보일러와 열원인 히터로 구성되며, 이외에 펌프의 외벽에는 오일 증기를 응축시키기 위한 수냉관이 감겨져 있다. 그리고 펌프의 하단부에는 압축된 기체분자를 포라인 펌프로 방출하기 위한 배기구가 있다.

확산 펌프의 배기원리를 살펴보면, 확산 펌프의 하단부에 고인 오일은 히터에 의해 가열되며, 이때의 온도는 약 200℃ 정도로 가열하여 보일러의 오일이 끓게 되면 오일 증기는 증발관을 따라 상승하다가 노즐을 통하여 아래를 향하여 대략 340 m/sec 이상의 초음속으로 분사된다. 이와 같이 오일 증기가 아래를 향해 분사되면, 주변의 기체분자들도 함께 동일한 방향으로 이동시켜 배기하게 된다. 여기서, 노즐은 그림에서와 같이 3단으로 설치되어 있으며, 동심원기둥으로 분리된 3개의 증발관과 연결되어 있다.

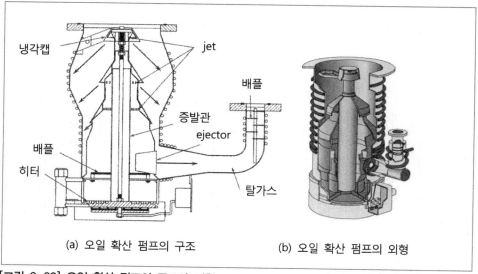

(a) 오일 확산 펌프의 구조   (b) 오일 확산 펌프의 외형

[그림 3-33] 오일 확산 펌프의 구조와 외형

펌프의 벽면에 도달한 오일 증기는 낮은 온도로 냉각되어 응축함으로서 중력에 의해 보일러로 다시 흘러 내려가게 된다. 그러나 기체분자는 오일 증기와 같이 응축되지 않고 아래로 내려가다가 2단과 3단을 거쳐 배기구로 방출된다.

각 단을 거쳐 아래로 내려 갈수록 압력은 증가하게 되고 배기속도는 감소시켜야 되는데, 하단으로 내려가면서 노즐과 내벽 사이에 간격을 작게 형성함으로써 얻을 수 있다. 여기서 간격이 작다는 것은 노즐로부터의 팽창이 작다는 것을 의미한다. 따라서 jet의 평균 증기밀도는 높아지고 배기속도는 감소하지만, 반면에 압축비가 증가하게 될 것이다. 즉, 오일 확산 펌프에서 배기속도는 상단에 있는 1단의 노즐에 의해 결정되고, 2단과 3단의 역할은 압력을 상승시켜 확산 펌프의 배기구와 연결되는 포라인 펌프의 동작 범위까지 유지할 수 있도록 한다.

오일 확산 펌프의 성능은 오일 증기와 기체분자의 충돌에 의한 운동 에너지의 전달 효율과 관계되며, 이와 같은 효율은 jet의 속도, 증기밀도 및 증기의 분자량 등과 밀접하게 관련된다. 여기에서 jet의 속도나 밀도는 노즐의 구조, 펌프의 구조적 설계, 보일러의 압력 및 기체 밀도 등에 의해 좌우된다.

그림 3-34에서는 확산 펌프의 배기과정을 나타내는데, 만일 수냉관이 증기분자를 충분히 냉각시키지 못하면 그림에서 보듯이 오일이 다시 증발하여 역류(back-stream)의 원인되기도 한다. 또한, 노즐 위쪽으로 설치된 냉각캡(cold cap)도 진공용기로 역류가 발생하지 않도록 하기 위한 것이다.

특히, 확산 펌프를 오래 사용하게 되면, 오일이 부분적으로 손상되어 분자량이 작아지고, 가열하면 증기압이 높아지게 되는데, 이와 같이 손상된 오일은 먼저 기화하기 때문에 그림 3-35의 확산 펌프 단면도에서 나타나듯이 가장 바깥의 증발관(3단)을 통해 분사되고 우수한 성질의 오일은 안쪽으로 들어가면서 가열되어 1단의 증발관을 따라 기화하여 분사하게 된다. 즉, 증기압이 낮은 오일을 진공용기에 가까운 1단에서 분사되도록 함으로써 진공용기로 역류의 가능성을 줄일 수 있다.

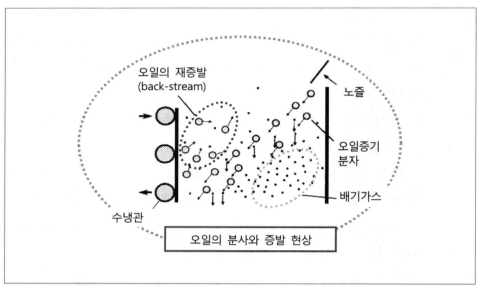

[그림 3-34] 오일 확산 펌프의 배기 과정

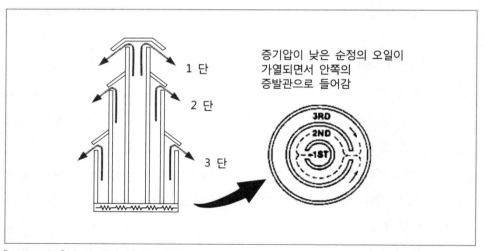

[그림 3-35] 오일 증기 성분의 분류

오일 확산 펌프는 운동량 전달방식의 펌프로서 배기되는 기체분자와 큰 운동량을 가진 오일 분자의 충돌에 의해 발생하는 운동량 전달로 배출하게 된다. 확산 펌프는

1930년대 합성 오일을 개발하면서 아직까지 많이 사용되고 있는 고진공 펌프이며, 저렴한 가격과 모든 기체에 대해 일정한 배기속도 유지할 수 있고, 또한 기계적인 구동이 없다는 등과 같은 장점을 가진다. 그러나 오일 확산 펌프의 가장 큰 단점으로는 오일에 의한 역류로 인하여 진공용기를 오염시킬 수 있다는 것이다. 이에 대한 대책으로 냉각 트랩(cold trap)이나 배플(baffle)을 사용한다. 사실, 오일 확산 펌프는 설계적인 면에서 아직 원시적인 단계로 계속 사용해오고 있다고 할 수 있으며, 향후 외형의 디자인과 내부 설계 등의 보완이 많이 필요하다.

❸ 오일 증기의 역류

고진공 펌프로서 보편적으로 많이 사용되어온 것이 오일 확산 펌프이지만, 확산 펌프의 가장 큰 문제점은 바로 오일의 역류(back-stream)이다. 역류는 오일 증기가 진공용기로 들어가는 현상으로 진공용기 내벽에 오염을 발생시킬 뿐만 아니라, 공정으로 진행되는 모든 과정에 영향을 주기 때문에 반드시 방지하여야 한다. 그러나 오일 확산 펌프의 동작은 히터의 가열에 의해 생성되는 기체상인 증기 분자들의 열운동으로 기체분자를 배기하는 것임으로 역류에 대한 가능성은 동작원리에서부터 내재하고 있다. 따라서 이에 대한 최선책이란 역류의 확률을 최대한 줄이는 것뿐이다.

역류에는 여러 종류가 있지만, 가장 근본적인 원인으로는 노즐에서 분사된 증기 분자가 직접 역류하는 것이다. 즉, 정상적으로 노즐로부터 초음속으로 분사되면 펌프 내벽의 아래 방향을 향해 급격히 팽창하여 경계면을 형성하면서 진행하게 된다. 그러나 경계면을 따라 움직이던 증기 분자의 일부는 위 방향을 향해 역류할 수 있다. 또한, 증기 분자가 기체분자와 충돌한 뒤에 증기 분자들 중 일부는 운동 방향을 잃고 펌프의 흡입구 방향인 위로 튀어 올라갈 수도 있다. 그리고 그림 3-34에서 나타내듯이, 펌프 내벽에 도달한 증기가 응축되었다가 수냉관의 불균일한 온도 분포에 의해 증기로 재증발하는 경우도 발생할 수 있다. 또 다른 경우로, 증발관의 상부에 있는 노즐 내에서 응축하여 얇은 액막을 형성하다가 증기의 분사에 밀려나가 노즐 끝에서

갈라지면서 위로 튕겨 올라갈 수도 있다.

이와 같이 오일 확산 펌프는 증기분자와 기체분자의 충돌을 이용한 유체분사방식으로 동작하지만, 바로 오일 증기분자 그 자체가 역류의 가장 중요한 원인이 되고 있다. 그러므로 역류를 방지하기 위해 오일 증기를 사용하지 않는다는 것은 불가능하며, 다만 증기분자가 진공용기로 역류하지 못하도록 진공용기와 확산 펌프 사이에 차단하는 장치를 만드는 방법이 많이 사용되고 있다. 즉, 증기의 역류를 억제하는 장치로는 다음과 같은 것들이 있다.

① 냉각캡(cold cap) : 노즐 위에 장착하는 장치로서, 별도의 수냉관을 설치하기도 하고, 펌프의 내벽과 연결하여 열전도를 이용하거나 혹은 내벽의 열복사를 이용한다. 일반적으로 냉각캡은 펌프의 성능에 영향을 주지 않으면서 증기의 역류를 감소시키며, 대체로 냉각캡의 온도를 80℃ 이하로 유지한다면, 냉각캡의 역할을 수행할 수 있다고 알려져 있다.

② 배플(baffle) : 배플은 오일의 역류를 차단하기 위해 진공용기와 확산 펌프 사이에 설치한다. 그림 3-36에서는 배플의 구조를 나타내고 있는데, 조밀한 핀을 배열하여 구성되며, 배플을 관통하여 내부로 수냉관이 지나도록 되어 있다. 수냉관을 통해 물이 흐르면서 냉각하며, 역류되는 증기는 배플의 냉각으로 인하여 응축되어 진공용기로의 진입이 차단된다.

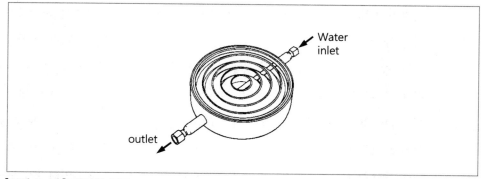

[그림 3-36] 배플의 구조

③ 트랩(trap) : 일반적으로 냉온 트랩은 진공용기와 확산 펌프를 연결하는 고진공
   게이트(high vacuum gate; 혹은 고진공 밸브) 바로 아래에 설치된다. 보통 크라
   이오 트랩(cryo trap)이라 하며 액체질소(LN₂)를 사용하기도 한다.

그림 3-37과 3-38은 각각 크라이오 트랩의 외형과 내부 구조를 나타내고 있다. 크라
이오 트랩도 내부에 조밀한 핀이 놓여 있으며, 바깥으로는 액체질소를 담아 온도를
낮추게 된다. 보통 액체질소는 러핑 펌프를 이용하여 초기 진공을 형성한 후에 주입
하여야 한다. 왜냐하면, 처음부터 액체질소를 채우게 되면, 대기압에서 트랩 주변에
물분자들이 응축하게 되어 역류를 방지하는 효과가 감소하기 때문이다.

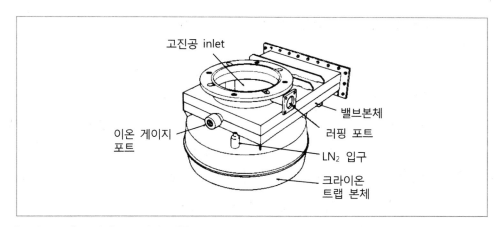

[그림 3-37] 크라이오 트랩의 외형

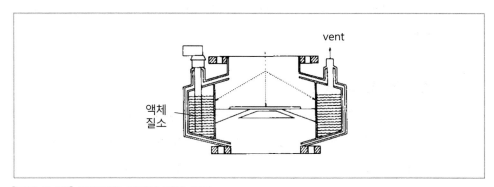

[그림 3-38] 크라이오 트랩의 내부 구조

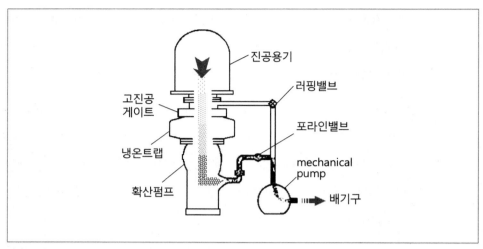

[그림 3-39] 오일 확산 펌프를 이용한 진공 시스템

따라서 냉온 트랩을 사용함으로써, 오일의 역류와 수분을 차단하게 된다. 그림 3-39
에서는 오일 확산 펌프를 이용한 진공 시스템을 나타내고 있으며, 고진공 밸브 아래
에 크라이오 트랩도 포함하고 있다. 오일 증기의 역류는 증기분자가 가벼울수록 증
가하기 때문에 이를 억제하기 위해 반드시 보일러의 과열을 방지하여야 한다. 따라
서 보일러의 바로 위부분의 온도를 냉각하지 않고 약간 높은 온도를 유지하여 응축
된 오일 중에 가벼운 증기는 탈가스하는 방법을 이용하기도 한다. 또는 가벼운 증기
는 먼저 증발하여 제일 낮은 부분인 3단의 노즐에서 분사하도록 하고 조금 무거운
증기는 상단의 노즐에서 분사하도록 유도함으로써 가벼운 증기가 역류하는 것을 차
단할 수 있다.

❹ 확산 펌프의 오일

이미 기술한 바와 같이 초기 확산 펌프는 수은(mercury)을 사용하였다. 수은은 25℃
의 상온에서 증기압이 $2×10^{-3}$ torr(0.27 Pa) 정도로 매우 낮은 편이지만, 온도에 따라
증기압이 급격히 증가하여 초음속의 제트를 형성하기에 용이하다. 또한, 수은의 분자
량(200.59)은 비교적 높아 기체분자와 충돌하더라도 운동량 전달에 효과적이었다.

그러나 매우 독성이 강하다는 단점 때문에 특별한 경우를 제외하고는 거의 사용하지 않는다. 그리고 한때 수은을 대체하기 위해 갈륨(Ga)과 가용성 금속의 합금이 제시되기도 하였으나 거의 사용하지 않았고, 이후에 P. Alexander이 수은을 능가하는 많은 장점을 가진 펌프 오일로써 글리세린(glycerol)을 제시하였는데, 글리세린의 증기압은 상온에서 약 7.5×10^{-5} torr 정도였다.

일반적으로 사용하고 있는 유기 오일(organic oil)은 1928년에 개발되어 현재까지 사용하고 있으며, 대부분의 오일은 혼합물의 형태로 대개 300 이상의 분자량을 가진다. 이후, 1960년대에 사용하던 오일들은 대부분 20℃에서 10^{-7} torr 정도의 증기압을 가져 냉온 트랩(cold trap)을 사용하지 않을 경우, 최종 압력이 10^{-8} torr 이하로 내려가지 않았다. 일반적으로 냉온 트랩을 사용하지 않고 진공 시스템을 통해 누설이 없다고 가정할 경우, 확산 펌프의 최종 압력은 일차적으로 펌프 오일의 증기압에 의해 결정된다고 할 수 있다.

오일 확산 펌프에서 사용하는 오일의 선정 기준을 살펴보면 다음과 같다.

① 상온에서 증기압이 낮아야 한다.
② 열적 및 화학적으로 안정하여야 한다. 확산 펌프는 고온으로 가열하기 때문에 열 분해로 인한 분해물이 발생할 수 있으며, 특히 기체분자와의 반응을 고려하여 불 활성이어야 한다.
③ 비등점이 높고 독성이 없어야 한다.
④ 높은 표면장력을 가져 펌프의 벽면에 도달한 후에 응축하여 역류를 방지하여야 한다.
⑤ 상온에서 점도를 유지하여야 한다.
⑥ 기화열이 낮아야 한다.
⑦ 가격이 저렴하여야 한다.

표 3-5에서는 현재 오일 확산 펌프에서 많이 사용하고 있는 다양한 오일의 특성들을

〈표 3-5〉 오일 확산 펌프의 주요 오일 특성

오일명	분류	분자량	증기압 [torr]	비등점 [℃]	점성계수 [cS]	표면장력 [dyne/cm]
Apiezon C	mineral oil	574	4×10^{-9}	269	295	30.5
Convoil 20	mineral oil	388	4×10^{-7}	210	80	−
Octoil	esters	391	1×10^{-7}	196	75	〈 30
Invoil	esters	390	2×10^{-7}	200	51	−
DC-704	silicon oil	484	1×10^{-8}	220	38	30.5
DC-705	silicon oil	546	5×10^{-10}	250	175	〉 30.5
Santovac-5	ether	447	1.3×10^{-9}	275	2400	49.9
Neovac SY	ether	405	〈 10^{-8}	230	250	〈 30
Fomblin	fluorinated oil	3,400	2×10^{-9}	230	190	20
Krytox	fluorinated oil	3,700	2×10^{-9}	230	−	19

※참고: 대부분의 물성값은 20℃에서 고려한 것임.

나타낸다. 상온에서 오일의 증기압은 10^{-7} torr 이하로 낮으며, 표의 종류에서 아래로 갈수록 대체로 가격이 비싼 편으로 심하게는 수십 배의 가격차를 나타낸다. Apiezon 은 석유 에테르(petroleum ether)로 화학명은 paraffinic hydrocarbon으로 가격이 저렴하지만, 탄화수소가 대기 중에 노출되면 급격히 산화되거나 분해되어 전도성 폴리머를 만들고 역류하게 되면 오염이 심하다는 단점을 가진다. Octoil의 화학명은 di-ethyl hexyl phthalate로써, 일반적으로 열적 안전성을 가지며, 내산화성이 우수하다. DC-704와 DC-705는 실리콘 오일로써, 화학명은 각각 tetraphenyl tetramethyl trisiloxane과 pentaphenyl trimethyl trisiloxane으로 가격이 저렴하고 배기성능이 우수하며 열적으로 안정성이 높고 내산화성이 우수하지만, 전자와의 충돌로 인하여 절연성의 고분자(Polymer)를 생성한다는 단점을 가진다. 따라서 진공도를 측정하기 위해 누설 탐지기를 이용할 경우에 오염될 수 있음으로 사용을 제한하여야 한다.

[그림 3-40] 다양한 오일 확산 펌프의 외형

Santovac-5는 mixed pentaphenyl ether로 분자량은 447이다. polyphenyl ether는 K.C.D. Hickman이 개발하였는데, 열적으로 안정하고 내산화성이 우수하며, 전자와 충돌하면 전도성 고분자를 생성한다. 그러나 단점으로는 고가라는 점이다. Fomblin 은 fluorinated oil로써, 화학명은 perfluorinated polyether(과불화폴리에테르; PFPE) 이다. 산소나 할로겐 등의 반응성 가스와 화학적으로 안정하며, 에너지를 가진 입자 들과 충돌하더라도 고분자를 생성하지 않는다는 장점을 가진다. 그러나 배기속도가 떨어지고 가격이 비싸며 고온에서 분해 시에 유독성 가스인 HF를 방출하고 화재의 위험이 있다는 단점을 가진다.

그림 3-40에서는 여러 종류의 오일 확산 펌프를 나타내고 있다. 최근 반도체 공정이 나 디스플레이 제조공정과 관련된 진공 시스템에서는 오일의 역류에 의한 오염으로 인하여 오일 확산 펌프를 거의 사용하지 않는다.

3.3.2 터보 분자 펌프

터보 분자 펌프(turbo-molecular pump; TMP)는 매우 청결한 기계적인 펌프로써, 일명 터보 펌프(turbo pump)라고 부르기도 한다. 터보 펌프는 오일을 사용하지 않기 때문에 깨끗한 고진공 펌프라고 알려져 있으며, 확산 펌프와 동일한 운동량 전달 방식의 펌프이다. 이러한 이유로 최근 진공 시스템을 필요로 하는 첨단 전자산업의 제조과정에서 많이 사용하는 펌프이다.

터보 펌프의 특징은 동일한 용량의 확산 펌프와 비교하여 매우 비싸며, 압력 범위는 트랩 없이 10^{-2}~5×10^{-10} torr까지 사용이 가능한 순수한 기계식 진공 펌프이다. 물론, 회전자와 고정자 사이의 베어링에 약간의 윤활유를 사용하기는 하지만, 역류와 같은 문제는 발생하지 않는 것으로 간주한다. 최근에는 마찰이나 윤활유 문제에 대한 개선책으로 베어링을 사용하지 않는 자기부상 방식을 채택하거나 오일의 사용을 줄이기 위해 세라믹 볼(ceramic ball)을 적용하기도 한다. 펌프의 동작 방식이나 시간이 단순하고 짧은 편이며, 배기속도가 비교적 크고 펌프의 회전속도에 비례하며 속도를 제어할 수도 있다. 또한, 펌프의 기본 동작이 회전자의 기계적인 회전에서 비롯되기 때문에 약간의 진동이 있을 수 있으나, 진동 차단기(vibration isolator)를 적용하여 줄일 수 있으며, 수직이나 수평으로 설치가 용이하다.

❶ 터보 펌프의 역사

터보 분자 펌프의 개발사에 있어 원조는 1913년 W. Gaede가 제안한 분자 드래그 펌프(molecular drag pump)까지 거슬러 올라간다. Gaede의 분자 펌프는 회전자에 베인이 없는 것이나 고정자와 회전자가 동축이라는 점을 제외하면 지금의 회전 베인 펌프와 유사한 구조를 가진다. 이후, 초기 분자 펌프의 개발은 1923년 Holweck의 이중흐름 분자 펌프(dual-flow molecular pump)와 1940년 Siegbahn의 디스크형 분자 펌프(disk-type molecular pump)로 이어진다. 그러나 이러한 분자 펌프들은 낮은 배기속도와 신뢰할 수 없는 성능으로 인하여 실질적인 수요가 없었기 때문에 개발이 지연되었다. 즉, 성능 면에서 온도 변화나 입자 흡입의 조건에 따라 회전자와 고정자 사이에 펌프의 고장이 잦았고, 회전이 멈추기도 하였다.

고진공 영역에서 사용할 수 있는 간단한 드라이 러핑 펌프에 대한 설계를 시도하면
서, Gaede의 disk type과 Holweck의 drum type를 결합한 연구가 계속되었으며,
1957년 Becker가 동축 유동의 터빈을 응용한 터보 분자 펌프를 개발하여 1958년에
상용화되기 시작하였다. 그가 설계한 터보 펌프는 그동안 개발이 미진하였던 분자
펌프의 결함을 탈피하여 일련의 회전자 날(rotor blade)과 고정자 날(stator blade)의
엇갈리게 배치하였고, 각 disk에서 disk 면에 경사진 날의 구조를 하였으며, 회전자
의 속도는 500 m/sec 이상으로 배기 기체의 이동 속도 정도에 이른다. 각 disk 사이
에 간격은 수 mm 정도였으며, 기본적인 disk의 구조는 Gaede의 분자 드래그 펌프와
흡사하였다.

이후, 매우 청결한 고진공 펌프로써 각광을 받기 시작하면서 많은 진공 펌프업체들
이 개선된 형태의 터보 분자 펌프에 대한 구조 설계를 비롯하여 회전자의 회전에
의해 발생하는 소음이나 진동 등을 줄이기 위한 연구가 거듭 시도되어 오늘에 이르
렀다.

그림 3-41은 Gaede가 개발한 분자 드래그 펌프의 내부 구조를 나타내며, 그림 3-42
는 Holweck가 고안한 drum-type의 드래그 펌프를 최근에 유수 진공업체인
LEYBOLD vacuum사에서 개선한 펌프이다.

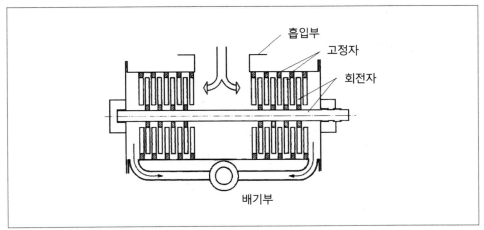

[그림 3-41] Gaede의 분자 드래그 펌프

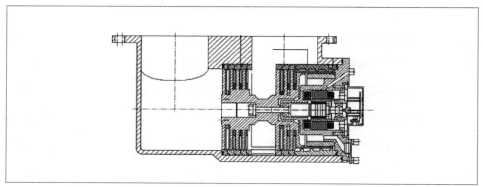

[그림 3-42] 현대화된 Holweck의 drum-type 터보 펌프

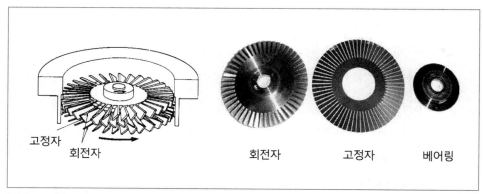

고정자

회전자

회전자　　고정자　　베어링

[그림 3-43] 터보 분자 펌프의 기본 구성

❷ 터보 분자 펌프의 기본 원리

터보 분자 펌프의 기본 구성은 회전자 날(blade), 고정자 날, 축 및 모터로 비교적 간단한 구조이다. 그림 3-43에서는 터보 분자 펌프의 기본 구성요소를 나타내고 있다. 그림에서 보듯이, 고정자 날과 회전자 날의 경사는 서로 엇갈리게 배치되어 있고, 대략 disk에 blade는 20에서 60여개 정도 배열된다. 물론, 배기성능은 날개의 수, 날개 길이, 폭, 간격, 경사도 및 회전 속도 등에 의존한다.

그림 3-44에서는 터보 분자 펌프의 내부 구조와 실제 외형을 나타낸다. 동작원리는 수천 내지 90,000 rpm의 고속으로 회전하는 회전자의 날개들이 기체분자들을 펌프

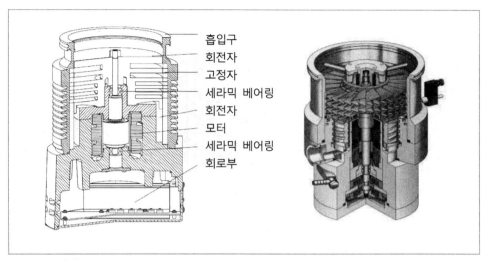

[그림 3-44] 터보 분자 펌프의 내부 구조와 외형

영역으로 끌어들여 충돌함으로써 운동 방향을 배기구 방향으로 밀어내는 운동량 전달 방식이다. 보다 상세히 터보 분자 펌프의 기본 원리를 살펴보기 위해 그림 3-45를 참고하도록 한다. 그림에서와 같이 회전하는 날개가 기체분자와 충돌하면, 진행 방향이 약간 변하며 속도도 약간 증가하게 된다. 이와 같은 충돌로 인하여 배기되는 기체분자의 운동을 제한할 수 있다.

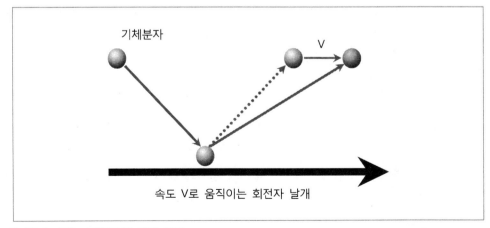

[그림 3-45] 기체분자의 진행 방향

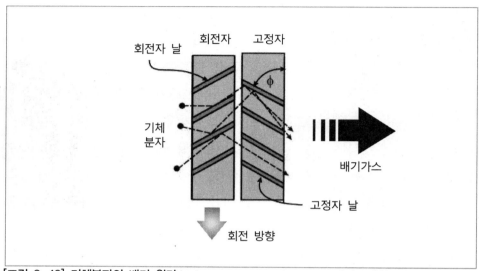

[그림 3-46] 기체분자의 배기 원리

그림 3-46에서는 펌프 영역으로 들어온 기체분자가 회전자 날개나 고정자 날개와의
충돌에 의해 배기되는 원리를 나타내고 있다. 그림에서와 같이 터보 펌프의 회전자
날과 고정자 날의 방향이 반대로 서로 엇갈린 형태라는 점을 유의하여야 한다. 고진
공 펌프를 가동하는 단계의 진공도는 분자 유동 영역으로 평균자유행정이 길어지기
때문에 기체 입자가 다른 기체보다는 고속으로 회전하는 회전자 날개의 면과 더 많
이 충돌하게 된다. 이와 같은 완전 충돌로 회전자 날개는 기체분자에 약간의 에너지
를 더 가하게 되며, 이러한 원리로 인하여 분자 펌프의 역할을 수행하고, 운동량 이
외에 속도와 방향을 전달하게 된다.

터보 분자 펌프의 모터는 제트 엔진을 사용하여 보통 60,000 rpm의 고속으로 회전하
는데, 그림 3-47에서는 펌프의 흡입구로 빨려 들어온 기체분자가 회전자의 날개에
완전 충돌하여 배기구 방향인 아래로 내려가게 되며, 설령 기체분자가 흡입구 방향
으로 되돌아오더라도 회전자 날개의 경사와 반대 방향으로 고정자의 날개가 설계되
어 있기 때문에 반사되어 결국 배기구 방향으로 다시 내려가게 된다. 특히, 빠르게
움직이는 기체분자들을 효과적으로 배출하기 위해서는 회전자의 속도가 최소한 기

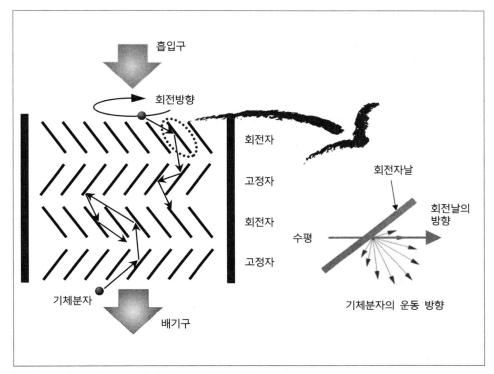

[그림 3-47] 기체분자의 배기 경로 및 운동 방향

체의 열에너지에 의한 이동 속도보다 커야 한다.

만일, 회전자 날개가 기체의 이동 속도보다 느리면 기체분자는 날개와 충돌하지 않고 회전자의 영역을 벗어나 진공용기 방향으로 빠져나갈 수 있을 것이다. 기체분자가 열에너지에 의해 얻는 평균 속도는 기체분자 운동론으로 구할 수 있으며, 다음과 같은 식으로 나타낸다.

$$\frac{1}{2}mv^2 = \frac{3}{2}kT \qquad (3-13)$$

상기 식으로부터 동일한 온도 조건 하에서 기체분자의 질량이 크면 평균 속도는 느려지며, 질량이 작으면 속도가 빨라지게 된다. 그러므로 수소나 헬륨과 같은 가벼운 기체분자의 경우에는 터보 분자 펌프에 의해 배출하는 것이 쉽지 않다는 것을 알 수 있다. 즉, 수소나 헬륨의 경우, 상온(25℃)에서 각각 1,920 m/sec 와 1,360 m/sec 의 매우 빠른 속도로 움직이기 때문에 회전자 날개와 충돌 없이 회전자 영역을 빠져 나가 흡입구 방향으로 향할 가능성이 있다.

그림 3-47의 우측 그림에서는 기체분자가 움직이는 회전자 면과 충돌에 의한 상호작용으로 기체분자의 운동 방향과 회전자 면의 회전 방향의 벡터 합으로 기체분자가 속도를 얻어 아래 방향으로 이동하는 양상을 나타낸다.

❸ 터보 분자 펌프의 설계

이상에서 기술하였듯이, 터보 분자 펌프의 배기성능은 여러 가지 요소에 의해 결정되는데, 회전자와 고정자 날개에 대한 설계에 있어 경사각도, 날의 면적, 날 사이에 간격 및 회전 속도 등에 의존하게 된다. 또한, 전체 성능은 펌프의 압축비, 배기 속도 및 날개의 구조 등을 최적화 하여야 한다.

진공 펌프의 압축비(compression ratio)란 펌프가 동작할 경우에 흡입구의 압력에 대한 배기구의 압력 비율을 의미한다.

$$\text{압축비} = \frac{\text{배기구 압력}}{\text{흡입구 압력}} \tag{3-14}$$

압축비는 배기되는 기체분자의 분자량의 함수이며, 회전자의 회전 속도와 관계된다. 펌프의 압축비는 흡입구 쪽으로 들어오는 기체분자들을 압축하여 배기구 밖으로 전달하는 정도를 나타내며, 결국 회전자 날개의 속도나 기체분자들의 속도와 연관된다. 분자량이 큰 기체분자의 압축비는 크지만, 수소와 같은 가벼운 기체분자에 대한 압축비는 작기 때문에 터보 펌프를 이용하는 진공 시스템의 경우에 고진공으로 배기하

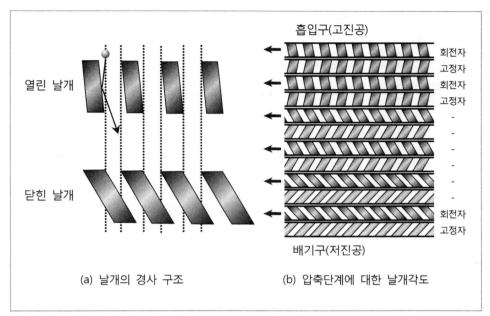

[그림 3-48] 터보 펌프의 날개 구조(blade structure)

더라도 잔류하는 기체는 대부분 가벼운 수소라고 예견할 수 있다.

실제 터보 분자 펌프의 구조에서 알 수 있듯이, 회전자와 고정자를 한 쌍의 압축 단계로 배열하는 것으로 간주할 수 있으며, 한 쌍의 압축 단계에 의한 압축비를 고려하면 전체 펌프의 압축비는 각 단계에서 얻어지는 압축비의 곱으로 나타낼 수 있다. 그림 3-48에서는 터보 분자 펌프의 회전자와 고정자 날개 구조에 대한 것을 나타내고 있다. 그림 (a)에서는 날개의 경사에 따른 열린 날개 구조와 닫힌 날개 구조에 대해 나타내는데, 열린 날개 구조는 펌프의 흡입구인 초기 배기 단계에 설치되며, 배기속도는 높은 반면에 압축비가 낮다. 그리고 닫힌 날개는 보통 배기구 쪽인 말기 배기 단계에 설치되며, 낮은 배기속도와 높은 압축비를 가진다. 그림 (b)에서는 터보 펌프의 상부인 흡입구와 하부의 배기구에 날개 구조를 배열한 것이다. 흡입구 쪽은 배기속도를 높이기 위해 열린 구조로 배치하고, 배기구 쪽은 압축비가 높은 구조로 배치하여 배기가스를 잘 밀어낼 수 있도록 배열한 것이다. 이와 같이 터보 펌프의 날개에 대한 설계는 매우 중요한 요소이며, 펌프에서 배기되는 가스는 흡입구에서 배기구로 갈수록 압력이 증가하는 점을 고려하면, 배기구 쪽으로 갈수록 배기속도는 감소하더라도 압축비는 더욱 증가하도록 날개를 배열하는 것이 바람직하다.

터보 분자 펌프를 설계하면서 주의하여야 할 사항들을 고려하면,

① 날개의 경사와 두께가 일정할 경우, 날개의 개수를 줄이게 되면 압축비는 감소한다.
② 평행 날개의 구조는 압축비를 감소시킨다.
③ 날개의 각도를 줄이면, 압축비는 증가하지만 배기속도는 감소한다.
④ 날개의 두께가 두꺼워지면 배기속도가 감소한다.

이상과 같은 사항을 고려하여 펌프의 날개를 설계하여야 한다. 터보 펌프에서 회전자와 고정자 한 쌍을 하나의 펌프 단으로 고려하면, 보통 9 내지 13개 정도의 다단 구조로 설치된다.

터보 펌프는 배기가스를 큰 압축비로 압축하기 때문에 많은 열이 발생하게 되며, 부드럽고 소음이나 진동이 거의 없을 정도로 동작하기는 하지만, 매우 빠른 속도인 60,000 rpm 이상으로 회전하기 때문에 열이 발생한다. 따라서 냉각이 요구되며, 냉각장치로는 공랭식보다 수냉식이 적합하다. 또한, 확산 펌프와 유사하게 배기가스를 직접 배출하기 어려움으로 보조 펌프로써 포라인 펌프가 필요하다. 터보 분자 펌프는 고속으로 회전하는 펌프지만, 이에 비해 약간의 진동이 있는 편으로 진동 분리기 (vibration isolator)를 사용하여 더 줄이기도 하며, 최근에는 자기부상 원리를 이용하여 베어링이 없는 회전자를 개발함으로써 마찰을 감소시켰다.

최근에는 터보 펌프에 베어링을 사용하지 않고 자기부상 방식을 이용한 펌프가 개발되었는데, 이들의 장점을 살펴보면, 먼저 베어링을 사용하지 않기 때문에 마찰로 인한 접촉이 없다는 것과 윤활유를 사용하지 않아도 된다는 점이다. 따라서 소음과 진공이 훨씬 줄어들고 냉각이 필요 없게 된다. 마지막으로 펌프의 장착을 어느 방향으로든 가능하게 된다.

〈표 3-6〉 터보 분자 펌프의 확산 펌프에 대한 비교

장 점	단 점
• 구동 비용이 작음 • 상대적으로 냉각이 덜 요구 • 시동 시간이 짧음 • 밸브와 배플이 없음 • 컨덕턴스 손실이 없음 • 자기부상일 경우, 설치 방향에 구애받지 않고 자유로움	• 가격이 상대적으로 매우 비쌈 • 분자량이 작은 경우 배기속도가 작음

[그림 3-49] 다양한 터보 분자 펌프의 외형

표 3-6에서는 이미 앞에서 기술한 확산 펌프와 터보 펌프를 비교하여 장·단점을 기술하고 있다. 그림 3-49에서는 여러 종류의 터보 펌프 외형을 보여준다.

3.3.3 크라이오 펌프

크라이오 펌프(cryo pump)는 원래 cryogenic pump의 줄인 말로써, cryo는 저온이라는 의미이다. 펌프의 원리는 이미 앞서 러핑 펌프에서 기술하였듯이, 저진공 펌프에서 섭션 펌프나 확산 펌프에서 사용하는 냉온 트랩과 유사한 것으로 온도를 낮추어 표면에 흡착하도록 하는 방식이며, 일종의 포획 펌프이다. 즉, 기체분자를 차갑도록

온도를 낮추어 운동 에너지를 잃고 펌프 내에 얼려 붙잡아두는 독특한 방식의 펌프라 할 수 있다. 확산 펌프나 터보 펌프와 같은 오일을 사용하거나 기계적으로 동작하지 않기 때문에, 역류에 대한 문제가 전혀 없으며, 또한 펌프와 외부로 연결되는 컴프레서(compressor)의 동작으로 인한 소음을 제외하면 소음이나 진동에 대한 염려가 없다고 할 수 있다.

1930년대에 시작된 초기의 크라이오 펌프는 저온을 형성하기 위해 구조는 간단하였지만, 액체 질소나 액체 헬륨을 이용하여 각각 77 K와 4.2 K까지 만들어 이용하였다. 크라이오 펌프 기술의 가장 중요한 전환점은 1950년대 후반에 Gifford-McMahon이 수소, 헬륨이나 네온을 수착(sorption)하기 위해 개발한 냉동기(refrigerator)로 활성탄을 이용한 것이다. G-M 냉동기(Gifford-McMahon refrigerators)의 구조는 서로 다른 직경을 가진 2 단의 실린더형 냉온 진공 펌프로써, 1단에서는 65 K까지 냉각하고 2단에서는 10~15 K까지 냉각할 수 있다. 1980년 P.D. Bentley가 G-M 냉동기의 동작원리와 이론을 기술하였고, R. Haefer가 냉온 펌프의 동작을 구체적으로 설명하였다. 이후, 크라이오 펌프는 우주 항공과 군용 산업을 비롯하여 산업용으로 개발되었다.

❶ 크라이오 펌프의 원리

압력이란 단위 면적당 작용하는 힘으로써, 진공에서의 압력은 기체분자들이 운동하여 진공용기 벽에 충돌하여 작용하는 힘이라 할 수 있다. 만일, 기체분자가 운동 에너지를 잃고 움직이지 않는다면 용기 벽과의 충돌은 없을 것이고 압력도 '0'이 될 것이다. 이미 기술한 것처럼 식 (5-1)은 기체분자 하나가 가진 평균 에너지와 온도와의 관계를 나타낸 것이다. 식에서 온도가 0 K라면, 질량은 '0'이 될 수 없기 때문에 속도가 '0'이 되며, 기체분자가 움직이지 않으면 압력은 '0'이 된다. 이와 같이 온도를 낮추어 기체분자들이 움직이지 못하도록 만든 장치가 바로 크라이오 펌프이다. 일반적으로 온도가 높으면 진공을 형성하는데 더 많은 시간이 소요되며, 진공용기의

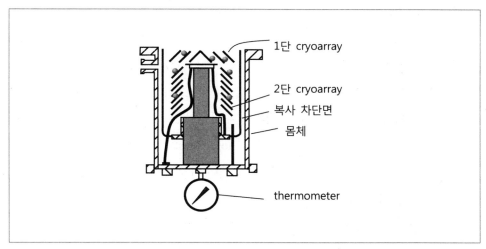

[그림 3-50] 크라이오 펌프의 단면도

가스 온도가 낮을수록 배기가 용이해진다. 그러나 수증기는 분자 구조상 극성을 가지기 때문에 진공용기 내벽에 달라붙어 잘 떨어지지 않는다. 따라서 수분을 떨어뜨리기 위해서는 진공용기의 외벽에 가열기를 설치하여 온도를 높이면 물분자가 충분한 에너지를 얻게 되어 벽에서 떨어져 배기할 수 있다. 이때, 크라이오 펌프가 동작하여 온도를 낮추면 압축기에 압축된 헬륨이 펌프의 실린더로 이동하며, 압축된 헬륨은 실린더에서 팽창하면서 온도가 급격히 감소한다. 여기서 크라이오 펌프의 실린더 벽과 헬륨 사이에 온도차에 의해 온도가 높은 벽에서부터 낮은 헬륨 쪽으로 열이 이동하게 되며, 온도가 내려가면 기체분자들이나 수분은 에너지를 잃고 속도가 느려져 크라이오 펌프 내에 있는 다공질의 활성탄에 가두게 되어 압력이 낮아지는 원리이다.

그림 3-50은 크라이오 펌프의 내부 단면도를 나타낸다. 지금까지는 간단한 크라이오 펌프의 기본 동작에 대해 살펴보았는데, 이와 같은 크라이오 펌프의 원리는 3가지로 저온응축(cryocondensation), 저온흡착(cryosorption) 및 저온트랩(cryotrap)이 있으며, 이에 대한 원리를 기술하도록 한다.

① 저온응축 : 고체 표면의 온도를 낮추면 기체분자가 표면에 흡착하며, 이를 일반적으로 응축이라 하는데, 저온응축이란 매우 낮은 온도에서 기체분자들을 상당한 두께로 응축시키는 것을 의미한다. 이러한 응축현상이 계속 일어나기 위해서는 고체 표면의 온도가 주위 기체 압력의 포화 온도보다 낮아야 한다. 즉, 어떤 기체를 응축하여 배기하기 위해서는 기체의 포화 증기압 정도로 낮추어야 한다. 예로서, 물분자는 130 K에서 10^{-10} torr 정도의 고진공을 형성할 수 있지만, Ar, N_2, CO_2 등과 같은 기체들은 20 K 정도까지 낮추어야 10^{-10} torr 이하로 진공도를 내릴 수 있다.

응축현상에 의한 배기 효율은 고체 표면에 충돌하는 분자의 수에 대한 응축 분자의 비율에 의해 결정되는 응축계수로 나타난다. 이와 같은 응축계수는 기체 종류, 온도 및 포화도 등의 함수이다.

② 저온흡착 : 보통 고진공에서 온도를 낮추어 배기하는 기체분자들은 다음과 같이 분류하는데, 77 K의 액체질소에서 고진공을 얻을 수 있는 기체를 제1종이라 하고, 대략 20 K 정도의 온도에서 고진공을 얻는 기체를 제2종이라 하며, 마지막으로 20 K 이하의 극히 낮은 온도에서 고진공을 얻는 기체를 제3종이라 한다. 수소, 헬륨 및 네온과 같은 기체분자는 제3종에 속하는 기체로써, 저온응축에 의해 배기하는 것이 적절치 못하며, 이러한 기체들은 저온흡착에 의해 제거하게 된다. 저온흡착이란 흡착되기 어려운 가벼운 기체분자들을 흡착하기 위해 아주 낮은 저온에서 이루어진다는 점이 액체 질소를 이용하는 일반적인 흡착과 다르다. 대체로 제3종의 기체분자들은 흡착매와의 결합력이 낮기 때문에 심지어 다른 기체가 흡착하면서 발생하는 잠열로 인하여 이미 흡착된 제3종의 기체들이 방출될 수도 있다. 그러므로 펌프의 설계에 있어 다른 기체분자가 가능한 저온 흡착면에 도달하지 않도록 하여야 한다. 흡착매의 선정은 섭션 펌프와 유사하지만, 섭션 펌프의 배기 대상이 공기인 반면에 저온 펌프는 수소를 비롯한 불활성 기체들이기 때문에 코코넛 활성탄을 사용하는 것이 바람직하다.

③ 저온트랩 : 저온트랩이란 응축이 잘되는 Ar과 같은 기체를 이용하여 흡착면을 재생시키면서 흡착하는 원리이다. 즉, 극저온의 고체 표면에 Ar를 많이 공급하면 다공성의 응고층이 형성되어 표면적이 커지게 된다. 이때 같이 흡착되는 기체분자들이 응고되면서 배기하게 되며, 새로운 응고층이 계속 만들어지기 때문에 복사열이나 잠열이 일어나더라도 가벼운 기체의 재방출 없이 트랩될 수 있다.

❷ 크라이오 펌프의 구조

이미 기술하였듯이, 크라이오 펌프는 터보 펌프와 같이 매우 청결한 작업을 수행할 수 있는 펌프로써, 첨단 반도체나 디스플레이 공정분야에서 많이 사용하고 있다. 이제, 크라이오 펌프의 주요 구성에 대해 살펴보도록 한다.

크라이오 펌프는 크게 압축기와 저온봉을 합한 냉동기, 저온면(cryoarray) 및 저온 흡착매로 나눌 수 있다. 냉동기는 압축기와 저온봉이 일체화된 스터링(stirling)형과 분리된 G-M형(Gifford-McMahon type)이 있으며, G-M형에서 저온봉은 펌프 내에 설치되고, 압축기는 따로 외부에 설치되어 호스로 연결된다. 현재 대부분의 크라이오 펌프는 G-M방식을 채택하는데, 이는 압축기를 외부에 설치함으로써 진동을 차단할 수 있기 때문이다. 그림 3-51은 크라이오 펌프의 내부 구조와 외형(CTI사 CRYO-TORR7)을 나타낸다. 일반적으로 펌프 내부의 냉각단은 2단으로 구성된다.

저온면은 배기 기체인 분자들이 직접 접촉하는 면으로 그림 3-52에서 나타내듯이, 안쪽으로는 활성탄(activated charcoal)이 붙어 있으며, 활성탄은 다공질 구조를 하기 때문에, 기체분자가 미로와 같은 다공질 내를 돌아다니다가 트랩하게 된다. 저온면은 속이 깊은 접시를 엎어놓은 듯한 구조로 여러 개를 적층으로 형성하며 저온면의 온도가 배기성능을 좌우하게 된다.

그림 3-51에서 나타나듯이, 저온면과 저온봉을 컵 모양의 복사열 차단면이 감싸고 있으며, 이는 복사열의 부하를 줄이기 위해 방사율이 낮은 Ni로 코팅한다. 저온 흡

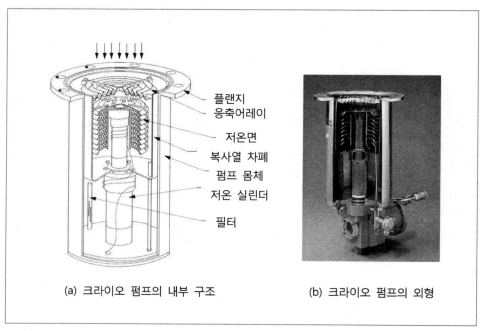

플랜지
응축어레이

저온면

복사열 차폐

펌프 몸체

저온 실린더

필터

(a) 크라이오 펌프의 내부 구조　　　(b) 크라이오 펌프의 외형

[그림 3-51] 크라이오 펌프의 내부 구조와 외형

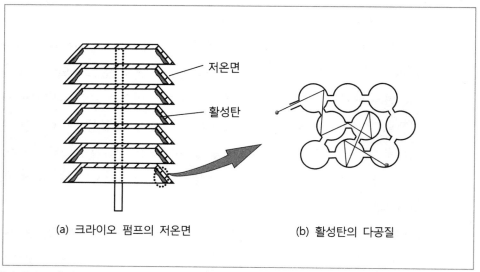

저온면

활성탄

(a) 크라이오 펌프의 저온면　　　(b) 활성탄의 다공질

[그림 3-52] 크라이오 펌프의 저온면과 다공질 활성탄

착매인 활성탄의 특성으로는 많은 기체분자를 트랩하기 위해 표면적이 넓고, 다공질로 들어온 기체는 에너지를 잃고 자리 잡게 되며, 또한 일단 다공질의 미로로 들어온 기체분자는 벗어나기 힘들게 된다. 그리고 흡착 잠열이 적으며, 상온으로 온도를 올려 다공질 내의 기체분자를 방출하여 펌프를 재생할 수 있다.

크라이오 펌프는 헬륨 컴프레서(He compressor) 모듈, 크라이오 펌프 모듈 및 이들을 연결하는 호스로 구성되며, 그림 3-53에서는 크라이오 펌프의 시스템을 나타낸다. 이미 앞 장에서 기체의 부분압에 대해 기술하였듯이, 진공 시스템에서 최종 압력은 부분압의 합으로 얻을 수 있는데, 특히 고진공에서 최종 압력은 매우 중요한 성능을 나타낸다. 크라이오 펌프에서 응축으로 배기되는 기체들의 부분압은 저온면의 온도에 의한 포화증기압으로 얻을 수 있으며, 예로서 제1단에서 배기되는 H_2O에 대한 부분압은 10^{-10} torr 이하가 되기 위해서는 배플의 온도가 130 K보다 낮아야 하며, 다른 기체들은 제2단에서 응축되며 이들의 부분압이 10^{-10} torr 이하가 되려면 최대 온도가 20 K보다 낮아야 한다.

크라이오 펌프는 일정 시간 사용한 후에는 성능이 급격히 저하하기 때문에 재생하여야 한다. 이와 같은 배기 성능에서의 저하는 응축에 따라 다르다.

크라이오 펌프를 오래 사용하면, 저온면의 표면에 배기 기체가 쌓이게 되어 표면의 온도가 높아지며, 이는 기체의 압력이 증가되기 때문이다. 흡착의 경우에 H_2O와 같

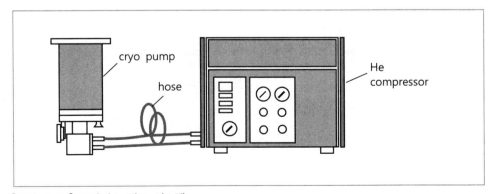

[그림 3-53] 크라이오 펌프 시스템

은 극성 분자는 표면에 흡착하면 매우 느리게 이동함으로 가벼운 기체인 H_2나 He가 흡착되는 것을 방해하여 용량이 떨어진다. 이러한 현상은 특히 배기 초기에 발생하게 되며, 저온면의 온도를 조절하여 저온면에 흡착하는 H_2O 분자의 양을 조절하여야 한다. 크라이오 펌프에서 배기속도는 배기되는 기체분자가 얼마나 빨리 저온면에 도달하는 지를 의미하지만, 배기되는 전체 기체분자의 양은 유량으로 결정된다. 따라서 각 단에서의 냉각용량이 바로 유량을 나타낸다. 일반적으로 압력이 낮은 경우, 기체분자의 제거 능력은 배기속도에 의해 나타낼 수 있으며, 이는 압력이 낮으면 배기 능력은 충분하므로 저온면에 도달하는 속도인 배기속도에 의해 좌우된다. 그러나 압력이 높은 경우에는 저온면에 도달하는 기체분자를 얼마나 많이 흡착하는가는 배기능력은 유량에 의해 결정된다.

❸ 크라이오 펌프의 사용법

크라이오 펌프는 배기속도가 크고 소형경량으로 오일을 전혀 사용하지 않기 때문에 청결한 고진공 펌프로써 널리 사용되고 있다.

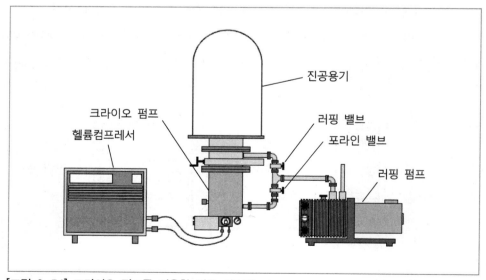

[그림 3-54] 크라이오 펌프를 이용한 진공 시스템

〈표 3-7〉 각종 고진공 펌프의 특성 비교

	장 점	단 점
확산 펌프	• 간결한 구조 • 모든 기체에 대한 높은 배기속도 • 높은 유량속도 • 저렴한 가격 • 대용량(90,000 L/sec)	• 수직방향으로만 부착 • 저진공 펌프 연속 가동 • 오일의 역류에 의한 오염 • 운전사고에 대한 영향 높음
터보 펌프	• 짧은 시동시간 • 저렴한 운전비용 • 청결한 고진공 펌프 • 자유로운 부착방향 • 불필요한 고진공 밸브 • 용량범위(<9,000 L/sec)	• 높은 가격 • 제어기 요구 • 가벼운 기체분자(H_2, He)에 대한 낮은 압축비 • 높은 손상 가능성 • 어려운 유지 보수
크라이오 펌프	• H_2O에 대한 높은 배기속도 • 높은 유량속도 • 매우 청결한 고진공 펌프 • 저렴한 운전비용 • 불필요한 포라인 펌프 • 자유로운 부착방향 • 용량범위(<18,000 L/sec)	• 주기적인 재생 요구 • 정기적인 유지 보수 • 높은 가격 • 수소나 헬륨에 대한 낮은 배기속도 • 장시간의 냉각시간 필요

그림 3-54에서는 크라이오 펌프를 이용한 진공 시스템을 나타내고 있다. 이번 절에서 기술해온 각종 고진공 펌프의 특성에 대해 다음 표 3-7에서 간략하게 나타낸다.

3.4 초고진공 펌프

초고진공(UHV; ultra high vacuum) 영역은 대표적으로 10^{-8} torr 이하의 압력으로 정의하며, 이미 펌프의 분류나 선정에서 기술하였듯이 초기의 저진공을 형성하기 위해 먼저 러핑 펌프를 사용하여 배기하고, 연이어 고진공 펌프를 동작시켜 고진공 압력 영역으로 배기한 후에 초고진공 펌프를 이용하여 희망하는 초고진공 영역으로 배기한다. 혹은 초고진공 펌프의 종류에 따라 고진공 펌프를 사용하지 않고 바로 초고진공 펌프를 동작시켜 초고진공 압력 영역으로 배기할 수도 있지만, 일반적으로 고진공 펌프와 초고진공 펌프를 동시에 동작하거나 혹은 두 개 이상의 초고진공 펌프를 병행하여 배기하게 된다. 그러나 초고진공 영역에 성공적으로 도달하기 위해서는 심지어 탈가스(out-gassing), 진공용기의 벽을 통과하는 누설이나 대기압으로부터의 누출 등을 포함하는 모든 누설 근원의 가능성을 고려하여 엄격히 제어할 수 있어야 한다. 또한, 초고진공의 압력 영역으로 진입하기 위해 진공 시스템을 설계함에 있어 지켜야 하는 몇 가지 기본적인 규칙이 있는데, 우선 첫 단계로써 진공 시스템의 내벽에 달라붙은 기체분자를 탈가스하여야 하며, 진공용기의 외벽에 가열 테이프를 쌓아 정상적인 동작 온도보다 높은 적어도 200℃ 정도의 온도로 bake하여야 한다. 둘째로는 진공 시스템의 표면적을 줄여야 하는데, 이는 탈가스 비율이 면적에 비례하기 때문이며, 따라서 다공질의 소재를 피하는 것이 바람직하다.

마지막으로 진공용기의 소재로는 대기 중의 기체가 침투하지 않는 것으로 고려하여야 한다. 특히, O-ring 플랜지(O-ring flange)는 시스템을 bake하거나 대기 중의 기체가 침투할 수 있음으로 사용하지 않는 것이 좋으며, O-ring 플랜지 대신에 금속 가스켓 플랜지(metal gasket flange)로 대체하는 것이 바람직하다.

이번 절에서 다루게 되는 초고진공 펌프로는 게터 펌프(getter pump), 티타늄 승화 펌프(titanium sublimation pump) 및 이온 펌프(ion pump)등이 있고, 이들 펌프의 동작원리, 구조, 특성 및 일반 사용법 등에 대해 기술해 보도록 한다.

3.4.1 게터 펌프

게터 펌프(getter pump)는 진공용기 중에 운동하는 기체분자가 화학적으로 활성인 금속 표면에 흡착되어 배기되는 펌프이다. 여기서 게터(getter)란 활성화된 금속 표면에 기체분자가 도달하면 쉽게 결합하며, 이때 증기압이 낮은 화합물로 변환하여 배기하는 물질을 의미하고, 게터링(gettering)이란 이와 같은 물질을 이용하여 기체를 제거하는 과정을 말한다. 그러나 게터링은 반응성의 기체가 금속 표면에 흡착되는 단순한 과정이 아니며, 표면에 흡착된 기체가 내부로 확산되거나 이동하여 반응함으로써 안정화되어야 한다. 이와 같은 게터링 과정은 아직 이론적으로 명확히 정립되지 않은 복잡한 반응이며, 다만 기체분자가 표면에 흡착되고, 내부 확산을 거쳐 화학적으로 안정화되는 3단계로 전개되는 것으로 알려져 있다. 따라서 게터 펌프의 기본적인 원리는 기체분자들을 포획하고 화학적으로 반응하여 결합하는 것이라 할 수 있다.

❶ 게터 펌프의 종류와 원리

게터 펌프를 분류하면, 증발 여부에 따라 증발형(evaporable type)과 비증발형(nonevaporable type)으로 나누며, 결합 방식에 따라 화학적 게터와 물리적 게터로 구분한다. 화학적 게터는 기체분자가 금속 표면에 화학적으로 결합하여 흡착하는 것이며, 물리적 흡착보다 강하게 달라붙는다. 물리적 게터는 아주 낮은 온도인 극저온 상태에서 약한 결합력으로 가스를 흡착하게 된다. 그리고 증발형 게터에서는 Ga이나 Ti와 같은 소재를 증발시켜 배기하며, 비증발형 게터(nonevaporable getter; NEG)는 대부분 합금으로 구성된 대형이나 덩어리 형태의 게터이다. 이와 같은 게터 물질은 화학적으로 안정된 화합물을 형성하여 진공용기 중에 잔류하는 기체를 제거하는 일종의 화학 펌프라고 할 수 있다.

비증발형 게터는 일명 덩어리 게터(bulk getter)라고 부르며, 증발형의 게터와 달리 증발시키지 않고 게터 표면에 얇은 보호막인 산화물이나 탄화물을 제거하는 과정인 활성화(activation)를 통하여 기체분자를 흡착하게 한다. 이는 진공 중에서 수 백도로 가열하면 표면을 둘러싸고 있는 보호막이 게터 내부로 확산함으로써 게터의 표면에

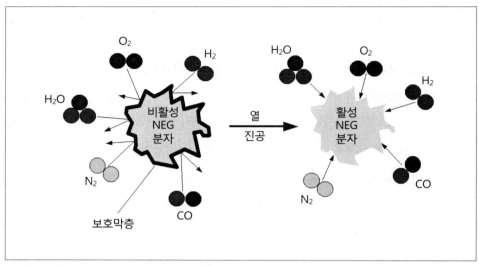

[그림 3-55] 비증발형 게터의 활성화 과정

는 새로운 게터가 형성되어 지속적으로 배기하게 된다.

그림 3-55는 이와 같은 비증발형 게터의 활성화 과정을 나타내고 있다. 이러한 활성화 과정에는 온도 이외에 비활성층이 내부로 확산하기 위해 소요되는 시간에도 의존하게 된다. 비증발형의 게터를 활성화하는 방법에는 여러 종류가 있는데, 주로 가열하는 방식에 따라 고주파 가열, 전류 가열, 레이저나 적외선 가열 및 간접 가열 등으로 분류한다. 고주파 가열은 코일에 고주파를 인가하면 자기장이 발생하여 게터 표면에 유도되는 전류로 게터를 가열하는 방식이다. 이는 외부에서 코일을 통해 가열시키는 특징을 가진다. 전류 가열 방식은 내장된 히터를 가진 게터에 전류를 흘려줌으로써 Joule 열에 의해 직접 가열하는 것으로 가장 확실하게 활성화할 수 있다. 레이저나 적외선 가열법은 창을 통하여 게터에 레이저나 적외선 램프에서 발생하는 빛으로 가열하는 방식이며, 간접 가열은 게터를 직접 가열하지 않고 내부에 설치된 가열기를 통해 장시간 가열하는 방식이다.

비증발형 게터의 소재로는 표면 흡착이나 내부 확산 및 화학적으로 결합하는 속도가 빠른 재료를 필요로 하며, 이러한 소재로는 표 3-8에서 나타나듯이 Ta, Nb, Ti 및

〈표 3-8〉 비증발형 게터의 소재와 특성

소 재	탈가스 온도[℃]	동작 온도[℃]	특 성
Ta	2,000	700 ~ 1,200	모든 기체에 작용
Nb	1,650	300 ~ 1,000	-
Ti	1,100	500 ~ 1,000	-
Zr	-	-	CO_2는 흡수하지 못함
Th	1,000	400 ~ 500	-
ceto-getter	800~1,200	200 ~ 500	Th(80%) + Ce, La(20%)
St 101	600~800	200 ~ 300	Zircalloy: Zr(84%) + Al(16%)
St 707	-	-	Zr(70%) + V(24.6%) + Fe(5.4%)

Th 등이 있으며, 최적으로 동작하는 온도는 재료에 따라 다르지만, 대략 수 백도에 이른다. 이외에 비증발형의 게터들은 대부분 합금이며, 현재 가장 많이 상용화되고 있다. 이러한 합금 소재는 분말 형태로 철이나 콘스탄탄(constantan) 위에 약 $100\ \mu m$ 정도의 두께로 증착하여 소결한다. 비증발형 게터는 메탄이나 불활성 기체를 제외하고 거의 모든 기체를 배기할 수 있으며, CO, CO_2, N_2, O_2 및 H_2O 등과 같은 기체분자는 표면의 게터와 화학적으로 결합하여 화합물을 형성하는데, 예로서 Zr를 게터로 사용한다면 화합물로 ZrC와 ZrO 등이 생성된다. 이들이 포화되면 가열하여 재생하게 되며, 표면에는 새로이 Zr이 만들어지고 C나 O는 내부로 확산하게 된다. 그러나 수소는 원자형태로 분해되어 금속 원자 사이에 용해되어 존재한다.

증발형은 게터를 서서히 증발시켜 기체분자를 표면으로 유인하여 흡착시킴으로써 배기하는 펌프이다. 단지 표면의 흡착에 의해서만 배기하며 내부로까지 확산하지는 않는다. 따라서 게터 표면은 항상 깨끗하게 유지하여 높은 부착계수를 가질 수 있도록 하여야 하고, 또한 다공성의 막을 가진 게터 소재일수록 흡착 성능이 더욱 우수하며, 표면 온도를 낮출수록 성능은 좋아진다. 증발형 게터의 재료로는 Ba, Mg, Al, Th 및 Ti 등이 있으며, 티타늄 승화 펌프가 대표적인 증발형 펌프이다.

❷ 게터 펌프의 배기특성

게터 펌프의 배기속도는 표면에 도달하는 기체분자의 부착계수(sticking coefficient)에 의해 좌우하게 되는데, 이와 같이 배기속도를 결정하는 요소로는 게터의 표면적, 게터면에 도달하는 기체분자의 수, 게터면으로 들어가는 확률 및 진공용기의 크기와 게터면 사이의 컨덕턴스 등이 있으며, 또한 흡착 표면의 상태와 온도에 영향을 받는다. 즉, 흡착 표면적이 증가하면 배기속도와 흡착 용량이 커지게 되며, 온도가 증가하면 이들은 일반적으로 감소하는 경향이 있다. 그러나 표면 내부로 확산하거나 안정화되는 과정은 온도에 의해 지배되며, 온도가 증가하면 반응속도가 증가한다. 게터링 과정으로 흡착된 기체분자는 화합물 층을 형성하고, 계속해서 전개되는 과정에서 초기에는 온도의 증가로 인하여 배기속도가 증가하는 것 같지만, 온도가 일정 이상으로 올라가면 안정화되었던 결합은 분해되어 오히려 기체를 방출하는 경우도 발생한다. 따라서 게터링 과정에 있어 최적의 온도 조건이 있으며, 이를 고려하여 펌프가 동작하도록 하여야 한다.

이상과 같은 게터 펌프의 배기특성을 식으로 기술하면, 게터의 단위 표면적당 배기속도(S)는 표면으로 도달하는 기체분자의 수(K_0)와 부착계수와 관련하여 다음과 같

〈표 3-9〉 게터의 재료와 기체 종류별 흡착용량

게 터	기 체	흡착용량 [torr·L/mg]
Al	O_2	0.0075
Ba	H_2	0.086
	N_2	0.0095
	O_2	0.015
	CO_2	0.0052
Mg	O_2	0.02
Ti	H_2	0.2
	N_2	0.0064
	O_2	0.033

(a) 게터 펌프의 외형   (b) 게터 펌프의 내부 구조

[그림 3-56] 게터 펌프의 구조와 외형

이 표현할 수 있다.

$$\frac{S}{A} = H \times K_O \tag{3-15}$$

여기서, 표면의 부착계수는 게터의 재료와 기체의 종류에 의존하게 되며, 또한 온도 이외의 분위기 조건에 따라 다르다. 표 3-9에서는 여러 종류의 게터에서 기체 종류별로 흡착용량을 나타내고 있다.

그림 3-56에서는 게터 펌프의 외형과 내부 구조를 나타낸다. 대부분의 고진공 펌프의 경우, 펌프는 진공용기의 외부에 설치하고 고진공 게이트에 의해 이들을 연결하기 때문에 배기속도가 감소하지만, 게터 펌프는 진공용기에 부착하는 방법에 따라 매우 높은 배기속도와 청결한 펌프이다. 일반적으로 게터 펌프는 진공용기의 배관부분에 전용의 작은 공간을 확보하여 설치하게 된다. 그러나 게터 펌프는 불활성 기체인 Ar이나 He에 대한 흡착능력이 매우 낮기 때문에 동작에 있어 약점이라 할 수 있지만, 불활성 기체가 문제시 되지 않는 진공 시스템에서 사용하게 된다면 우수한

펌프로 구성할 수 있을 것이다.

❸ 게터 펌프의 사용법

게터 펌프의 동작은 10^{-2} torr 정도에서 시작되며, 이는 대기압에서부터 사용할 경우에 손상에 의한 단선을 피하기 위해 게터 펌프를 동작하기에 앞서 먼저 러핑 펌프를 이용하여 초기 배기를 수행하고 압력이 떨어지면 게터 펌프를 동작하게 된다.

러핑 펌프를 동작하여 압력이 10^{-2} torr 정도까지 낮아지면, 게터 펌프를 동작시키게 되며, 초기에 기체분자들은 게터 표면에 흡착하여 압력이 감소하지만, 흡착작용은 급격히 떨어짐으로 가열을 통하여 게터 원자가 표면에 보충되도록 하여야 한다. 즉, 연속적으로 펌프를 동작하지 않고, 간헐적으로 가열하여 게터의 소모량을 조절하게 된다. 표 3-10에서는 압력 범위에 따라 게터 펌프의 동작 일례를 나타내고 있다. 압력 범위에 따라 게터 펌프는 외부에 연결된 구동 회로를 통하여 동작이 자동으로 예열시간과 동작시간이 조절되도록 설계되어 있으며, 이와 같은 동작이 반복하여 배기하게 된다. 가열 중에는 열의 발생이 매우 높기 때문에 과열할 수도 있으므로 장시간 연속하여 가열하는 것은 바람직하지 않으며, 게터 펌프의 동작은 압력이 낮을수록 배기성능이 우수한 편이다.

〈표 3-10〉 압력 범위에 따른 게터 펌프의 동작 일례

압력 조건	설정 방법		비 고
	예열시간[min]	증발시간[min]	
$\geq 10^{-6}$	0	15	–
10^{-7}	5	5	–
10^{-8}	15	4	–
10^{-9}	15	1	–
10^{-10}	0	15	10분마다 1~2분간 스위치 on 동작
$\leq 10^{-10}$	0	15	30분마다 1~2분간 스위치 on 동작

이와 같이 게터 펌프는 설치하기 용이하고 배기속도가 매우 높으며, 오일을 사용하지 않는 청결한 펌프이고 가격이 싸다는 등의 장점을 가지기 때문에 초고진공 및 극초고진공용 진공 시스템에 많이 사용한다. 극초고진공으로 사용할 경우에 터보 펌프와 같은 고진공 펌프로 배기를 하고 게터 펌프를 동작하여 진공용기에 남아있는 잔유 기체를 흡착하게 된다. 그러나 게터는 극초고진공에서 가열하면 수소와 같은 가스를 대량으로 방출하게 되는데, 마치 스폰지를 짜게 되면 내부에 고인 물이 나오는 것과 유사하게 방출 된다. 이를 방지하기 위해 진공용기에 부착하기 전에 별도로 열처리를 하여 설치하거나 터보 펌프와 같이 수소를 잘 배기하는 고진공 펌프를 사용하면 피할 수 있다.

3.4.2 티타늄 승화 펌프

티타늄 승화 펌프(titanium sublimation pump; TSP)는 대표적인 증발형 게터 펌프로써, 티타늄이 기체분자와 화학적으로 반응하여 기체를 배기하는 방식으로 구조가 매우 간단한 펌프이다. 티타늄을 승화하여 동작하기 때문에 티타늄을 사용하지 않는

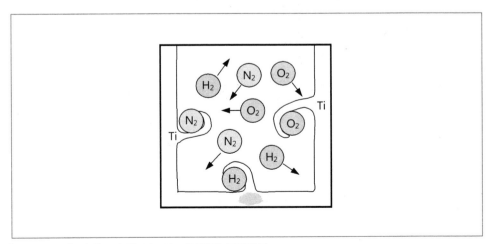

[그림 3-57] 티타늄 승화 펌프의 기본적인 동작원리

공정에 적용하며, 탄화수소나 오염 물질을 사용하지 않는 진공 시스템에 장착하게 된다. 그림 3-57에서는 티타늄 승화 펌프의 표면에서 기체분자가 배기되는 간단한 과정을 나타내고 있다. 티타늄은 화학적으로 반응이 잘되는 소재로써, 적절히 가열하면 액체를 거치지 않고 증기 상태의 기체로 승화하여 표면에 흡착한다.

그림에서 나타나듯이, 티타늄으로 흡착된 막은 진공용기 중에 질소, 산소 및 수소와 같은 기체분자와 결합하여 티타늄 질화막, 티타늄 산소막 및 티타늄 수소막과 같은 고체 화합물로 변환하는 화학적인 배기 작용을 한다. 표면에 화합물이 포화되면 새로운 티타늄 막을 형성하여 다시 배기하게 된다.

그림 3-58은 티타늄 승화 펌프의 내부 구조를 나타내고 있다. 펌프의 기본 구성은 Ti 필라멘트, 히터 및 티타늄 막으로 이루어져 있으며, 그림 (b)에서는 티타늄 승화 펌프의 외형을 나타낸다.

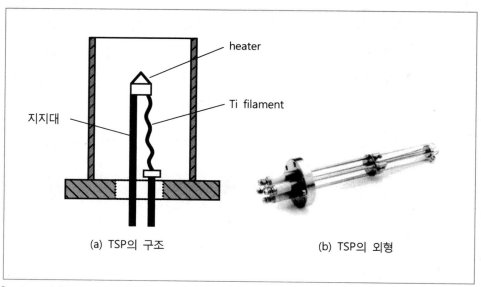

[그림 3-58] 티타늄 승화 펌프의 내부 구조

〈표 3-11〉 다양한 기체에 대한 TSP의 배기속도

내 벽 온 도	기체의 종류							
	H_2	N_2	O_2	CO	CO_2	H_2O	CH_4	inerts
20℃	3	4	9	9	8	3	0	0
-196℃	10	10	11	11	9	14	0	0

참고: 배기속도의 단위: [L/sec·cm^2]

표 3-11은 상온과 액체질소 온도에서 티타늄 승화 펌프의 배기속도를 나타내고 있다. 배기속도는 액체질소의 낮은 온도 조건에서 더욱 빨리 배기되는데, 이는 낮은 온도에서 접착계수가 커지기 때문이다. 즉, 온도가 떨어지면 기체분자들은 운동을 멈추고 표면에 흡착하여 배기하게 되며, 티타늄과 화학반응을 일으키게 된다. 표에서 알 수 있듯이, 티타늄 승화 펌프는 질소, 산소, 일산화탄소, 이산화탄소 및 수증기 등의 기체분자와 잘 반응하게 되지만, 불활성 기체나 메탄(methane)은 약한 흡착력으로 반응함으로 쉽게 배기되지 못한다.

그림 3-59는 티타늄 승화 펌프에서 주로 사용하는 3종류의 티타늄 소스를 나타내며, 소스의 형태에 따라 분류하고 있다. 티타늄 소스는 그림에서 나타나듯이 일종의 소형 진공부품이라 할 수 있으며, 대부분의 모델은 2-3/4인치의 플랜지로 연결되어 장착된다.

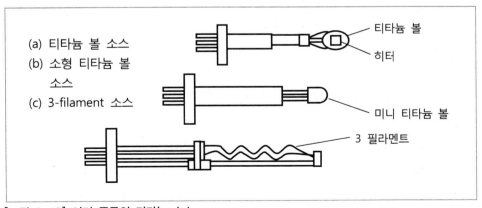

(a) 티타늄 볼 소스
(b) 소형 티타늄 볼 소스
(c) 3-filament 소스

티타늄 볼
히터
미니 티타늄 볼
3 필라멘트

[그림 3-59] 여러 종류의 티타늄 소스

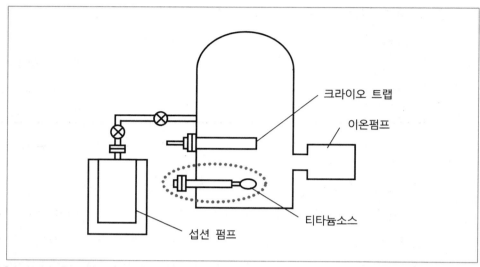

[그림 3-60] 티타늄 승화 펌프를 이용한 진공 시스템

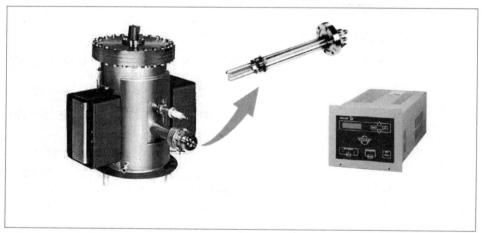

[그림 3-61] 티타늄 승화 펌프를 이용한 초고진공 시스템의 외형

그림 3-60에서는 티타늄 승화 펌프를 이용한 초고진공 시스템의 예를 나타내고 있다. 그림에서는 섭션 펌프, 크라이오 트랩과 이온 펌프로 결합한 매우 청결한 환경의 진공 시스템을 보여주며, 여기서 섭션 펌프는 초기 진공을 위한 러핑 펌프로 사용한

다. 그림 3-61에서는 실제 초고진공 시스템의 외형을 비롯하여 티타늄 소스와 제어 장치를 보여주고 있다.

3.4.3 이온 펌프

진공 시스템 내에 존재하는 가스는 기체분자로 구성되어 있으며, 이미 진공의 기초 이론부분에서 원자나 분자에 대해 약간 언급하였다. 원자나 분자는 동일한 수의 전자와 양자를 구성하며 전기적으로 균형을 이루는 중성 입자이다. 이와 같은 중성 입자에서 전자를 제거하게 되면 음의 전하를 가진 전자가 사라지면서 입자는 양이온으로 변하게 되며, 이러한 과정을 이온화(ionization)이라 한다. 이온 펌프(ion pump)는 이와 같은 현상을 이용한 것으로, 일명 스퍼터 이온 펌프(sputter ion pump; SIP)라고 부르기도 한다.

전기 방전을 이용한 전극의 진공실험은 이미 오래 전부터 시작되었는데, 1858년 Plücker는 진공실험을 통해 반응성 가스가 Pt 전극과 반응하면서 내벽에 증착이 발생한다는 사실을 감지하였다. 그리고 1916년 Vegard는 음극에서 흡착이 일어나며, 이는 화학적인 결합이 아니라는 것을 알았고, 또한 흡착으로 인하여 방전관 내에서 압력의 변화를 야기한다는 것을 관측하였다.

그림 3-62에서는 이온화 과정의 기본 원리를 나타내는 것으로, 외부에서 전원을 연결하여 고전압으로 방전하면 음극에서 방출된 높은 에너지를 가진 전자가 양극을 향해 고속으로 이동하다가 기체 입자들과 충돌하여 양이온을 생성하게 된다. 이때, 양이온화된 입자는 음극을 향해 강하게 끌려 5 내지 10 단분자층으로 이온주입 현상이 일어나며, 이를 이온 배기(ion pumping)이라 한다.

이와 같은 과정에서 양이온이 음극 표면과의 충돌에 의한 이온 충격으로 음극의 물질이 분자 단위로 음극의 표면에서 떨어져 나오게 되는데, 이러한 현상을 스퍼터링(sputtering)이라고 한다. 이온 충격으로 스퍼터링되는 음극은 표면의 흡착을 위해 게

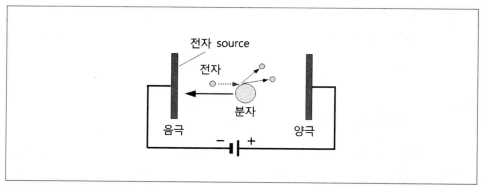

[그림 3-62] 이온화의 기본 원리

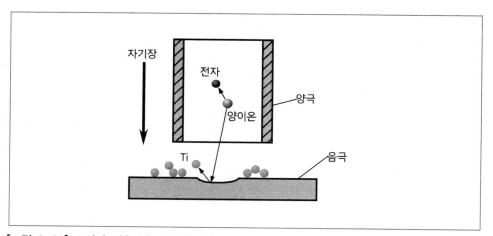

[그림 3-63] 스퍼터 이온 펌프의 기본 원리

터를 이용하며, 게터 재료로는 일반적으로 티타늄을 사용한다. 따라서 이온화 과정과 스퍼터 현상이 일어나기 때문에 스퍼터 이온 펌프라고 명명하며, 스퍼터 과정에서 떨어져 나온 티타늄은 다른 곳에 부착되면서 다시 게터막을 형성하게 된다. 즉, 게터 펌프에서는 가열에 의해 티타늄을 승화하지만, 이온 펌프에서는 기체분자의 이온을 이용하여 스퍼터한다. 이온 펌프도 일종의 기체를 잡아두는 포획 펌프이며, 이온 주입한 기체는 내부 확산되지 않기 때문에 이러한 스퍼터링으로 새로운 게터막을 만들게 된다. 그림 3-63에서는 스퍼터 이온 펌프의 동작원리를 나타내고 있다.

스퍼터 이온 펌프의 동작을 구체적으로 살펴보면, 음극에서 발생한 전자는 자기장의 영향으로 인하여 나선운동을 하면서 양극으로 향하는데, 자기장의 역할은 전자가 기체분자와 더 많은 충돌을 할 수 있도록 회전운동을 하며 양극으로 바로 이동하는 것을 억제하게 된다. 따라서 전자가 기체분자와 많은 충돌을 유발하여 양이온을 만들며, 양이온은 그림의 하단부에 음극으로 향하여 충돌하게 된다. 이와 같은 이온 충격에 의해 음극 재료인 티타늄이 표면에서 스퍼터되면서 새로운 티타늄막을 형성하게 된다. 외부에서 인가하는 전압은 대략 5 kV 정도이며, 자기장의 세기는 1,000~2,000 gauss 정도이다. 배기 가스를 외부로 배출하지 않는 이온 펌프는 많은 양의 기체분자를 급격하게 배기할 수 없기 때문에 산업용 펌프로는 적합하지 않으나, 연구나 분석용의 초고진공 펌프로써 베이킹(baking)을 동반하면 10^{-11} torr까지 도달할 수 있다. 또한, 펌프의 특징으로는 소비전력이 낮으며 진동이 없어 매우 조용하고

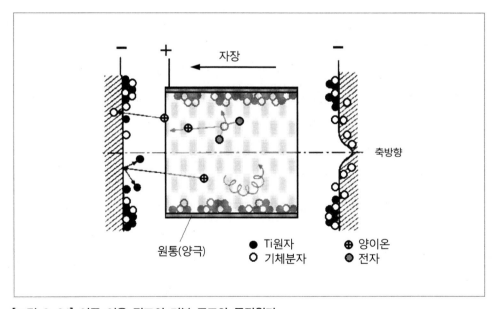

[그림 3-64] 이극 이온 펌프의 기본 구조와 동작원리

수명이 길며 오일을 전혀 사용하지 않는 청정한 펌프로 알려져 있다. 펌프의 배기속도는 최대 1,000 L/sec. 정도이고, 압력이 높아지면 이온화도가 커지기 때문에 배기속도가 높아지는 특성을 가진다. 동작원리에서 기술하였듯이, 이온화 과정과 게터에 의한 흡착으로 배기함으로 기체의 종류에 따라 배기속도가 다르며, 특히 수소에 대한 배기속도는 질소보다 빠른 반면에 불활성기체에 대해서는 그리 좋지 못한 편이다. 그림 3-64는 이극 이온 펌프의 기본 구조와 동작원리를 나타내고 있다. 불활성 기체에 대한 배기효율을 높이기 위해서는 기체분자의 이온화도를 높여야 하며, 이를 위해서는 전자의 생성을 높이거나 이온화되는 영역에서 전자의 체류시간을 증가시켜 전자의 밀도를 집중시켜야 한다.

그림에서 보여주듯이, 자기장과 전기장을 이용하면 이온이 생성되는 영역에서 전자의 체류시간을 길게 하여 전자밀도를 높임으로써 이온화도를 증가시킬 수 있다. 이와 같이 전자기력에 의해 집중된 전자밀도를 이용하여 얻는 안정된 방전을 페닝방전(Penning discharge)라고 한다. 스퍼터 이온 펌프는 이러한 방전을 이용하여 불활성 기체에 대한 배기속도를 개선한 것이다. 펌프의 내부 구조를 살펴보면, 원통형의 양극에 축 방향으로 자기장을 인가하게 되고 원통 밖으로 음극이 설치된다. 전자는 원통 안에서 그림과 같이 반경 방향으로 나선 운동을 하며 오래 체류하면서 잔류하는 기체분자들과 연속적으로 많은 충돌을 야기함으로써 이온화도를 증가시킨다. 여기서, 충돌에 의해 생성되는 2차 전자도 전자밀도를 높이게 되며, 또 다른 충돌에 가담하여 원통 내에서 안정적인 방전을 유지하게 된다.

화학적으로 활성 기체들은 양이온화하면 일반적으로 음극으로 이동하여 스퍼터링하면서 파묻히거나 게터의 표면에 흡착되어 화학적으로 결합하게 된다. 반면에 불활성 기체는 표면에서의 흡착이 잘 되지 않으며 음극면에 충돌하여 대부분 파묻히지만 화학적 결합을 하지 않고, 단지 고체 내에 격자 사이나 빈 격자에 물리적으로 고정된다. 경우에 따라 계속되는 스퍼터링에 의해 재방출하기도 하지만, 대부분 다른 지점으로 이동할 뿐 압력에 영향을 주지 않는다. 그러나 Ar의 경우는 재방출하여 압력을

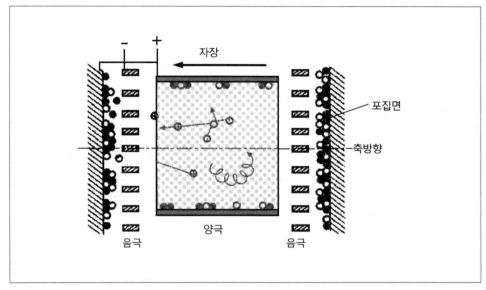

[그림 3-65] 삼극 이온 펌프의 구조와 동작원리

높이기도 하며, 이를 불활성 기체 불안정성이라고 한다. 그림 3-65에서는 삼극 이온 펌프에 대한 간단한 구조와 동작을 나타내고 있다. 삼극 펌프는 불활성 기체가 음극 내에 파묻히거나 스퍼터되어 나타나는 불안정성을 개선하기 위한 것이다. 양이온이 음극을 향해 날아와 충돌로 인하여 발생하는 스퍼터된 Ti 입자는 양이온이 고체면에 비스듬히 충돌하는 것이 효과적이다. 따라서 그림에서 나타나듯이 음극을 슬릿형으로 만들어 원통의 축방향으로 배치하면 큰 입사각을 갖고 충돌하게 된다. 그리고 스퍼터된 Ti 입자는 음극 배후에 양의 전압으로 인가된 포집면으로 모이며, 내부로 파묻히게 되며, 불활성 기체에 의한 불안정성을 개선할 수 있다.

그림 3-66은 이극 및 삼극 이온 펌프의 구조를 보여준다. 스퍼터 이온 펌프의 배기과 정은 기체분자의 이온화, 게터에서의 스퍼터 및 기체분자의 흡착 등의 3단계로 일어 난다. 이온 펌프의 배가 특성은 양극의 다중 셀 안에서 발생하는 이온화 과정에 의해 결정된다. 따라서 펌프에 의한 배기속도는 진공용기 내에 기체분자가 다중 셀 내부 로 도달하는 확률과 펌프 내에서 흡착에 의해 배기되는 확률의 곱에 비례하게 된다.

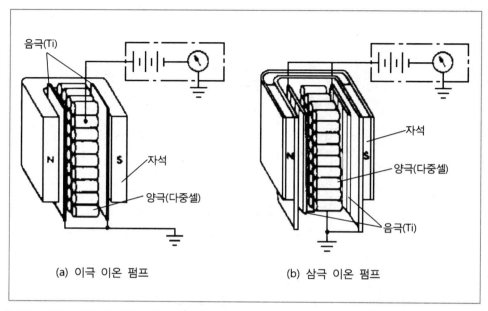

[그림 3-66] 이극 및 삼극 이온 펌프의 구조

　이온 펌프에서 셀의 크기나 간격이 감소하면 전기장이나 자기장의 세기가 증가하여 셀 내에서 배기되는 확률이 커지지만, 셀의 크기가 작아지는 만큼 기체분자가 셀 안으로 도달할 확률은 감소한다.

일반적으로 이극 이온 펌프가 삼극 펌프보다 배기속도가 빠르며, 음극의 게터 재료로는 Ti, Ta나 Ti 합금이 거의 모든 기체를 배기할 수 있고 결합력이 크기 때문에 가장 우수한 것으로 알려져 있다. 음극판을 연속적으로 사용하게 되면, 셀 중심에 맞대응하는 부분이 집중적으로 스퍼터되어 음극판에 구멍이 뚫려서 배기성능이 떨어진다. 따라서 주기적으로 음극판을 교체하는 것이 바람직하지만, 일정 시간이 경과하면 음극판을 조금씩 이동시켜가면서 균일하게 소모함으로써 수명을 연장하는 방법이 사용되기도 한다. 대체로 10^{-5} torr에서 연속적으로 동작한다면 약 2,000시간 정도 사용할 수 있으며, 음극판의 수명은 압력에 반비례하게 된다.

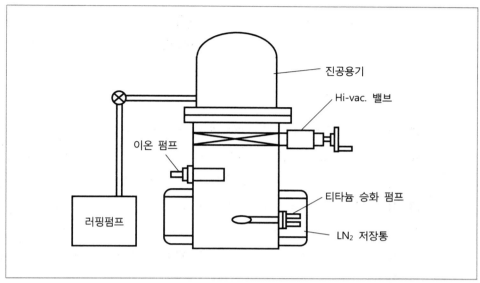

[그림 3-67] 이온 펌프를 이용한 진공 시스템

그림 3-67은 이온 펌프를 이용한 초고진공 시스템의 개략도를 나타낸다. 스퍼터 이온 펌프는 소비전력이 매우 낮고, 전원 공급을 하면 쉽게 동작하며, 냉각이 필요 없고, 초고진공 영역에서도 거의 실온에 가깝게 동작한다는 장점을 가진다. 그러나 강한 자기장을 필요로 하기 때문에 크고 무거운 영구자석을 사용해야 하며, 배기속도가 작다는 단점을 갖는다. 이온 펌프는 동작 시에 압력이 높으면 음극판의 수명이 단축됨으로 압력이 낮을수록 좋으며, 일반적으로 정상동작영역은 $10^{-6} \sim 10^{-12}$ torr 정도이고, o-ring을 사용하더라도 쉽게 10^{-9} torr까지 도달할 수 있다.

이온 펌프는 이미 기술하였듯이, 포획 펌프의 일종이기 때문에 보조 펌프인 포라인 펌프가 필요하지 않지만, 초기 배기가스를 방출하기 위하여 러핑 펌프를 사용한다. 거의 대부분의 러핑 펌프를 사용할 수 있지만, 이온 펌프는 청결한 펌프임으로 오일을 사용하는 러핑 펌프는 바람직하지 않으며, 일반적으로 섭션 펌프를 가장 많이 사용한다. 그림에서 나타나듯이, 이온 펌프는 배기속도를 높이기 위해 티타늄 승화 펌프와 함께 자주 사용한다.

용어
정리

01. 공간 배기: 진공용기 내의 공간에 존재하는 기체분자를 배기한다는 의미이다.

02. 표면 배기: 공간에 존재하는 가스를 제거하고 약 10^{-3} torr 이하의 고진공 하에서 여러 가지 가스방출원에 의해 진공용기로부터 방출하는 가스를 배기하는 것을 말한다.

03. 질량 유량(mass flow rate): 공간 내의 어떤 면을 단위 시간에 통과하는 기체의 질량을 의미한다.

04. 체적 유량(volume flow rate): 공간 내의 어떤 면을 단위 시간에 통과하는 기체의 체적을 의미한다.

05. 몰 유량(molar flow rate): 공간 내의 어떤 면을 단위 시간에 통과하는 기체의 몰수를 의미한다.

06. 부착확률(sticking probability): 부착속도와 입사빈도 혹은 입사속도와의 비율을 의미하며, 무차원이다.

07. 부착속도(sticking rate): 표면의 단위면적당과 단위시감에 화학적으로 흡착되는 분자의 수 혹은 물질의 양을 나타낸다.

08. 표면이동(surface migration): 표면에서 분자 이동을 의미한다.

09. 기체 방출(outgassing): 물질로부터 기체분자가 방출하는 것을 나타낸다.

10. 탈가스(degassing): 인위적인 조작으로 물질로부터 기체분자의 방출을 의미한다.

11. 배기구(outlet): 진공 펌프에서 기체가 외부로 나가는 출구를 말한다.

12. 펌프 오일(pump oil): 진공 펌프에서 윤활, 냉각 및 밀봉 등을 위해 사용하는 기름이다.

13. 주 펌프(main pump): 진공계를 동작 압력까지 배기하고 이러한 압력을 유지하기 위해 사용하는 펌프를 의미한다.

14. 보조 펌프(backing vacuum pump): 다른 펌프의 압력을 임계치 이하로 유지하기 위해 사용하는 펌프를 말한다.

15. 러핑 펌프(roughing pump): 대기압에서 주로 사용하는 펌프로서 주 펌프가 동작하는 압력까지 낮추기 위해 배기하는 펌프를 의미한다.

16. 펌프 배기량(throughput of vacuum pump): 펌프의 환기구를 통과하는 기체의 유량을 나타낸다.

17. 펌프의 체적유량(volume flow rate of vacuum pump): 펌프의 흡기구를 통과하는 기체의 체적유량을 의미한다.

18. 배압(backing pressure): 기체를 대기압 이하의 압력 공간으로 배출할 경우에 진공 펌프 배기구에서의 압력을 나타낸다.

19. 평균속도: 기체분자의 평균 에너지와 온도의 관계를 나타내는 식 (5-1)을 속도에 대해 정리하면,

$$v = \sqrt{\frac{3kT}{m}} = \sqrt{\frac{3RT}{M}}$$

여기서, R은 기체 상수이고, M은 몰 질량, T는 절대온도이며, 수소의 경우에 기체 상수는 R=8.314 J/K mole이다. 따라서 실온(25℃ = 298 K)에서 평균속도를 계산하면 약 1918 m/sec이다.

20. 압축비(compression ratio): 펌프에 기체를 유입할 경우에 배압 증가분을 흡입압의 증가분으로 나눈 값을 의미한다.

21. 역류(back streaming): 진공 펌프의 흡기구를 통하여 고진공 방향으로 향하는 펌프의 오일증기의 흐름을 의미한다.

22. 시동 압력(starting pressure): 진공 펌프가 손상되지 않고 시동하며 정상적인 배기작용을 얻게 하는 압력을 나타낸다.

23. 도달 압력(ultimate pressure): 기체를 유입하지 않고 펌프를 장시간 동작시켜 압력의 감소가 거의 없을 정도로 무시할 수 있는 수준의 압력을 의미한다.

24. 게터 펌프(getter pump): 전기장과 자기장 중에 기체분자의 여기나 이온화 과정을 통해 게터면에 달라붙는 이온 펌프를 나타낸다.

25. 티타늄 승화펌프(titanium sublimation pump): 대표적인 증발형 게터펌프로 기체분자와 티타늄이 화학적으로 반응하여 기체를 배기하는 펌프를 의미한다.

26. 이온 펌프(ion pump): 진공 시스템에 존재하는 기체분자를 이온화 과정을 이용하여 배기하는 펌프를 말한다.

27. 스퍼터 이온 펌프(sputter ion pump): 음극 스퍼터링에 의해 게터면에 달라붙는 현상을 이용한 펌프를 의미한다.

Chapter

04

진공 게이지

본 장에서는

진공 시스템의 진공 측정 원리와 종류를 살펴보고, 각종 진공 게이지의 종류에 대한 기본적인 구조, 원리 및 특성 등에 대하여 기술해 보도록 한다.

진공 게이지

지금까지 진공에 대한 공부는 진공의 개념에서 시작하여 진공의 개발사, 기초 이론 및 진공을 만드는 펌프 등에 대한 것이었다. 사실, 인간이 처음 불을 발견하고 이를 이용하면서 안정적인 생활을 영유할 수 있게 되었지만, 이후에는 불의 세기를 알아보고자 온도계를 만들게 되었다. 마찬가지로 Torricelli도 진공을 확인하면서 바로 기압계를 고안하여 진공의 정도를 알아보고자 노력하였다. 이미 기술한 바와 같이 진공의 정도를 나타내는 물리량으로 압력을 이용하게 되었는데, 즉 진공용기에 남아있는 기체의 압력을 측정하여 진공의 정도를 알 수 있게 되었다.

본 장에서는 진공의 정도를 측정하는 기본 원리를 비롯하여 진공 게이지(vacuum gauge)의 종류를 분류해보고, 각종 진공 게이지의 원리, 구조와 특성에 대해 알아보도록 한다.

4.1 진공 측정의 원리와 종류

기체의 압력이란 제한된 진공용기 내에서 기체분자에 의해 작용하는 단위 면적당의 힘으로 정의한다. 기체분자가 열평형상태에 있을 경우, 압력(P)은 기체분자밀도(n)와 관련되며, 다음과 같은 식으로 나타난다.

$$P = nkT \qquad (4\text{-}1)$$

여기서, k는 Boltmann 상수이고, T는 기체분자의 온도(절대온도)이다. 상기 식은 진공을 측정하기 위해 기본이 되는데, 온도가 일정할 경우에 압력은 분자밀도에 비례하기 때문에 진공 시스템에서 잔류하는 가스의 분자밀도를 측정하게 되면 압력을 알수 있다. 그리고 기체의 열전도율, 점성이나 운동량과 같은 물리량이 압력에 따라변하는 성질을 이용하여 압력을 측정할 수도 있다.

진공 게이지는 기능에 따라 여러 가지로 분류할 수 있는데, 먼저 측정하는 물리량이압력인지 혹은 다른 물리량을 압력으로 변환하는지 등에 의해 구분한다. 즉, 진공의정도를 측정하는 방식으로는 직접 측정과 간접 측정으로 나눌 수 있다. 직접 측정방식은 기체의 압력을 알아내는 것이고, 간접 측정방식은 기체의 물리적인 특성을 이용하여 측정하는 것으로 대부분의 진공 게이지가 이에 속하며, 기체가 가지는 열전도성, 전기전도성 및 이온화도를 측정하여 압력으로 환산하는 방식이다. 그림 4-1에서는 압력을 측정하는 방식에 따라 구분하는 직접 측정법과 간접 측정법에 대해 보다 구체적으로 나타내고 있다.

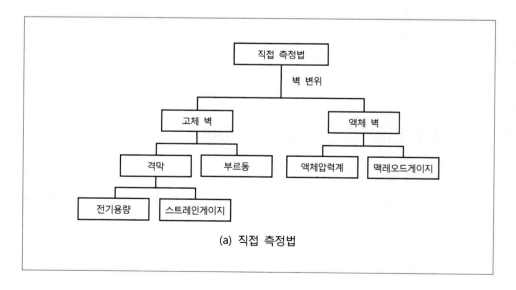

(a) 직접 측정법

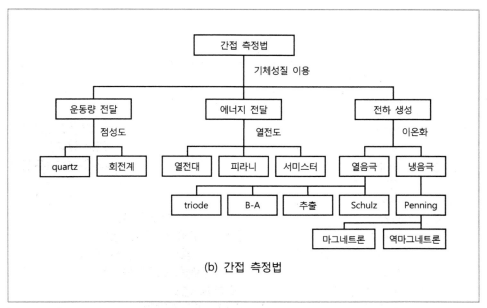

(b) 간접 측정법

[그림 4-1] 압력 게이지의 종류

그리고 측정 기체의 구분에 의해 전압 측정법(total pressure measurement)과 분압 측정법(partial pressure measurement)으로 나누는데, 대부분의 압력 측정은 전압 측정으로 기체의 종류에 구분 없이 측정하지만, 분압 측정은 기체를 구성하는 원소를 구별하여 압력이나 밀도를 측정한다. 마지막으로 진공용기의 압력 범위에 따라 크게 저진공 게이지와 고진공 게이지로 구분한다. 그림 4-2에서는 압력 범위에 따라 동작하는 압력계를 나타내고 있다. 압력의 구분은 이미 제3장에서 기술하였듯이 진공 펌프를 나누는 방식에 따라 저진공에서부터 극초고진공까지 5단계로 영역을 구별하고 있다.

일반적으로 압력이 낮은 저진공 영역에서는 주로 직접 압력을 측정하는 방식을 채택하여 비교적 정확하게 얻을 수 있는 반면에, 압력이 낮아지면 측정에서 일련의 오차를 피할 수 없으며, 측정에 주의를 기울여야 한다. 그러므로 오차를 줄이고 정확도를 높이기 위해서는 진공 시스템의 압력 범위를 고려하여 진공 게이지의 선택을 잘 하

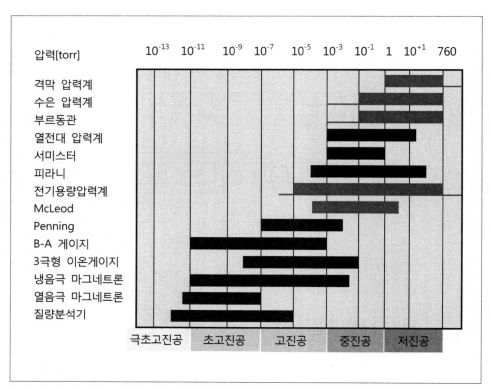

[그림 4-2] 압력 범위에 따른 진공 게이지의 분류

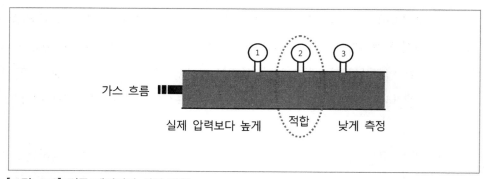

[그림 4-3] 진공 게이지의 설치 방향

여야 한다. 사용할 압력 범위 내에서 응답속도, 정확도 및 사용의 편리성 등을 고려하여야 한다. 다음으로 고려할 사항은 그림 4-3에서 나타나듯이 진공 게이지의 올바른 설치이며, 게이지를 어떻게 설치하느냐에 따라 측정값이 변하게 된다. 즉, 진공 게이지의 설치 위치와 방향에 다르게 나타나며, 특히 기체의 흐름을 고려하여 설치하여야 한다. 그림에서와 같이 ①번은 실제 압력보다 높게 나타나는 반면에 ③번은 낮게 측정되고, ②번과 같이 설치하는 것이 바람직하다.

그리고 진공 시스템의 정확한 압력을 측정하기 위해서는 게이지의 손상이 가해지지 않도록 주의해서 사용하여야 하고, 사용하는 기체의 구성을 토대로 정확한 calibration 을 실시하여 사용하는 것이 좋다.

진공 시스템에서 압력을 측정하기 위해 자주 사용하는 단위로는 이미 기술하였듯이, [torr] 혹은 [mmHg]가 있으며, 1 mmHg = 1 torr이다. 그러나 [torr]는 SI(System International) 단위계가 아니며, 질량 [kg], 길이 [m] 및 시간 [sec]로 나타내는 SI 단위계로 변환하면 다음과 같다.

$$P = N/m^2 = (kg \cdot m \cdot s^{-2}/m^2)$$

따라서 압력의 단위 [torr]를 [Pa]로 변환하기 위해 수은주의 위치 에너지 $P = h\rho g$ 를 고려하면,

$$P(1 torr) = 10^{-3}m \times 1.3595 \times 10^4 kg \cdot m^{-2} \times 9.8m \cdot s^{-2}$$
$$= 1.333 \times 10^2 (Pa)$$

이고, 여기서 수은의 밀도는 $1.3595 \times 10^4 [kg \cdot m^{-3}]$ 이며, 중력 가속도는 $9.8 [m \cdot s^{-2}]$ 이고, 길이는 1 [mm]이다.

이제 앞에서 분류한 방식에 따라 다양한 진공 게이지에 대해 상세히 알아보고자 한다.

4.2 직접 측정 게이지

기체의 압력을 직접 측정하는 진공 게이지는 일반적으로 기체의 물리적인 성질과는 무관하다. 액체의 높이를 측정하여 압력차를 측정하거나 압력에 의한 기계적 변화를 측정하는 것으로 주로 저진공 영역에서 동작하게 된다.

4.2.1 액체 압력계

그림 4-4는 액체 압력계(liquid manometer)의 간단한 구조를 나타내는데, 가장 오래된 진공 게이지라고 할 수 있다. 구조는 U자형의 유리관에 들어있는 액체 높이의 차를 이용한 것으로 양단의 압력을 P_1과 P_2라고 하면, 압력의 차는 다음과 같다.

$$P_1 - P_2 = h\rho g \qquad\qquad\qquad (4-1)$$

여기서, h는 높이의 차이고, ρ는 액체의 밀도, g는 중력 가속도이다. 압력계의 액체는 증기압이 낮은 수은이나 확산 펌프유를 주로 사용하지만, 진공 시스템의 오염을 고려하여 주의해서 사용하여야 한다. 만일, 수은을 사용하면 20℃에서 수은의 증기압이 약 1.2 mtorr임으로 진공 시스템으로의 오염을 방지하기 위해 냉각 트랩을 사용하는 것이 바람직하다.

일반적으로 U자관의 한쪽은 기준 압력을 유지하여야 하기 때문에 기준 압력을 고진공으로 하는 밀폐형과 대기압으로 사용하는 개방형으로 구분한다.

액체 압력계는 주의하여 사용한다면 구조가 간단하고 정밀도가 높다는 장점 때문에 많은 매력을 갖고 있는데, 저밀도의 기름을 사용할 경우에 수은보다 비중이 작음으로 비교적 감도가 좋아지게 되며, 10^{-2} torr 정도까지 측정할 수 있다.

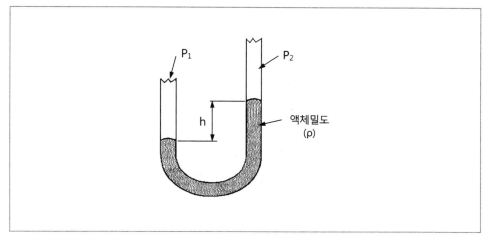

[그림 4-4] 액체 압력계의 구조

4.2.2 McLeod 게이지

McLeod 게이지는 압력계의 범위를 더 낮추기 위해 Boyle의 법칙을 이용한 것이다. 그림 4-5는 McLeod 게이지의 간단한 기본 구조를 나타낸다. 유리관의 주입구에 수은을 넣어 차단선 수준 이상으로 유지하여 압축되면 수은주의 높이 차이로 압력을 측정하게 된다. 측정하는 압력의 범위는 유리구와 모세관의 크기에 의존하지만, 보통 10^{-5} torr 정도까지 가능하다. 물론, 수은을 사용하기 때문에 진공 시스템의 오염이나 인체의 안전에 주의를 기울여야 하고, 따라서 수은 증기에 의한 오염을 방지하기 위해 액체 질소 트랩을 설치하는 것이 바람직하다.

McLeod 게이지의 동작원리를 살펴보면, 진공용기에 연결하여 압력이 떨어지게 되고 이때 수은주는 유리구를 통해 모세관으로 서서히 올라가게 된다. 그림에서 나타나듯이, 두 개의 모세관에서 높이의 차에 의해 압력은 위치 에너지인 $h\rho g$만큼 차이가 나며, Boyle의 법칙에 의해 다음과 같은 식이 성립한다.

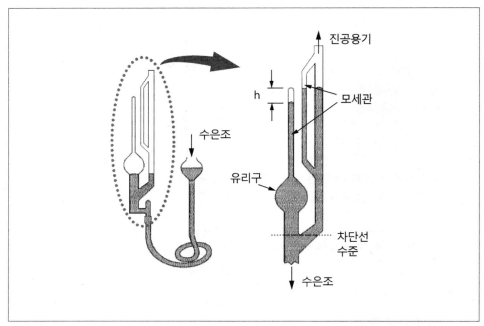

[그림 4-5] 간단한 McLeod 게이지의 구조

$$PV = P_f V_f = (P + h\rho g) \times Ah \tag{4-2}$$

여기서, A는 모세관의 단면적이고, ρ는 수은의 밀도이며, V는 유리구와 모세관의 체적이다. 상기 식을 압력 P에 대해 다시 정리하면,

$$P = \frac{A\rho gh^2}{(V - Ah)} \tag{4-3}$$

이고, 체적 변화분 Ah가 V와 비교하여 무시된다면, 압력은 다음과 같다.

$$P = \frac{A\rho gh^2}{V} \tag{4-4}$$

McLeod 게이지는 사용상 많은 주의를 기울여야 하는데, 먼저 높이를 측정하는 것이 매우 중요하며, 수은의 밀도, 중력 가속도 및 모세관 크기에 대해 잘 알고 있어야 한다. 특히, 증기 측정용으로 사용하는 것은 부적합하며, 압축과정에서 응축하기 때문에 상기 식을 적용하기 어렵다. 또한, McLeod 게이지의 가장 큰 단점으로는 유리관으로 만들어져 있어 부서지기 쉽다는 점이며, 동작이 서서히 이루어지기 때문에 압력이 연속적으로 변하는 경우에는 이를 측정하기 쉽지 않다.

4.2.3 부르동 게이지

부르동 게이지(Bourdon gauge)는 기계적인 압력계로써, 상대 압력을 측정하며, 대기

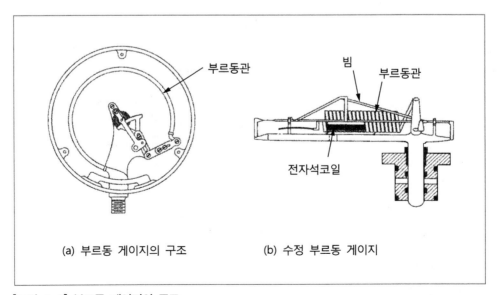

(a) 부르동 게이지의 구조   (b) 수정 부르동 게이지

[그림 4-6] 부르동 게이지의 구조

압 부근의 압력을 주로 측정한다. 그림 4-6에서 보여주듯이, 부르동관의 구조는 한쪽이 막힌 속이 빈 원형의 관에 지시침이 연결되어 있으며, 다른 쪽은 진공용기와 연결되어 가스가 배기되면 부르동관의 탄성 변화에 따라 곡률반경이 변하여 압력을 측정하는 원리이다. 일반적으로 부르동 게이지의 정확도는 그리 우수한 편이 아니지만, 구조가 간단하고 신뢰성이 있는 게이지로써, 주로 대기압보다 약간 낮은 1~0.1 torr 영역까지의 압력을 측정할 수 있다.

4.2.4 전기용량 게이지

격막을 이용하는 전기용량 게이지(capacitance diaphragm gauge; CDG)는 1960년대 산업용으로 개발되어 사용하고 있는데, 이러한 압력계의 기본 원리는 격막과 대응하는 전극 사이에 압력의 변함에 따라 전기용량의 변화를 측정하는 격막 게이지의 일종이다. 즉, 전기용량은 서로 대응하는 평행판 사이의 간격에 대한 함수라는 것을 이용한다.

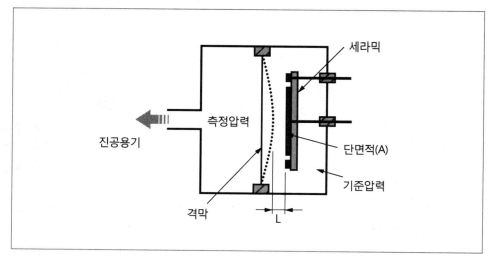

[그림 4-7] 전기용량 게이지의 구조

그림 4-7은 전기용량 격막 게이지의 간단한 기본 구조를 나타낸다. 전기용량(C)은 다음과 같은 식으로 표현할 수 있으며,

$$C = \epsilon \frac{A}{L}$$

(4-5)

여기서, ϵ는 유전율이고, A는 전기용량의 단면적이며, L은 전기용량의 간격이다. 그림에서 격막의 한쪽은 진공용기로 연결되어 진공도를 측정하고자 하는 부분이고, 다른 쪽은 10^{-7} torr 정도의 고진공을 유지하는 기준 압력이다. 기준이 되는 공간에는 세라믹 기판에 원판형 전극과 이를 감싸는 링 모양의 전극이 배치되어 이들이 브리지 회로를 형성하게 된다. 진공용기 쪽에 압력의 변화가 없으면, 브리지 회로는 일정한 값을 유지하지만, 압력의 변화를 일으키면 막의 변형이 발생하여 전극과 격막 사이에 전기용량의 변화를 나타낸다. 이때, 중앙에 원판형의 용량 변화는 크고 바깥쪽 링 모양의 전기용량 변화는 작기 때문에 브리지 회로에 균형이 깨진다.

전기용량 게이지의 단점으로는 온도 변화에 매우 민감하다는 점이며, 이러한 단점을 보완하기 위해 게이지 몸체를 항온조 내에 설치하여 사용하기도 한다. 반면에 장점으로는 모든 종류의 기체에 대해 게이지가 동작하기 때문에 반응성 기체를 사용하는 공정에서 많이 사용한다.

4.3 간접 측정 게이지

대부분의 진공 게이지는 간접 측정방식을 이용하는데, 이는 기체의 물리적인 특성을 이용하여 측정하는 게이지이다. 즉, 기체가 가지는 특성 중에서 열전달에 의한 방식이나 기체의 이온화를 이용하여 측정하는 게이지가 많이 사용되며, 본 절에서는 진공 시스템에서 주로 사용하는 진공 게이지에 대해 기술하도록 한다.

4.3.1 열전대 게이지

열전대 게이지(thermocouple gauge; TC gauge)는 필라멘트의 온도 변화를 열전대로 측정하는 게이지이다. 러핑 진공영역에서 주로 사용하며 구조가 간단하고 견고하지만, 다른 게이지에 비해 반응속도가 느리다는 단점이 있다. 이는 가열된 필라멘트를 식히기 위해 시간이 필요하기 때문이다. 그림 4-8은 열전대게이지의 기본 원리를 나타내는데, 가열된 필라멘트에 기체분자들이 충돌하게 되면 기체분자가 필라멘트로부터 열을 빼앗게 되고, 이때 기체의 양과 빼앗기는 열의 양이 관련되며, 이를 압력

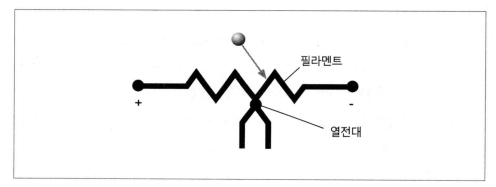

[그림 4-8] 열전대 게이지의 기본 원리

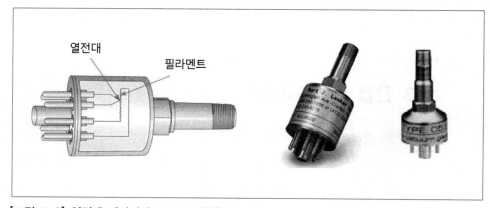

[그림 4-9] 열전대 게이지의 구조와 외형(참조: Kurt J. Lesker사)

으로 변환하게 된다.

열전대의 구조는 열기전력이 다른 두 개의 금속선을 접합하여 온도의 변화에 따른 전압의 차를 이용하여 온도를 측정하게 되며, 기체분자가 많을수록 온도가 떨어지게 되고, 이를 간접적으로 압력을 측정하게 된다. 그러나 진공용기 내에 기체분자가 많이 배기되면, 필라멘트와 충돌하는 기체분자의 수가 감소하여 필라멘트에 온도는 높은 상태를 유지하게 된다. 대체로 기체의 종류에 따라 열용량과 열전도성이 다르기 때문에 보정을 하여야 한다. 더구나 열전대에서 측정하는 온도와 압력 사이에 관계는 선형적이지 못하고, 또한 필라멘트의 표면 상태와 기체의 종류에 따라 열전도율이 변함으로 감도가 다르다. 그림 4-9는 열전대 게이지의 내부 구조와 외형을 보여준다.

4.3.2 피라니 게이지

피라니 게이지(Pirani gauge)의 기본 원리는 열전대 게이지와 유사하지만, 필라멘트의 열이 빼앗겨 발생하는 온도의 변화는 저항의 변화를 일으키며, 이를 측정하기

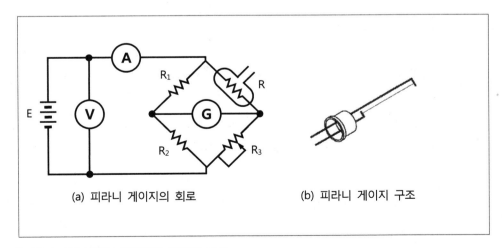

(a) 피라니 게이지의 회로   (b) 피라니 게이지 구조

[그림 4-10] 피라니 게이지의 원리와 구조

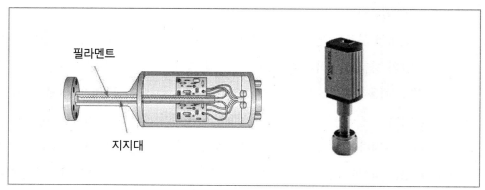

[그림 4-11] 피라니 게이지의 내부 구조와 외형(참조: Kurt J. Lesker사)

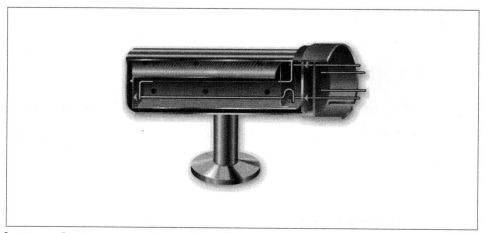

[그림 4-12] 대류 게이지의 내부 구조(참조: liannedunn.com)

위해 Wheatstone bridge에 한 요소로 이용하기 때문에 반응속도가 매우 빠르다. 압력의 측정 범위는 $2 \sim 10^{-3}$ torr까지 가능하며, 설계가 비교적 복잡하기 때문에 열전대 게이지 보다 비싼 편이다. 그림 4-10은 피라니 게이지의 기본적인 원리를 나타내고 있다. 즉, 피라니 게이지 내에 있는 기체분자들이 가열된 필라멘트와 충돌하여 열을 빼앗기 때문에 온도 변화를 일으키고, 이는 필라멘트의 저항 변화를 야기한다.

브릿지 회로에서 R_1과 R_2로 흐르는 전류와 R_3과 R로 흐르는 전류가 동일하면, 중앙에 검류계는 "0"을 나타내지만, 압력의 변화에 따라 필라멘트의 저항이 바뀌면 균형이 깨지며, 이와 같은 불평형 상태를 검출하여 압력을 측정하게 된다. 그림 4-11에서는 피라니 게이지의 내부 구조와 외형을 나타낸다.

4.3.3 대류 게이지

대류 게이지(convection gauge)는 기체분자의 대류에 의한 열전달 현상을 이용한 압력계이다. 대류 게이지의 기본 구조는 열전도에 의한 열손실을 측정하는 피라니 게이지와 유사하지만, 높은 압력영역에서 냉각하기 위해 대류작용을 이용하게 된다. 그림 4-12는 대류 게이지의 내부 구조를 나타낸다.

그림에서 보여주는 대류 게이지는 "convectron"이라는 상품명으로 널리 알려진 게이지로써, 가열된 필라멘트와 차가운 판 사이에 존재하는 기체분자에 의한 대류로 인하여 온도 차이가 줄어들게 되고, 이때 기체의 종류에 따라 열전달 특성이 다르기 때문에 주의하여야 한다. 일반적으로 게이지는 질소가스로 보정(calibration)하지만, 사용하는 기체에 따라 알맞게 보정하여야 한다. 대류 게이지의 설치는 대류를 이용하기 때문에 1 torr 이상의 경우에 수평으로 장착하는 것이 바람직하며, 그 이하에서는 어떤 방향으로 장착하더라도 무관하다.

4.3.4 열음극 이온 게이지

지금까지 기술한 게이지들은 주로 높은 압력인 러핑 영역에서 사용하는 것으로 이러한 게이지들은 압력이 떨어지면 감도가 저하하여 사용하기 부적합하다. 진공용기 내의 압력이 낮아지면, 기체분자의 밀도를 측정하여 압력을 알 수 있지만, 직접 측정하기는 쉽지 않다. 이온 게이지(ionization gauge)는 기체분자의 성질을 이용하여 동작하는 것으로 원자나 분자에 높은 에너지를 가하면 충돌에 의해 전자를 잃고 양이온이 되며, 이러한 기체분자의 밀도는 이온 전류를 측정하여 얻게 된다. 즉, 이온 전류는 기체분자의 밀도에 비례함으로 이를 통하여 압력을 잴 수 있으며, 이와 같은 방식으로 측정하는 압력계를 이온 게이지라고 한다.

그림 4-13은 일반적인 이온 게이지의 기본 원리를 나타내고 있다. 이러한 이온 게이지는 전자를 발생하는 방식에 따라 열음극형(hot cathode type)과 냉음극형(cold cathode type)으로 구분한다. 열음극형은 필라멘트에서 발생한 열전자를 이용하며, 냉음극형은 강한 전계를 인가하여 방출되는 전자를 이용한다.

일반적으로 이온 게이지라고 부르는 열음극형 이온 게이지(hot cathode ion gauge; HCG)는 고진공 및 초고진공영역에서 압력을 측정하는 압력계로써 널리 사용되고 있다.

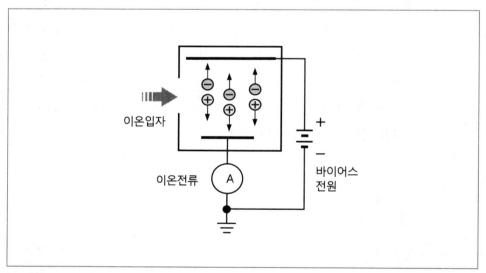

[그림 4-13] 일반적인 이온 게이지의 원리

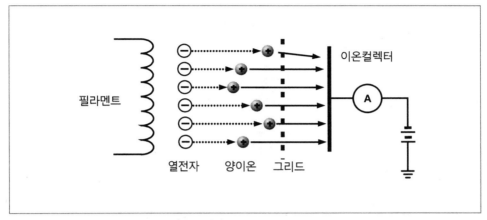

[그림 4-14] 열음극 이온 게이지의 기본 원리

그림 4-14는 열음극 이온 게이지의 기본 원리를 나타내며, 게이지 구조의 기본 요소
는 음극, 양극인 그리드와 이온 컬렉터로 구성되어 3극관형 이온 게이지라고 하기도
한다.

그림에서와 같이 필라멘트에서 방출된 열전자는 기체분자들과 충돌하여 이온화하
게 되고, 이때 열전자와 이온화 과정에서 발생하는 2차 전자는 양극인 그리드(+150
V)로 모이게 되며, 양이온은 -30 V 정도로 인가된 이온 컬렉터로 모여 이온 전류를
흐르게 하는데, 이를 압력으로 변환하게 된다. 이온 게이지의 압력범위는 진공 펌
프에서 공부한 이온 펌프와 유사하며, 10^{-3} torr에서 10^{-10} torr 정도의 영역까지 가능
하다.

열음극 이온 게이지는 처음 Buckley에 의해 개발되었으며, 이후에 많은 개발이 이루
어진 가운데 1950년 Bayard와 Alpert에 의해 개선된 3극형의 구조로 설계되었다.
그림 4-15는 Bayard와 Alpert가 개발한 열음극 이온 게이지의 구조를 나타내며, 일
명 Bayard-Alpert gauge(BAG)라고 한다. 그리고 그림 4-16은 진공용기에 직접 설치
할 수 있는 개방형 이온 게이지이다.

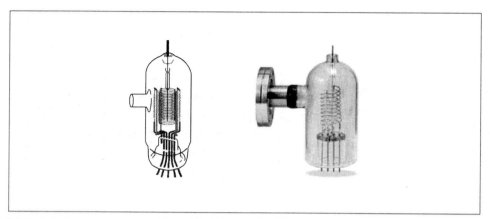

[그림 4-15] Bayard-Alpert 이온 게이지의 구조와 외형

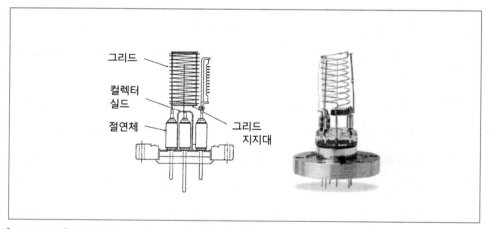

[그림 4-16] 개방형 Bayard-Alpert 이온 게이지의 구조와 외형

상기 두 그림에서 나타나듯이, 열음극 이온 게이지는 유리 용기에 싸여진 형태와 유리 용기 없이 직접 설치가 가능한 금속 용기형으로 나눌 수 있으며, 이러한 모양을 개방형(혹은 누드형) 이온 게이지라고 한다.

그림 4-17은 3극형 이온 게이지의 단면도를 나타내는데, 필라멘트에서 발생한 열전자는 약 150 eV의 에너지를 가진다. 이때, 열전자가 그리드에 충돌하면서 soft x-ray를 발생시키며, 또한 이러한 x-ray 광자가 이온 컬렉터와 충돌하여 광전자를 방출하

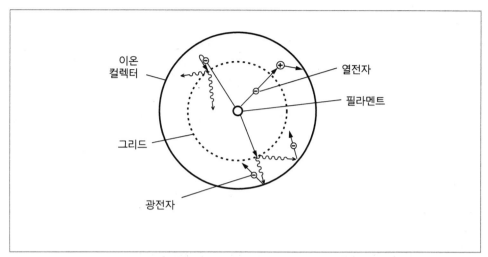

[그림 4-17] 초기 3극형 이온 게이지의 단면도와 원리

면 약한 이온 전류가 발생하게 되고, 이러한 현상을 광전 효과라 한다.

압력이 높은 경우에는 열전자에 의한 이온 전류가 크기 때문에 미약한 광전자에 의한 전류가 무의미하지만, 압력이 낮아지면 이온 전류가 매우 작아지므로 광전자에 의한 전류가 두드러진다. 3극형 이온 게이지의 경우에 측정이 가능한 하한 압력은 일반적으로 10^{-7} torr 정도이다. 이와 같은 이온 게이지의 측정 하한치를 낮추기 위한 방법으로 soft x-ray에 의해 발생하는 컬렉터에서의 광전자 발생률을 낮추어 잔류 압력을 줄이거나 게이지의 감도를 높여서 낮은 방출전자에 의한 전류를 검출하는 방식 등이 있다. Bayard와 Alpert는 광전자에 의한 효과를 줄여 초고진공 영역에서 측정할 수 있는 새로운 이온 게이지를 개발하게 되었다.

이들은 3극형 이온 게이지의 측정 한계가 soft x-ray에 의해 제한된다는 사실을 규명하였고, 이를 개선하기 위해 이온 컬렉터의 크기를 최대한 줄이는 방법을 제안하였다. 이와 같은 방법으로 개선된 새로운 Bayard-Alpert 이온 게이지의 단면도와 원리를 그림 4-18에서 나타낸다. 그림 4-17의 3극형과 비교하여 필라멘트를 이온 컬렉터로 바꾸어 크기를 줄였으며, B-A 게이지의 필라멘트를 그리드 밖에 설치하였다. 따

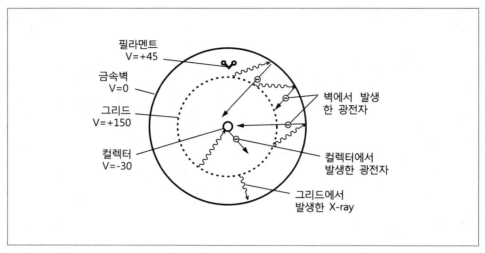

[그림 4-18] Bayard-Alpert 이온 게이지의 단면도와 원리

라서 B-A 이온 게이지에 의해 측정할 수 있는 압력범위를 10^{-10} torr까지 가능하게 만들었다. 대체로 높은 압력에서 이온 게이지의 필라멘트는 산화에 의해 타버릴 수 있기 때문에 2개의 필라멘트를 구성하게 된다.

이온 게이지의 필라멘트는 주로 텅스텐을 많이 사용하여 왔는데, 텅스텐은 고온에서 동작하는 반면에 뜨거운 복사열로 인하여 주변의 표면으로부터 기체를 방출시킬 뿐만 아니라, 화학적인 반응을 야기하기도 한다. 따라서 토륨(Th) 산화막인 토리아(Thoria)를 코팅한 이리듐(Ir)을 필라멘트로 많이 사용한다. 이외에 특수한 용도로 란타늄헥사보라이드(LaB_6)를 사용하기도 하는데, 이는 텅스텐보다 낮은 온도에서 동일한 양의 전자를 방출하며, 수소와 같이 고온에서 해리되는 생성물을 분석할 수 있다는 장점을 가진다. 또한, 무탄소 레늄(Re)은 텅스텐과 비슷한 고온에서 동작하지만 산화물이나 탄화물을 생성하지 않고 탄소와 같은 불순물이 적으며, 고온에서도 화학반응이 발생하지 않는다는 특징을 가진다.

이온 게이지는 구조, 설계 및 가동 조건에 따라 상대적인 감도에 많은 차이를 나타내며, 표 4-1은 다양한 기체에 대한 B-A 게이지의 상대감도를 나타낸다. 몇몇 연구가

〈표 4-1〉 다양한 기체에 대한 B-A 게이지의 상대감도

기체	상대감도	기체	상대감도
H_2	0.40~0.45	CO	0.90~1.11
He	0.13~0.16	Ar	1.25~1.48
Ne	0.24	Kr	1.78~1.95
O_2	0.77~0.93	Xe	2.65~2.82
H_2O	0.67~0.80	Hg	3.37~3.70
N_2	1.00	acetone	5.00

들은 이온 게이지의 구조나 종류에 따라 상대감도에 대한 많은 오차를 실험을 통하여 확인하였으며, 또한 가동 시간이 경과함에 따라 감도의 변화가 발생한다는 것을 알게 되었다. 특히 B-A 게이지의 경우, 감도의 변화에 특별한 규칙성이 없어 가동 조건에 각별히 주의를 기울여야 하며, 또한 교정하여 사용하여야 한다. 이러한 감도에서의 원인으로는 전자의 이동 경로에서의 변화나 그리드와 이온 컬렉터의 오염에 의해 야기되는 것으로 알려져 있다.

전자의 경로가 변하는 이유로는 먼저 필라멘트의 위치 변화에 의해 필라멘트 주변의 전위 분포가 달라질 수 있고, 둘째로 필라멘트의 결정방향에 따른 전자방출의 방향이 변할 수 있으며, 특히 온도나 표면 오염에 의한 변화도 있을 수 있다. 마지막으로 설치된 게이지의 주변 구조에 따라 전위분포가 변할 수 있다. 그리고 그리드나 컬렉터의 오염상태에 따라 전자나 이온이 방출되는 효율이 달라지며, 이러한 가동 조건이나 환경에 보다 세심한 주의를 기울여야 한다.

이와 같이 이온 게이지의 조건은 압력을 측정함에 있어 매우 중요하며, 충분히 탈가스(degas)를 시행하여 그리드나 컬렉터에서의 가스방출을 미연에 방지하여야 한다. 필라멘트의 경우에 게이지를 동작하면 급속히 탈가스하게 되며, 필라멘트의 높은 복사열이 주변의 가스를 방출하게 된다. 그러나 필라멘트의 가열만으로 게이지를 충분

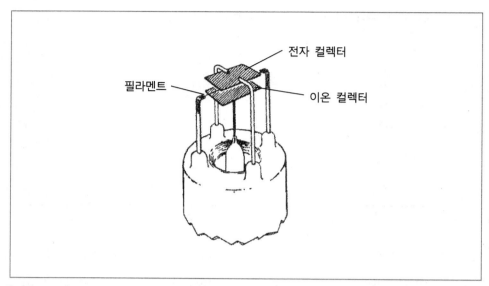

[그림 4-19] Schulz 이온 게이지의 구조

히 탈가스(degassing)할 수 없으며, 그리드에 전류를 인가하여 가열하거나 필라멘트
에서 방출하는 전자에 의해 그리드나 컬렉터에 충격을 가하기도 한다. 일반적으로
약 30분 정도의 탈가스 과정을 실시한다.

그림 4-19는 압력이 높은 경우에 주로 사용하는 Schulz 게이지를 나타낸다. 일반적
인 B-A 이온 게이지는 10^{-3} torr 정도의 압력까지 측정할 수 없는데, 이는 기체분자
가 많아지면 기체의 평균자유거리가 짧아져 이온 컬렉터에 도달하는 양이온의 수가
감소하며, 또한 필라멘트의 산화로 인하여 측정이 어렵기 때문이다. 높은 압력에서
측정하기 위해서는 게이지의 감도를 낮추어야 하며, 그림에서 나타나듯이 짧아진 평
균자유거리를 고려하여 필라멘트를 중심으로 상하에 놓이는 양극의 전자 컬렉터와
음극의 이온 컬렉터의 면적을 크게 하고 간격을 가깝게 구성한다. 이와 같은 구조의
Schulz 게이지는 1 torr 정도의 압력까지 측정할 수 있다.

4.3.5 냉음극 이온 게이지

이미 기술하였듯이, 열음극 이온 게이지의 가장 중요한 문제점은 필라멘트에서 발생하는 고온이 문제이다. 필라멘트는 보통 2000 K 정도의 고온으로 가열되어 동작하기 때문에 기체분자를 해리하거나 합성하여 필라멘트에 화학적인 변화를 일으키며, 필라멘트 표면의 변화를 야기한다. 즉, 이러한 필라멘트의 오염은 게이지의 감도를 저하시키며, 특히 압력이 높아지면 필라멘트가 산화되어 타거나 손상되는 등의 문제도 일으킬 수 있다.

이와 같은 문제점을 개선하기 위해 Penning이 냉음극 이온 게이지(cold cathode ion gauge)를 개발하였다. 그림 4-20은 냉음극 이온 게이지의 기본 구조를 나타내며, 유리 용기 내에 두 개의 음극과 원통형의 양극이 있고, 외부에 영구자석과 제어부 회로가 연결되어 구성된다. 압력범위는 열음극 게이지보다 약간 높지만, 필라멘트의 산화에 의한 오염이 없으며 가스방출과 같은 문제도 적고 구조가 간단하다는 특징을 가진다. 냉음극 게이지는 6.3절의 이온 펌프에서 기술한 바 있는 페닝방전(Penning discharge)을 이용하는데, 자기장과 전기장을 인가하여 페닝셀 내에 전자밀도를 증가시켜 이온화 효율을 증가시킨다. 이러한 냉음극 게이지는 1930년대 후반에 개발되어 1960년대까지 널리 사용되었으며, 동작 압력은 10^{-2}에서 10^{-7} torr까지 사용할 수 있다.

그림 4-21은 냉음극 이온 게이지에서 자기장과 전기장의 생성과 전자의 궤적을 나타내고 있다. 페닝셀 내에 자기장과 전기장을 인가하면 원통 안에 구속되어 전자의 밀도가 증가하며, 이러한 전자는 나선운동을 하면서 이동하여 기체분자와 충돌함으로써 양이온을 생성하게 된다. 따라서 기체분자의 이온화도를 증가시키고 양이온은 원통형의 양극을 상하로 감싸고 있는 두 개의 음극을 향해 이동하게 된다. 이와 같은 방전은 주로 전자에 의한 공간전하의 분포에 의존하며, 양이온은 전자보다 질량이 크기 때문에 자기장에 영향을 덜 받게 되고, 따라서 페닝셀 내에 존재하기 보다는 음극으로 끌려서 이동하게 된다. 이때, 외부 회로에 연결된 전류계에서 이온 전류를 측정하여 압력으로 환산하게 된다. 그리고 외부에서 인가하는 자기장은 보통 500 내

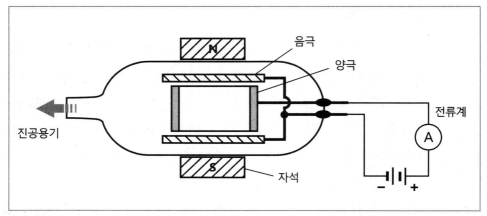

[그림 4-20] 냉음극 이온 게이지의 기본 구조

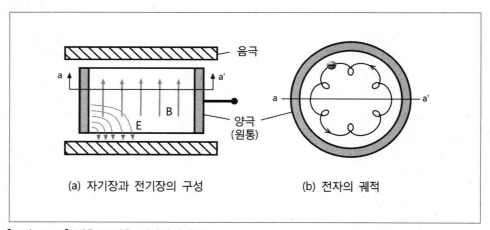

[그림 4-21] 냉음극 이온 게이지의 원리

지 5,000 gauss 정도로 원통의 양극에 수평하게 작용하도록 영구자석을 사용하며, 양극과 음극 사이에 걸리는 전압은 대략 2~3 kV 정도이다.

냉음극 이온 게이지의 단점이라 할 수 있는 동작 압력범위를 더욱 낮추기 위해 Young과 Hession은 트리거 게이지(trigger gauge)를 개발하였다. 기본 구조는 냉음극 게이지와 흡사하지만, 낮은 압력 하에서도 페닝셀 내에 전자를 효과적으로 구속하기 위해 강한 자기장을 인가하며, 초고진공의 영역에서 방전이 소멸되더라도 재생할 수 있도록 트리거용 필라멘트가 부착된다. 더욱이 트리거 게이지는 페닝 게이지보다 배기속도가 느리고, 감도가 높은 편이다.

이외에 실린더형 구조를 가진 냉음극 이온 게이지가 Beck 등에 의해 제안되었는데, 이것이 마그네트론 게이지(magnetron gauge) 및 역마그네트론 게이지(inverted magnetron gauge)이다. 마그네트론 게이지의 기본 구조는 페닝 게이지와 유사하며, 원통형의 양극 중심에 가느다란 선으로 음극을 장착하고 자기장은 원통의 길이 방향으로 가해준다. 만일, 음극과 양극의 위치를 바꾸면 역마그네트론 게이지가 된다. 이러한 게이지의 동작 압력은 초고진공 영역인 10^{-10} torr까지 측정할 수 있다.

그리고 열음극 이온 게이지와 냉음극 이온 게이지의 장점을 모두 살린 게이지가 1961년 Lafferty에 의해 개발되었는데, 이를 Lafferty 게이지라고 한다. 즉, 열음극 게이지의 정확한 압력 측정과 전자의 이동 경로가 긴 냉음극 게이지의 장점을 이용

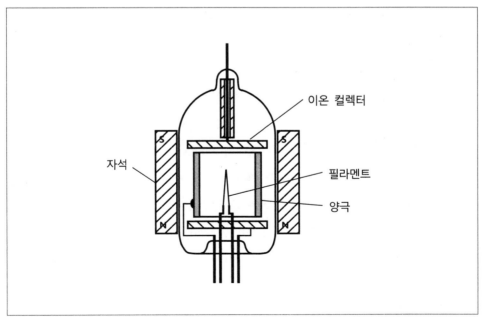

[그림 4-22] Lafferty 게이지의 구조

하였고, 일명 열음극 마그네트론 게이지라고 하기도 한다. 그림 4-22는 Lafferty 게이지의 기본 구조를 나타낸다. 원통형의 양극 중심에 필라멘트가 놓이며, 원통의 축 방향으로 자기장이 분포하여 필라멘트에서 발생한 전자가 나선운동으로 긴 궤적을 그리며 양극에 도달하기까지 기체분자와 충돌하여 이온을 생성하도록 한다. Lafferty 게이지의 감도는 매우 높으며, 방출전류가 매우 낮기 때문에 열음극 게이지의 단점인 soft x-ray의 발생을 줄일 수 있다.

4.4 잔류 가스 분석기

지금까지 공부해온 대부분의 게이지들은 기체의 종류를 구별하지 않고 압력을 측정하는 압력계로써, 진공 펌프를 이용하여 단순히 진공용기 내에 존재하는 다양한 기체분자들을 배기하는 경우에는 전체 압력을 측정하여 진공도를 나타내는 것으로 충분하였다. 그러나 진공 시스템에서 공정을 진행하거나 초고진공을 이용한 분야에서 정성적인 진공상태를 분석할 경우에는 전반적인 진공의 양뿐만 아니라 잔류하는 기체의 구성 성분이나 종류에 대한 정보가 중요하다. 즉, 공정을 진행하는 과정에서 진공용기 중에 전체 압력을 구성하는 각 기체에 대한 분압을 측정하고 분석하는 것이 유용하다. 이와 같이 진공용기 중에 잔류하는 기체의 성분이나 조성 등을 측정하는 것으로 잔류 가스 분석기(RGA; residual gas analyzer)라고 하고, 잔류하는 각 가스 성분의 압력을 측정하기 때문에 분압 게이지(partial pressure gauge)라고 하기도 한다. 따라서 이러한 분석기는 전체 압력뿐만 아니라 각종 기체의 분압을 측정하며, 고진공 혹은 초고진공 영역에서 동작한다.

이와 같은 잔류 가스 분석기의 기본 원리는 진공용기 내에 잔류하는 혼합 기체를 전자의 충격으로 이온화하고, 전기장과 자기장을 인가하여 이온의 질량에 따라 분리함으로써 각 질량에 따라 이온의 양을 검출하게 된다. 이때, 전자장은 이온의 질량을

〈표 4-2〉 다양한 기체의 이온화 에너지

기체 이온	이온화 에너지 [eV]	기체 이온	이온화 에너지 [eV]
H^{2+}	15.5	CO^+, $(C^+$, O^+, $CO_2^+)$	14.1, (20.9, 23.4, 41.8)
He^+	24.6	$C_2H_4^+$	10.5
CH_4^+	12.	O_2^+, (O^+)	12.1, (18.7)
NH_3^+	10.2	Ar^+, (Ar_2^+)	15.8, (43.5)
H_2O^+, (OH^+)	12.6, (18.1)	CO_2^+, $(CO^+$, O^+, $C^+)$	13.8, (19.4, 19.1, 22.7)
$C_2H_4^+$	11.4	$C_3H_8^+$	11.2
N_2^+, (N^+)	15.6, (24.3)	Kr^+	14.0, (38.4)

보다 세분화하기 위해 여러 가지 방식으로 인가하는데, 현재 가장 많이 사용하는 방식이 4극자형 질량 분석기(QMS; quadrupole mass spectrometer)이다. 일반적으로 분압 게이지의 헤드는 3가지 부분으로 구성하는데, 이온원(ion source), 질량 분석부 및 이온 검출부로 나눈다. 이온원은 열전자를 이용하여 기체분자를 이온화하게 된다. 표 4-2는 각종 기체분자에 대한 이온화 에너지를 나타낸다. 그리고 질량 분석부는 이온원에서 이온화된 이온의 질량과 전하의 비(mass-to-charge ratio; M/Z)를 이용하여 분리함으로써 분석한다. 4극자형 질량 분석기의 경우, 전극에 인가되는 전압을 변화시키면 순차적으로 질량 전하비에 따른 이온 전류를 측정한다. 이와 같이 이온을 검출하기 위해 금속으로 구성된 이온 컬렉터 전극을 이용하여 전류를 측정하며, 이러한 전극을 패러데이 컵(Faraday cup) 혹은 패러데이 컬렉터(Faraday collector)라고 한다.

그림 4-23은 4극자형 질량 분석기의 기본적인 구조를 나타내며, 필라멘트로부터 발생한 열전자는 4극자를 통하여 대응하고 있는 반대편에 양극을 향하여 이동하면서 기체분자들과 충돌함으로써 이온을 생성하게 된다.

이때 이온들은 질량별로 분류하여야 하며, 이는 시간적으로 분류하거나 공간적으로

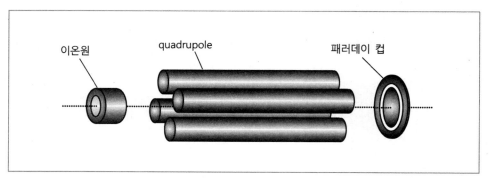

[그림 4-23] 4극자형 질량 분석기의 기본 구조

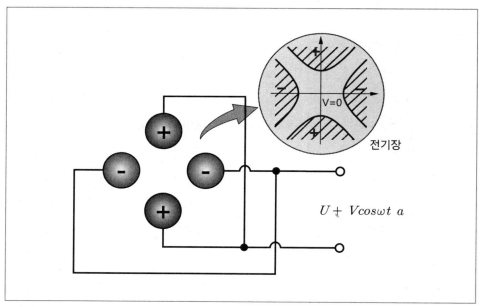

[그림 4-24] 4극자형 필터의 구성과 전기장

분류하게 된다. 4극자형 질량 분석기는 공간적인 방법으로 분류하는데, 그림에서 나타나듯이 4개의 원기둥 모양의 전극으로 4극자형 전기장(quadrupole field)을 형성하여 이온의 질량별로 분리하게 된다.

그림 4-24에서는 4극자형 필터의 원리와 전기장을 나타내고 있다. 그림에서와 같이

4극자형 질량 분석기에서는 자기장을 사용하지 않고, 전기장을 이용하는 것이 특징이다. 서로 마주보는 전극은 동일하지만, 이웃하는 전극은 반대이며, 이때 발생하는 전기장은 쌍곡선의 전위 분포로 그림에서 나타낸다.

$$V(+) = U + V cos \omega t$$
$$V(-) = -U - V cos \omega t \qquad (4-6)$$

인가되는 전기장은 dc와 rf 전압이 동시에 인가되며, 식에서 U는 dc bias이고, 전압의 크기는 U < V이다. 이와 같이 각각 두 쌍의 전극으로 구성된 금속 막대의 축방향으로 주어진 전압에 대해 특정한 이온만 통과하여 패러데이 컵에 검출되며, 이외에 무겁거나 가벼운 이온들은 4극자형 필터에서 접지되어 소멸된다. 이러한 방법으로 인가되는 전압을 순차적으로 변화시키면서 다른 이온들에 대해서도 필터로 분리하면서 측정하게 된다.

그림 4-25는 4극자형 질량 분석기의 분석 자료를 나타낸다. 그림에서는 많은 양의 수증기, 질소 및 산소에 대한 피크가 크게 나타났으며, 이는 진공용기의 공기 누설을 나타낸다. 그리고 그림 4-26은 4극자형 질량 분석기의 외형을 나타낸다.

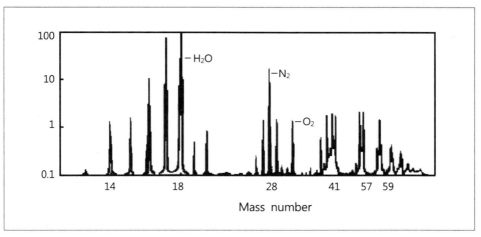

[그림 4-25] 4극자형 질량 분석기의 분석자료

[그림 4-26] 4극자형 질량 분석기의 외형

용어
정리

01. 압력계(pressure gauge): 기체나 증기의 압력을 측정하는 기기를 의미한다.

02. 진공계(vacuum gauge): 일반적으로 대기압보다 낮은 기체나 증기의 압력을 측정하는 기기를 의미한다.

03. 절대 진공계(absolute vacuum gauge): 다른 진공계를 참조하지 않고 기체의 종류에 관계없이 물리량의 측정만으로 압력이 얻어지는 진공계를 나타낸다.

04. 차압 진공계(differential vacuum gauge): 격리막이나 액체기둥과 같은 압력차를 감지하는 매체를 이용하여 양쪽에 가해지는 압력차를 측정하는 진공계를 의미한다.

05. 감도(sensitivity): 어떤 압력 하에서 진공계에 지시하는 눈금의 변화나 이에 상당하는 압력 변화에 대한 비율이다.

06. 비감도(relative sensitivity factor): 진공계의 어떤 기체에 대한 감도와 진공계의 동일한 조건 하에서 동일 압력의 질소에 대한 감도의 비를 나타낸다.

07. 감도계수(ionization gauge coefficient): 주어진 기체에 대하여 이온 진공계의 정해진 동작 조건 하에서 이온전류를 이온화하기 위한 전자전류와 압력의 곱으로 나눈 값을 나타낸다.

05

진공 누설

본 장에서는

진공 시스템에서 발생하는 누설의 기본원리에 대해 살펴보고, 진공 누설의 검출과 이에 대한 방지책에 대하여 공부하도록 한다.

진공 누설

Chapter **05**
Basic Vacuum Engineering

진공 시스템을 구성함에 있어 고려하여야 할 사항으로는 지금까지 기술한 것처럼 진공용기의 크기, 펌프나 게이지의 선정 및 각종 소재 등이 기초가 되어야 하고, 이를 토대로 진공도의 결정, 진공의 상태 및 진공 시스템의 효율적인 운영일 것이다. 이와 같은 중요한 고려사항들 중에 또 다른 요소가 바로 진공용기의 누설(leak)을 확인하는 것이다. 특히, 각종 진공 시험을 비롯하여 진공 시스템을 이용한 공정에 따라 다양한 방법으로 누설을 시험하게 된다. 사실, 진공 시스템에서 누설은 어떠한 방식으로든 발생하게 되며, 아무리 완벽하게 만들어진 진공용기라고 하더라도 누설이 없다고 말할 수 없다. 이와 같은 이유로 성능이 우수한 진공 펌프를 이용하여 진공용기 내에 기체분자들을 배기하여도 최종 압력 이하로 더 이상 내려가지 않게 된다. 그러나 진공 시스템을 설계하고 사용하고자하는 공정의 목적에 맞게 구성하기 위해서는 가능한 누설의 정도는 매우 작아야 하고, 이로 인하여 공정을 수행함에 있어 방해를 받지 말아야 하며, 더욱이 문제를 일으키지 말아야 한다. 따라서 진공 펌프를 이용하여 진공 시스템에서 진공을 발생시키고 지속적으로 유지하기 위하여 먼저 진공용기의 기체분자를 효율적으로 제거하고, 탈기체(outgassing)를 수행하며, 마지막으로 누설을 제거하여야 할 것이다.

본 장에서는 진공 시스템에서 발생하는 누설의 기초 이론, 발생원인, 검출방법 및 누설의 방지 등에 대해 기술하고, 또한 누설률(leak rate)에 대해 정의하도록 한다.

5.1 누설의 원리

이번 절에서는 진공 시스템에서 발생하는 누설의 기초 이론과 발생원인에 대해 기술하고자 한다.

5.1.1 누설의 기초

누설(leak)이란 압력의 차이나 농도의 차에 의해 진공용기에 존재할 수 있는 균열, 틈 및 구멍과 같은 의도하지 않은 부분을 통하여 기체나 액체가 흐르는 현상을 말한다. 그러나 일반적으로 진공용기에서 이와 같은 진공 누설을 찾아내기란 쉬운 것이 아니다. 진공 누설은 크게 두 가지로 나눌 수 있으며, 이는 실제 누설(real leak)과 가상 누설(virtual leak)로 구분한다. 그림 8-1에서는 실제 누설과 가상 누설의 예를 나타내고 있다.

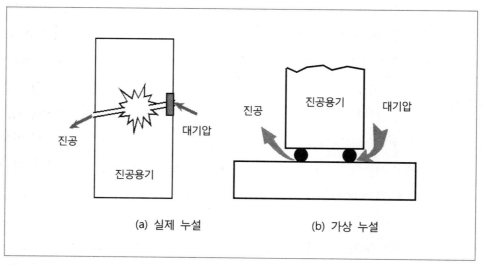

[그림 5-1] 진공용기에서의 누설

실제 누설은 진공용기나 각종 진공 부품의 연결부위에 갈라진 틈이나 구멍을 통하여 기체가 새는 것을 의미하고, 보통 실제 누설은 틈새 누설과 투과 누설로 구분된다. 틈새 누설이란 진공용기에 발생하는 균열이나 구멍과 같은 틈새를 통하여 새는 누설이다. 특히, 이러한 틈새는 진공용기를 세척하기 전에는 나타나지 않다가 세척한 뒤에 발생하는 경우가 많다. 일반적으로 나타내는 누설은 좁은 의미에서 틈새 누설을 말한다. 그리고 투과 누설은 투과 현상에 의한 것으로 유리를 통과하는 헬륨이나 은막을 투과하는 산소 및 O-ring을 관통하는 수소나 헬륨 등을 나타낸다. 실제 누설의 검출은 비교적 쉬우며, 진공 시스템에서 다루는 대부분의 진공 누설은 실제 누설이다.

가상 누설은 진공 시스템의 내부에서 아주 느리게 진행되며, 대부분 진공용기의 내부에 존재하는 기체로 인하여 발생한다. 예로써, 내벽에 붙은 수증기나 세척 후에 남을 수 있는 용액에서 가상 누설을 초래할 수 있다. 또한, 진공용기 내부를 맨손으로 만지거나 과량으로 사용된 그리스를 비롯하여 불필요하게 사용되는 소재나 내벽에 설치된 막힌 나사 홈이나 구멍 등에 의해 야기될 수도 있으며, 그림에서와 같이 이중으로 O-ring을 설치하는 것도 가상 누설을 만들 수 있다. 이와 같은 가상 누설은 잔류하는 기체가 완전히 소모되고 나서 비로소 희망하는 최저 압력에 도달하게 된다. 따라서 가상 누설의 경우 진공 시스템을 설계하고 제작하는 과정에서 주의를 기울여야 한다. 특히, 탈기체는 진공용기의 내벽 등의 고체 표면에서 떨어져 나오는 기체를 의미한다. 이와 같은 탈기체는 진공용기의 보이지 않는 곳에서 발생하여 진공장비를 무용지물로 만들 수 있는 진공의 바이러스와 같은 존재이다.

진공 시스템에서 이와 같은 누설을 정량적으로 표현하기 위해서는 누설률(leak rate)과 누설의 크기로 나타내는데, 누설률이란 단위 시간당 진공용기로 유입되는 기체의 양을 의미하며, 이를 식으로 나타내면 다음과 같다.

$$Q = \frac{(P_2 - P_1) \cdot V}{t} \tag{5-1}$$

여기서, Q는 누설률이고, P_1과 P_2는 각각 t=0에서 진공 시스템의 압력과 시간 t에서의 내부 압력이며, V는 진공용기의 부피이다. 즉, 진공 시스템에서 누설에 따른 가스의 흐름은 이미 2장에서 기술한 기체 법칙으로 적용되며, 누설 부위에서 양쪽의 압력 차이에 의한 기체의 유량으로 결정된다. 그러므로 누설률의 단위는 단위 시간당 기체의 유량으로 나타나며, [torr·L/sec]이다. 그러나 공학 분야에서 누설률은 간혹 [std·cc/sec]로 나타내기도 하며, 이는 표준 1 cc/sec의 누설률이 0℃에서 표준 대기압을 의미하고, 760 torr의 압력 하에서 누설을 통하여 유입되는 기체의 양이 1 cc라는 것을 나타낸다. 따라서 1 [std·cc/sec]는 0.76 [torr·L/sec]와 같은 단위이다. 일반적으로 누설률은 단순히 가스의 체적이라고 간단하게 생각하기 쉽지만, 식 (8-1)에서 압력은 단위 면적당 힘을 의미하기 때문에 식에서 분자는 에너지를 나타낸다. 그러므로 누설률은 물리적인 의미로써 단위 시간당 에너지의 변화량을 나타내며, 이는 일률을 의미하게 된다.

이와 같은 누설의 크기는 누설 구멍의 크기, 형상 및 구멍의 컨덕턴스를 이용하여 나타내게 되며, 일반적으로 구멍을 통해 유입되는 기체의 유량이 바로 누설이다. 동일한 구멍이더라도 누설 유량은 온도, 기체의 종류와 구멍에서의 압력 등에 의해 변하게 된다. 사실, 완벽하게 누설을 차단할 수 있는 진공 시스템은 불가능하며, 진공용기 내에서의 작업이나 공정에 아무런 영향을 주지 않는 미세한 누설이나 진공용기의 최저 압력과 기체의 구성에 영향을 미치지 않을 정도의 누설이라면 결코 문제시되지 않을 것이다. 또한, 이러한 누설은 충분한 용량을 가진 진공 펌프에 의해 배기함으로써 극복될 수 있을 것이다. 그러나 아무리 배기속도가 큰 펌프를 사용하여 누설 문제를 해소하려고 시도하는 것보다는 차라리 진공 시스템의 누설 원인을 파악하여 이를 제거하는 것이 훨씬 경제적일 것이다.

압력이 낮아질수록 누설에 대한 제한도 엄격해진다. 예로써, 표 5-1은 여러 종류의 공정에 대한 허용 누설률을 나타내는데, 적용하고자 하는 공정이나 시스템에 따라 허용되는 누설률의 범위가 매우 크다는 것을 알 수 있다.

〈표 5-1〉 적용공정에 따른 허용 누설률

적용공정 및 시스템	허용누설률 [std·cc/sec]
화학공정 장비	$1 \sim 10^{-1}$
토크 변환기	$10^{-3} \sim 10^{-4}$
탄산음료용 캔	$10^{-5} \sim 10^{-6}$
진공공정 장비 및 응용	$10^{-6} \sim 10^{-7}$
반도체 공정 및 패키지	$10^{-7} \sim 10^{-8}$
진공 시스템용 부품	$10^{-9} \sim 10^{-10}$

5.1.2 누설의 원인

진공 시스템에서 누설의 원인으로는 여러 가지가 있으며, 이미 제2장에서 기술하였듯이, 진공용기의 누설에 의한 요소 이외에 진공용기에서 사용하는 재료로부터 발생하는 증발이나 탈착 등에서도 일어나게 된다. 그림 2-12에서 기술한 바 있는 진공용기로부터 발생하는 증기나 가스의 근원을 그림 5-2에서 다시 나타내고 있다.

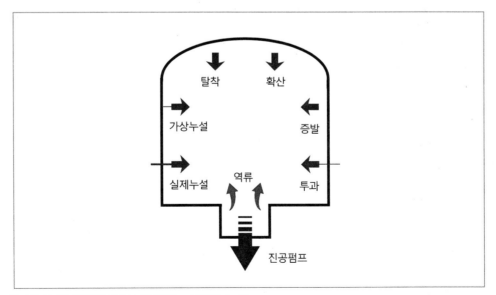

[그림 5-2] 진공용기에서 발생하는 증기와 누설

진공 누설의 발생원인으로는 먼저 진공용기를 제작하는 과정에서 용접하게 되는 부분이나 진공 게이지를 설치하는 연결 부분 등에서 발생할 수 있다. 특히, 진공용기를 가공하는 경우에 표면처리를 잘못하여 표면의 거칠기 상태나 오염 등으로 누설을 일으킬 수 있다. 또한, 진공용기에 적용하는 소재에 미세 균열이나 구멍 등의 결함으로 누설이 발생할 수 있으며, 재료를 선정함에 있어 용도에 맞지 않게 잘못 사용하더라도 누설의 원인을 초래할 수 있다. 그리고 이중용접이나 깊은 나사골의 틈새 등에서 가상 누설이 생길 수 있다.

진공 시스템을 동작하기 위해 정상적으로 진공 펌프를 가동하여도 최저 압력에 도달하기가 예상보다 미흡하다면 먼저 실제 누설을 고려하게 되며, 다음으로는 진공용기의 오염이나 내벽에서의 기체 방출에 기인할 수 있음을 고려하여야 한다. 이와 같은 누설의 요인은 제4장에서 기술한 잔류 가스 분석기를 이용하면 쉽게 알 수 있으며, 또한 압력 상승법으로도 파악할 수 있다. 즉, 진공용기를 최저 압력으로 낮추고 진공 펌프를 차단하면 용기 내의 압력이 상승하게 되는데, 만일 압력이 일정한 속도로 빠르게 상승한다면 이는 실제 누설에 의해 공기가 용기 내로 유입되는 것을 나타내며, 반면에 용기 내벽에서 방출되는 기체에 의한 것이라면 시간이 지나면서 방출되는 기체의 양은 감소하게 될 것이다. 그림 5-3에서는 진공 펌프를 밸브로 차단한 후, 진공용기에서 누설의 크기에 대한 결과를 나타내고 있다.

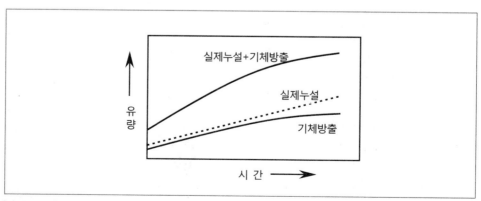

[그림 5-3] 진공용기의 최저 압력으로부터 압력 상승

이러한 누설의 크기에 대한 정보를 확인하기 위해 압력 상승법은 매우 유용하며, 임의의 낮은 압력에 도달하면, 밸브로 용기와 진공 펌프를 차단하고 압력이 약 10배 정도로 상승하는데 걸리는 시간을 측정한다. 다시 밸브를 열어 펌프로 배기는 과정을 반복하여 배기하여야 하는 시간과 진공 시스템에서 누설의 크기를 알 수 있다. 즉, 압력이 낮아질수록 배기 시간은 단축되는데, 이러한 반복 시험에서 압력 상승시간이 일정하다면, 실제 누설이 있다는 의미이다. 그러나 압력이 상승하는 정도가 줄어들면 이는 기체방출에 의한 것이다. 그러므로 압력이 상승하는 곡선을 살펴보면, 누설이나 기체방출의 원인을 알아낼 수 있다.

일반적으로 진공 시스템에서 누설 크기의 분포를 살펴보면, 진공 누설이 가장 많이 발생하는 범위는 $10^{-2} \sim 10^{-5}$ std·cc/sec라고 알려져 있다. 이는 진공용기를 제조하는 과정에서 만들어질 수 있는 각종 진공부품의 연결 부분이나 용접 부분에 균열과 구멍 등을 통하여 공기가 용기 내부로 유입되는 것을 의미한다. 반면에 10^{-1} std·cc/sec 이상이나 10^{-7} std·cc/sec 이하에서는 매우 작은 누설이 측정되며, 특히 10^{-8} std·cc/sec 이하에서 발생하는 누설의 경우는 진공용기를 관통하여 투과되는 기체분자에 의한 것이다. 이는 진공 시스템을 제조하면서 적절한 재질을 사용하지 않은 결과로 나타난다. 따라서 진공 압력범위에 적합한 재료를 선정하는 것이 얼마나 중요한지를 알 수 있다.

5.2 누설의 검출

진공 시스템에 있어 사용하는 공정의 종류에 따라 상당히 많은 진공 부품과 연결되며, 이러한 부품을 통해 유입될 수 있는 수 Å정도의 크기를 가진 기체분자를 차단하기란 결코 쉬운 작업이 아니다. 그러나 원활하게 진공 시스템을 사용하기 위해서는

〈표 5-2〉 진공 누설의 검출 방법

진공법	• 소리 탐지법	
	• 스파크 방전법	
	• 방전관법	
	• 압력 변화법	• 압력 상승법
		• 덮게 이용법
		• 진공계 감도차 이용법
	• 잔류 가스 분석기	• 헬륨 분사법
		• 덮게 이용법
		• 적분법
가압법	• 기포 검사법	
	• 초음파 검출법	
	• 할로겐 검출기	
	• 전자 포획형 검출기	
	• 헬륨 누설검출기	• 흡입 탐침법
		• 가압 적분법
		• 진공 용기법

누설은 반드시 차단하여야 하며, 최소한 허용되는 누설률을 확인하거나 정량적으로 누설량을 측정하여야 할 것이다.

표 5-2에서는 진공 누설을 검출하는 여러 가지 방법을 분류하고 있다. 진공 누설을 검출하는 방법으로는 크게 진공법과 가압법으로 대별하며, 여기에 침투법이 추가되기도 한다. 진공법은 누설을 확인하고자 하는 장비나 부품에 진공 펌프를 연결하여 배기하고, 누설의 부분에 가스를 투여함으로써 검출 센서로 검출하는 방식이다. 반면에 가압법은 대기압보다 높은 압력으로 조성하고 측정 가스를 투여하여 외부로 새어 나오는 가스를 검출하는 방식이다. 그러나 이러한 방식은 진공 시스템에서는 오염과 같은 문제를 내재할 수 있기 때문에 사용하지 않으며, 주로 진공법을 적용하게 된다.

한 종류의 진공 시스템을 오래 사용해온 전문가들은 최저 압력에 도달하는데 걸리는 시간을 토대로 누설의 여부를 빨리 확인할 수 있지만, 새로운 부품이 결합되거나 다른 진공 시스템을 사용할 경우에는 역시 누설의 여부를 판단하는데 약간의 시간이 소요된다. 따라서 누설이 의심될 경우에는 몇 가지 방법을 선택하여 누설이 발생하는 원인을 검사하게 된다.

5.2.1 압력 변화법

진공 시스템에서 누설을 확인하는 가장 기본적인 방법으로 진공 게이지를 이용한 압력 상승법과 게이지 감도차를 이용하는 방법 등이 주로 사용된다. 일반적으로 고진공이나 초고진공 시스템의 경우에 열전대 게이지와 같은 간단한 러핑 영역의 진공 게이지와 이온 게이지와 같은 고진공 영역의 게이지를 여러 개 장착하여 사용한다. 압력 상승법은 진공용기의 압력을 최저 압력영역까지 내린 후에 밸브를 이용하여 진공 펌프를 완전히 차단하고 압력이 상승하는 과정을 확인하면서 검출하는 방법이다. 따라서 고진공 영역에서는 이온 게이지를 확인하고 러핑 영역에서는 주로 열전대 게이지를 이용하게 된다. 그러나 게이지의 감도차를 이용하는 경우에는 진공 펌프를 통하여 정상적으로 압력을 떨어뜨리면서 누설이 의심되는 부분에 아세톤이나 알코올을 뿌려 게이지의 변화를 검출하게 된다. 이때, 열전대 게이지는 저진공 영역에서 누설을 검사하게 되며, 일시적으로 압력이 증가하는 현상을 게이지로 검출한다. 이는 아세톤이 공기에 비해 게이지 감도가 크기 때문에 누설이 예상되는 부분에 뿌리면 갑작스런 게이지 눈금의 변화를 확인할 수 있다. 그러나 이러한 방법은 정교한 검출법이 아니며, 균열이나 구멍으로 유입된 아세톤이 진공에서 얼어 누설 경로를 한시적으로 막아 압력이 감소하기도 한다. 또한, 오일 회전 펌프에 아세톤을 사용하게 되면, 오일이나 O-ring에 붙은 그리스와 반응하여 문제를 일으킬 수 있으며, 전기적 연결부위에 뿌리게 되면 화재의 위험도 매우 높기 때문에 주의를 필요로 한다.

고진공 게이지의 경우에는 아세톤이나 알코올 이외에 부탄(butane), 이산화탄소, 수소 및 벤젠 등의 기체를 누설이 예상되는 부위에 뿌려서 사용하게 된다. 이는 이온 게이지의 감도가 기체분자의 이온화에 의한 것이며, Pirani 게이지는 기체의 종류에 따라 열전도율이 다르기 때문이다. 특히, 확산 펌프의 경우는 감도가 큰 헬륨이나 부탄을 주로 사용하며, 터보 펌프를 장착한 진공 시스템에서는 압축비가 작은 헬륨을 사용하게 된다. 그리고 크라이오 펌프의 경우에는 헬륨, 이산화탄소나 산소도 사용하며, 이온 펌프의 경우에는 아르곤 가스를 주로 사용하여 검출하게 된다.

5.2.2 잔류 가스 분석기

고진공이나 초고진공 시스템에서 누설을 감지하기 위해 가장 많이 사용하는 방법이 바로 잔류 가스 분석기를 이용하는 것이다. 이는 누설에 대한 감도가 매우 우수하며, 신뢰성이 좋고, 또한 사용하기가 매우 용이하다는 이유 때문이다.

〈표 5-3〉 대기 중에 공기의 구성

기체 구성	비율 [%]	부분압 [torr]
질소	78.08	593.40
산소	20.95	159.20
아르곤	0.93	7.10
이산화탄소	0.03	0.25
네온	0.0018	1.38×10^{-2}
헬륨	0.0005	4.00×10^{-3}
크립톤	0.0001	8.66×10^{-4}
수소	0.00005	3.80×10^{-4}

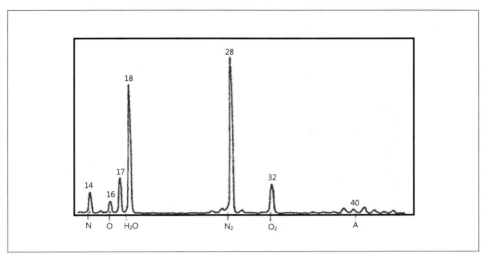

[그림 5-4] 잔류 가스 분석기로 검출한 진공용기의 대표적인 성분

표 5-3에서는 대기 중에 포함하고 있는 기체분자들의 구성 비율과 부분압력을 나타내고 있다. 또한, 그림 5-4는 잔류 가스 분석기로 검출한 진공용기의 성분을 나타내고 있다.

잔류 가스 분석기를 이용하여 진공 시스템의 누설을 검출하기 위해 가장 많이 사용하는 가스가 헬륨(helium)이다. 이는 상기 표나 그림에서 알 수 있듯이, 대기 중에 헬륨이 차지하는 비율이 매우 낮으며, 즉 누설을 검출할 경우에 유입되는 기체와 구별하기 상당히 쉽기 때문이다.

잔류 가스 분석기로 누설을 검출하는 경우, 주로 헬륨을 탐지 가스로 사용하는 구체적인 이유를 살펴보면 다음과 같다.

① 헬륨은 불활성 기체 중에 가장 가볍다. 따라서 미세한 균열이나 구멍을 통한 누설이라 하더라도 검출하는데 감도가 좋으며, 잔류 가스 분석기를 이용하여 쉽게 검출할 수 있다.

② 헬륨은 누설검사가 용이하다. 이는 이미 그림 5-4에서 기술하였듯이 대기 중에서 극소량 포함하고 있음으로 검출하기 전에는 거의 0이지만, 누설을 통해 유입되는

공기에 포함하게 되면, 쉽게 구별할 수 있다.

③ 헬륨을 통해 비파괴 누설 검사가 가능하다. 즉, 헬륨을 이용하여 검출하는 과정은 진공 시스템을 전혀 파괴하지 않고 정상적으로 유지하면서 검사하는 방식이다.

④ 헬륨은 독성이 없으며, 가연성이나 폭발의 우려가 없다는 점과 다른 불활성 기체에 비해 값이 싸다는 장점을 가진다. 특히, 헬륨은 마시더라도 인체에 해를 끼치지 않기 때문에 안전하지만, 많이 마시게 되면 질식할 수 있음으로 주의하여야 할 것이다.

이와 같은 4가지 장점으로 헬륨은 잔류 가스 분석기를 통해 주로 사용하는 기체이며, 이상적인 가스로 여겨진다.

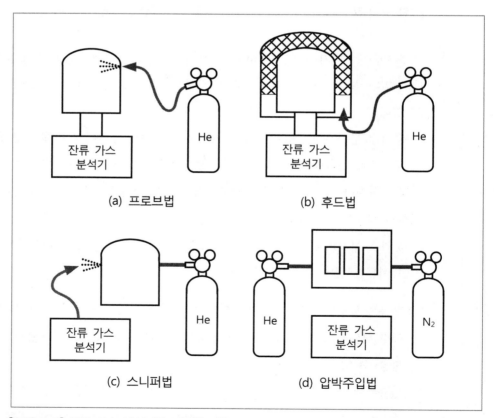

[그림 5-5] 잔류 가스 분석기를 이용한 검출 방식

그림 5-5에서는 헬륨 가스를 이용하여 잔류 가스 분석기로 누설을 검출하는 4가지 방식을 나타내고 있다. 그림에서와 같이 잔류 가스 분석기를 이용하여 누설 부위를 추적하는 방법은 프로브법(probe test), 후드법(hood test), 스니퍼법(sniffer test) 및 압박주입법(bombing test)으로 분류한다.

❶ 프로브법

가장 흔하게 사용하는 검출 방법으로 잔류 가스 분석기의 프로브를 진공용기에 장착하고, 누설이 예상되는 대상 부위에 헬륨 가스를 뿌려가면서 추적하는 방식이다. 누설 위치를 비교적 용이하게 찾을 수 있으며, 누설의 크기도 파악할 수 있다. 정밀하게 검사하기 위해 대상물의 추적 위치를 위에서 아래 방향으로 순차적인 방식이 유효하며, 또한 누설의 감도를 높이기 위해 검사하지 않는 부분은 격리하는 것이 바람직하다.

❷ 후드법

검사하고자 하는 용기나 부품을 비닐이나 후드로 덮어씌우고 이 안에 헬륨 가스를 주입하여 누설을 검출하는 방식이다. 이와 같은 방법은 검출 대상물의 누설 여부를 빨리 파악할 수 있다는 것과 전체 누설률을 알 수 있다는 장점이 있다. 즉, 후드법은 주로 산업체에서 사용하는 방법으로 미세한 누설을 추적하는 것보다는 규모가 큰 누설을 감지하여 생산을 높이기 위해 많이 사용하게 된다.

❸ 스니퍼법

스니퍼법은 프로브법과 반대로 누설을 확인하고자 하는 용기나 부품의 내부로 헬륨 가스를 주입하여 균열이나 구멍으로 새어나오는 헬륨을 잔류 가스 분석기로 검사하는 방식이다. 이러한 방법은 검출하려는 부분에 스니퍼 프로브를 사용하게 되며, 대기 중으로 빠져나온 헬륨은 분산되기 때문에 감도가 떨어지고, 누설률을 알기가 어렵다.

❹ 압박주입법

헬륨을 주입할 수 없는 밀봉된 부품의 경우에 주로 사용하는 방법으로 큰 용기 속에 부품을 넣고, 장시간 동안 헬륨을 고압으로 압박주입하게 되면, 누설 대상 부위로 헬륨이 파고 들어가게 된다. 이후, 용기 내에 헬륨을 배기하고 부품에서 방출하는 헬륨 가스를 추적하는 방식이다. 이와 같은 방식은 다량의 소형 부품을 동시에 검출할 수 있다는 특징을 가진다.

5.3 누설의 방지

진공 시스템을 설계하고 제작함에 있어 가장 중요한 문제인 누설은 발생하지 않도록 주의하여야 한다. 이제, 누설의 방지 및 유지를 위해 주의할 사항을 살펴보기로 한다.

① elastomer에서 가스의 투과나 가스의 방출을 고려하여 허용 누설률을 파악한다.
② 누설 검출에 대한 방법을 고려한다.
③ 용접에 있어 외측 용접, 이중 용접 및 응력을 가하는 용접 등을 사용하지 않는다.
④ 구조적으로 용접부에 가해지는 응력을 피한다.
⑤ 두께가 다른 부품의 용접은 삼간다.
⑥ 누설 검사가 용이한 방식으로 진공 시스템을 제작한다.
⑦ 축의 길이방향으로 표면이 긁히지 않도록 주의한다.
⑧ 진동에 의한 헐거워지는 점을 고려한다.
⑨ 가능한 누설이 발생하지 않는 재료를 사용한다.
⑩ 누설 검사는 대기압에 가까운 부분에서부터 실시한다.
⑪ 후드법에 의해 먼저 전체 누설에 대한 검사한다.

⑫ 진공 게이지나 잔류 가스 분석기를 이용하여 누설의 유무를 확인한다.

진공 시스템에서 완벽하게 누설을 제지하기는 매우 어려우며, 모든 진공 시스템은 누설이라는 고민거리에서 완전히 자유로울 수는 없다. 그러나 허용되는 범위 내에서 누설은 결코 커다란 문제가 될 수도 없으며, 진공 시스템의 용도에서 미세한 누설은 무시하여도 될 것이다.

용어
정리

01. 누설(leak): 압력차나 농도차에 의해 진공 시스템에 의도하지 않는 구멍이나 틈을 통해 기체나 액체가 흐르는 현상을 말한다.

02. 누설률(leak rate): 단위 시간당 진공용기로 유입되는 기체의 양을 의미한다.

03. 실제 누설(real leak): 진공용기에 실제로 구멍이 발생하여 외부의 기체분자나 공기가 유입되는 현상이다.

04. 가상 누설(virtual leak): 진공용기의 내부의 은밀한 곳에 포획되어 있던 기체분자들이 빠져나오는 것으로 그 양이 많아 마치 진공용기의 외부에서 유입되는 것처럼 보이는 누설을 말한다.

05. 잔류 가스 분석기(residual gas analyzer): 고진공이나 초고진공 시스템에서 누설을 감지하기 위해 가장 많이 사용하는 장비로써, 누설에 대한 감도가 매우 우수하며, 신뢰성이 좋고, 또한 사용하기가 매우 용이하다는 장점을 가진다.

06. 질량 손실율(mass loss): 진공 상태에 노출된 재질의 탈기체 특성을 결정하기 위해 측정하는 기술로써, 주어진 단위시간 동안에 특정 온도와 진공도로 유지하는 조건에서 시험물질로부터 나오는 기체의 상대적인 질량 변화를 의미한다.

$$mass\,loss\,[\%] = \frac{m_i - m_f}{m_i} \times 100$$

여기서, m_i는 시험 전의 물질의 질량이고, m_f는 시험 후에 물질의 질량이다.

Part II
Basic Vacuum Engineering
공정 기술

Chapter

06

TFT 제조공정

본 장에서는

TFT 제조공정에서 박막 트랜지스터에 대해 기술하고, 증착공정, 노광공정, 식각공정 및
세정공정의 원리, 구조 및 특성 등에 대해 알아보기로 한다.

TFT 제조공정

6.1 박막 트랜지스터(TFT)

박막 트랜지스터 공정은 반도체 제조 공정과 거의 동일한 과정이다. 단지, 박막 트랜지스터는 투명한 기판 위에 반도체 물질(Si이나 Ge 등)을 이용하여 소자를 제작하는 반면에 반도체 공정은 단결정 실리콘 웨이퍼(wafer) 사용하여 소자를 제작한다. 따라서 단결정 실리콘 위에 제작된 소자에 비해 유리(glass)나 석영(quartz) 위에 제작된 소자는 전기적 특성과 신뢰성이 훨씬 떨어진다. 또한, 웨이퍼 대신에 투명 기판을 사용하므로 반도체 공정의 경우에 1,000℃ 이상의 공정 온도를 갖지만 박막 트랜지스터 공정은 투명 기판을 사용하기 때문에 기판의 종류에 따른 공정 온도를 유지해야 하므로 오히려 제조하기가 까다롭다.

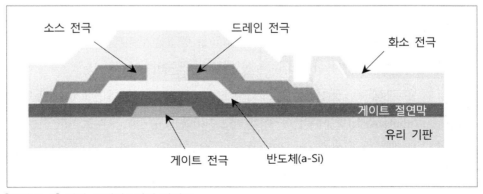

[그림 6-1] 박막 트랜지스터의 단면도

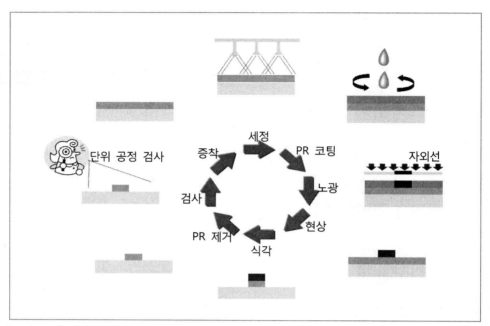

[그림 6-2] 박막 트랜지스터의 마스크 공정주기

하지만, 웨이퍼 위에 제조된 소자는 빛을 투과하지 못하므로 광을 이용하는 소자나 장치에는 적용이 불가하다. 이를 만족시키는 위해서는 반드시 투명 기판 위에 제조된 박막 트랜지스터를 사용해야 한다. 그림 6-1은 가장 일반적인 bottom gate형 박막 트랜지스터의 단면도를 보여 주고 있다.

박막 트랜지스터 공정은 박막 증착(thin film deposition) 공정, 노광 (photolithography) 공정, 식각(etching) 공정을 반복하여 투명 기판 위에 박막 트랜지스터를 배열하여 제작하는 공정이다. 일반적으로 박막 증착 → 노광 → 식각 공정을 통해 한 층(layer)을 제조한다. 그리고 이러한 과정에서 하나의 포토 마스크 (photomask)를 사용한다. 이를 마스크(mask) 공정이라 부르기도 하며, 위 과정을 반복하는 것을 일컫는다. 따라서 마스크를 줄이는 것은 마스크 하나를 이용하는 공정 전체를 줄일 수 있기 때문에 시간과 비용을 상당히 절감할 수 있다. 그림 6-2에 이와 같은 과정을 더 상세하게 표현하고 있다.

6.2 박막증착(thin film deposition) 공정

박막 트랜지스터(TFT) 제작에 많이 쓰이는 박막은 반도체 제작에 쓰이는 것과 매우 유사하며, 물리적 혹은 화학적 반응에 의해 기판 위에 원하는 물질을 얇게 쌓는 층을 말한다. 박막은 원하는 특성에 따라 두께나 물질이 적합하도록 조절이 가능하여야 하고 결함이 없어야 한다. 물리적 기상 증착(physical vapor evaporation)은 박막 물질(source)에 강한 에너지를 가하여 물리적으로 물질을 분해하고 기화시켜서 원하는 기판 위에 쌓이게 하여 박막을 형성한다. 화학적 기상 증착(chemical vapor evaporation)은 원하는 물질을 비교적 낮은 온도에서 화학 반응으로 만들어진 기체를 이용하여 기판에 원하는 물질을 쌓이게 함으로서 박막을 형성한다. 화학적 기상 증착은 고순도의 박막과 조성을 쉽게 조절이 가능하다는 장점을 갖고 있어 박막 트랜지스터 제조나 반도체 제조의 세밀한 공정에 많이 적용되고 있다. 원자층 화학 증착(atomic layer chemical vapor deposition)은 아주 얇은 박막을 기판에 증착할 때 사용한다. 문자 그대로 원자 단위로 한 층씩 쌓아 올린다.

6.2.1 물리적 기상증착(PVD: physical vapor deposition)

물리적 기상증착은 스퍼터링(sputtering)과 증발법(evaporation)으로 분류된다. 스퍼터링 방식은 대부분 금속 물질을 양호하게 증착할 수도 있고, 단차 특성(step coverage)도 좋기 때문에 박막 증착에 많이 쓰이는 방법 중의 하나이다. 높은 진공을 요구하고 박막을 입히는 물질이 열적, 전기적으로 변형될 확률이 크고 경제성도 좋지는 않다. 증발 방식은 진공조(chamber) 내를 높은 진공으로 유지하거나 박막을 입히는 물질을 가열, 혹은 진공과 가열 두 가지를 동시에 이용하여 박막 물질을 기상으로 만들어 원하는 물질에 증착하는 기술로서, 공정이 단순하며 물질의 열적, 화학적 변형이 적은 공정이지만 대량의 제품에 박막을 증착할 경우에 각각의 박막 두께의 균일성이 떨어질 가능성이 있다.

❶ 스퍼터링(sputtering)

스퍼터링 현상은 영국의 그로브(G.R.Grove)가 1852년 논문에서 처음 발표하였다. 스퍼터링이란 높은 에너지를 갖은 입자들이 박막을 입히고자 하는 물질과 강하게 충돌하여 에너지를 전달해 줌으로써 원자들이 분리되는 현상을 의미한다. 충돌하는 물질이 양이온(positive ion)일 경우에는 음극 스퍼터링(cathodic sputtering)이라고 하고, 대부분 스퍼터링은 이와 같은 방식을 사용한다. 왜냐하면, 전기장(electric field)을 인가하면 양이온들을 가속하기 쉽고 충돌 시에 발생하는 Auger 전자와 결합하여 중성이 되면서 중성 원자가 충돌하기 때문이다.

① 스퍼터링(sputtering) 원리

스퍼터링은 높은 에너지를 가진 입자(이온)가 박막 물질 원자에 충돌되어 운동량(momentum)을 전달함으로써 박막 물질 원자가 분리되어 떨어져 나옴으로써 일어난다. 스퍼터링은 이온(입자)의 가속, 이온의 박막 물질에의 충돌 그리고 박막 물질 원자 방출의 3가지 과정을 통해서 일어난다.

입사하는 이온은 20~30 eV 정도의 매우 높은 에너지를 가지고 있어야만 박막 물질 덩어리에서 원자를 떼어낼 수 있는데, 이는 곧 스퍼터링이 일어나기 위한 문턱 에너지(threshold energy)가 있기 때문이다. 일반적으로 금속 원자 한 개가 고체에서 기체로 승화하는데 필요한 에너지가 3~5 eV에 비해 스퍼터닝에 필요한 에너지 20~30 eV는 상당히 큰 값이다. 이는 대부분의 에너지가 열로 방출되고, 극히 일부의 에너지만이 스퍼터링에 이용되기 때문에 실제적으로 에너지 효율이 낮다. 문턱 에너지보다 작은 에너지를 가지고 입사하는 이온들은 박막 물질 원자들을 원래의 위치에서 이동시키거나 원자에 에너지를 전달하여 확산시킬 수 있다. 스퍼터되어 나간 원자의 주변에 있던 원자들도 원래의 위치에서 이동되거나 확산되기도 한다.

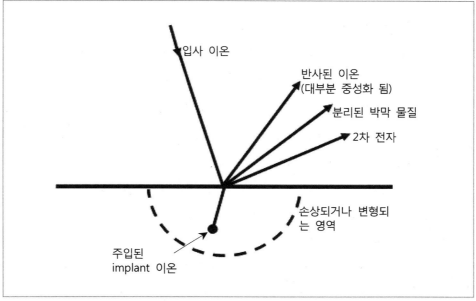

[그림 6-3] 스퍼터링 시 박막 물질 표면에서의 상호 작용

낮은 에너지를 가진 입사 이온들은 충돌 후에 표면으로부터 산란된다. 산란되는 이온의 비율은 이온의 에너지, 이온 질량에 대한 박막 물질 원자의 질량의 비에 의하여 좌우된다. 질량 비율이 1에서 10으로 증가함에 따라 산란 계수(scattering coefficient)는 0.01에서 0.25로 증가한다. 예를 들어, 500 eV의 에너지를 갖는 Ar 이온이 Ti이나 Au 원자들에 충돌할 경우, 산란 계수는 각각 0.01과 0.18이다. 고체 표면에서의 이온의 탄성 충돌 현상은 낮은 에너지 이온산란 분광법(low energy ion scattering spectroscopy)을 이용한 표면 분석에 이용된다.

입사된 입자들은 Auger 전자에 의해 박막 물질 면에서 중화되며, 중성 입자로써 산란되면서 표면의 원자층에 변형을 일으키고 점차 에너지를 상실하게 된다. 이와 동시에 박막 물질(source) 원자들에 의하여 산란된다. 입사된 입자에 의하여 원래 자리에서 분리된 원자들의 일부는 표면으로 확산하거나 그들의 에너지가 결합 에너지를 극복할 정도로 매우 큰 경우에는 빠져 나와 스퍼터링된다. 이때, 박막 물질 원자들끼

리도 운동량을 교환하기도 한다. 한편, 매우 큰 에너지를 가진 이온들은 중화되면서 박막 물질 내부로 주입(implanting)되기도 한다.

박막 물질 덩어리에서 분리된 원자들은 활성화된 또는 이온화된 상태로 떠나기 때문에 반응성이 좋다. 내부로 주입되었던 입사 이온(중성 원자)은 지속적으로 스퍼터되면서 깎이기 때문에 결국 다시 스퍼터되어 방출된다. 이러한 원리는 2차 이온 질량 분석(SIMS; secondary ion mass spectroscopy) 및 Auger 전자 분광기(AES; Auger electron spectroscopy) 분석에 이용된다.

② 스퍼터율(sputter yield)

스퍼터율이란 1개의 양이온이 음극에 충돌할 때, 표면에서 방출되는 원자의 수로 정의되며, 박막 물질 재료의 특성과 입사되는 이온의 에너지, 질량 및 입사각과 관계가 있다. 일반적으로 스퍼터율은 이온의 에너지와 질량이 비례하여 증가한다. 하지만, 가속 에너지가 너무 크면 스퍼터가 발생하기 보다는 오히려 이온 주입이 일어나 스퍼터율은 감소한다.

박막 물질에 충돌하는 현상을 이해하기 위해서는 원자 상호간 포텐셜 함수(interatomic potential function)를 고려하여야 한다. 일반적으로 충돌 시, 박막 물질 내부의 상호 작용은 좁은 영역(short range)에만 작용하므로 바로 이웃하는 원자와의 상호 작용만 고려해도 충분하다. 두 입자 간의 충돌은 에너지 전달함수(energy transfer function)로 특징 지워진다. 가속된 이온의 에너지가 박막 물질 원자에 얼마나 잘 전달되느냐에 따라 스퍼터율은 달라지며, 이는 핵 저지능력(nuclear stopping power), s(E)에 의하여 결정된다. 1 KeV까지의 낮은 충돌 에너지(E)에 대해서는 Sigmund가 제시한 식에 의하여 표현된다.

$$s(E) = \frac{M_i M_t}{(M_i + M_t)^2} E \times 상수 \tag{6-1}$$

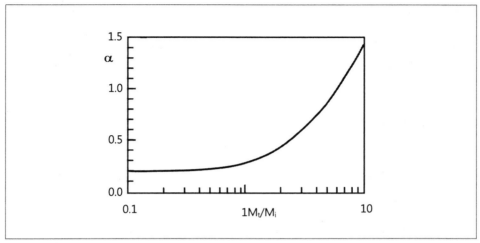

[그림 6-4] Mt/Mi와 α 관계 그래프

단, M_i = 가속 이온 질량, M_t = 박막 물질 질량, E는 충돌 에너지이다. 스퍼터율 S는 다음 식으로 주어진다.

$$S = \frac{3\alpha}{4\pi^2} \frac{M_i M_t}{(M_i + M_t)^2} \frac{E}{U_0} \tag{6-2}$$

단, α는 무차원 계수이며 M_t/M_i의 함수이며 비례 관계가 있으며 U_0는 재료 표면의 결합에너지이다. U_0는 승화하는데 필요한 에너지 혹은 분자(molecular) 재료의 결합 에너지(covalent energy) 값과 유사하다. 식 (6-2)에 의하면 스퍼터율이 충돌에너지, E에 비례하여 증가하는 것으로 표현되지만 실제로는 1 KeV까지만 증가하고 그 이상의 충돌 에너지에서는 포화 현상을 보여 준다. 그리고 에너지 그 이상 더 증가하면 이온 주입 현상이 일어나면서 스퍼터율이 감소하기 시작한다. 따라서 식 (6-2)는 충돌 에너지가 1 KeV까지일 때만 유효하다.

Sigmund 모델은 가속 이온과 박막 물질 간의 충돌 형태를 3가지로 구분한다. single-knockon 영역, linear cascade 영역, spike 영역이다. Single-knockon 영역에

서 충돌하는 이온은 에너지를 박막 물질(source) 원자에 전달한다. 그리고 얼마간 충돌을 더 겪는다. 박막 물질 원자들은 에너지가 결합에너지(binding energy)를 능가할 때, 표면으로부터 방출되어 스퍼터된다. 이러한 영역에서 스퍼터링을 일으킬 수 있을 만큼의 충분한 에너지가 박막 물질 원자에 전달되지만, cascade collision이 생기기에는 에너지가 작다. 이와 같은 영역에서는 가벼운 이온이 낮은 에너지를 가지고 박막 물질에 충돌할 때 일어나며, 스퍼터링은 대부분 이러한 과정에서 일어난다.

Linear cascade 영역은 박막 원자들과 수 KeV에서 수 MeV의 에너지를 갖는 입사 이온들 사이에 상호 작용을 통해서 일어나며, 다음과 같은 식으로 표현된다. (E > 1 KeV).

$$S = 3.65\alpha \frac{Z_i Z_t}{(Z_i^{2/3} + Z_t^{2/3})^{1/2}} \frac{M_i}{(M_i + M_t)} \frac{s_n(\epsilon)}{U_0} \tag{6-3}$$

단, $s_n(\epsilon)$ 감쇄 저지 능력(reduced stopping power)이며 다음과 같이 정의되고 감쇄 에너지(reduced energy), ϵ의 함수이고 Z는 원자 번호이다.

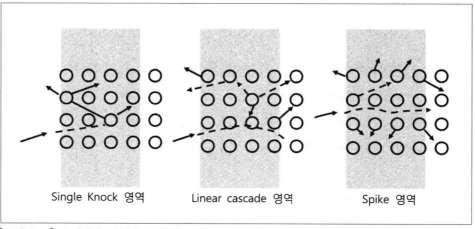

[그림 6-5] 스퍼터링 과정의 3 영역

$$\epsilon = \frac{M_t}{(M_i + M_t)} \frac{a}{Z_i Z_t e^2} E \qquad (6\text{-}4)$$

단, $a = \dfrac{0.855a_0}{(Z_i^{2/3} + Z_t^{2/3})^{1/2}}$ 로 주어지는 산란 반경(scattering radius)이고, $a_0 = 0.529$ Å이며, E(eV)는 입사 이온의 에너지이고, e는 전자의 전하량(4.8×10^{-10} esu cgs)이다. 다음으로 spike 영역에서는 움직이는 원자들의 공간 밀도가 linear cascade영역보다 더 크다. 이러한 현상은 무거운 입사 이온이 박막 물질에 충돌할 때 일어난다. 이러한 이온들은 빨리 속도가 줄어들며, 에너지 전달은 적은 부피에서 일어난다. 스퍼터율은 다음과 같이 요약된다.

- 스퍼터링은 박막 물질 원자의 기화열(evaporation heat)에 의존하며, 기화열이 크면 스퍼터율이 감소한다.
- 대부분의 금속에 있어서 문턱 에너지(threshold energy)가 존재한다. 문턱 에너지의 최소값은 박막 물질의 승화 에너지(sublimation energy) 값과 유사하다. 박막 물질의 특성에 따라 문턱 에너지는 20 ~ 130 eV로 변한다. 전이 금속(transition metal)의 경우 원자 번호가 증가하면서 문턱 에너지는 주기적으로 변한다.
- 박막 물질의 결정 방향에도 의존한다. 단결정인 경우 이온들이 침투하기 유리한 결정면에 대해서는 스퍼터율이 감소한다.
- 박막 물질의 온도에는 스퍼터율이 아주 높은 경우를 제외하고는 둔감하다. 박막 물질의 온도가 높으면 스퍼터율이 증가하는 것은 열에 의한 기화가 기여하기 때문이다.
- 분리된 원자들은 꽤 높은 에너지(수십 eV)를 가지고 있으며 맥스웰-볼쯔만(Maxwell-Boltzmann) 분포를 보인다. 이온의 에너지가 증가하면 분리된 원자의 에너지도 증가한다.

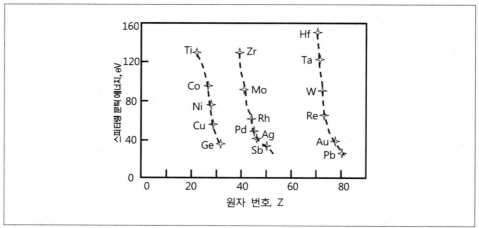

[그림 6-6] 원자 번호와 스퍼터링 문턱 전압

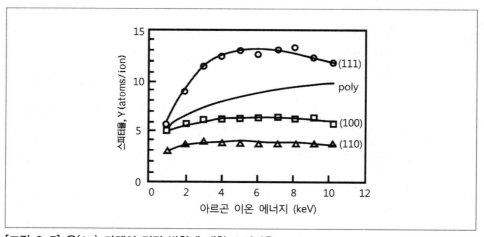

[그림 6-7] 은(Ag) 타겟의 결정 방향에 대한 스터터율

- 이온의 입사 방향과 박막 물질의 수직 방향이 이루는 각도에 따라서도 영향을 받는다. 최대 스퍼터율은 80° 정도에서 얻어지는 것으로 알려져 있다.
- 박막 물질(source) 원자의 방출되는 방향과 박막 물질의 수직 방향과 이루는 각도가 증가하면서 분리된 원자들의 에너지 극대값(peak energy)은 증가하지만 60° 이상 각도에서는 오히려 감소하는 경향이 있다.

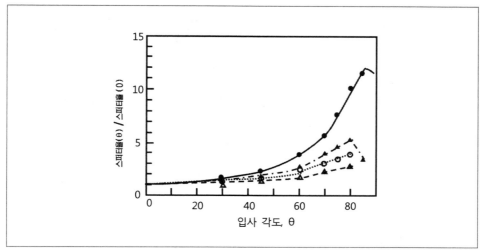

[그림 6-8] 입사 각도에 대한 스퍼터율

• 박막 물질의 방출되는 각도에 따른 원자의 방출량은 일반적으로 코사인 방사 법칙 (cosine law of emission)에서 많이 벗어나며, 특히 입사되는 이온의 에너지가 적을 때 많이 벗어난다.

• 박막 물질에서 방출되는 원자들은 활성화된 상태 또는 이온화된 상태로 박막 물질 과 분리된다.

박막 물질 구리(Cu)에 아르곤(argon) 이온 조사 시에 스퍼터율을 그림 6-9에 보여 주고 있으며, 이온 가속 에너지에 따라 스퍼터율이 5 가지 영역으로 구분되고 있다. 영역 I은 가속 에너지가 20 eV 이상 일 때이고, 에너지가 낮아서 스퍼터링이 일어나 지 않는 구간이다. 영역 II는 에너지가 20 eV에서 80 eV 구간이며, 가속 에너지가 증가함에 따라 스퍼터율이 급격히 증가하는 구간이다. 영역 III은 에너지가 80 eV에 서 300 eV 구간으로 에너지 증가에 따른 스퍼터율이 선형적으로 증가한다. 스퍼터 링이 선형적으로 증가하므로 박막 증착 두께 조절이 용이하므로 이러한 구간에서 주 로 증착이 이루어진다. 영역 IV는 에너지가 300 eV에서 10 KeV 구간으로, 에너지

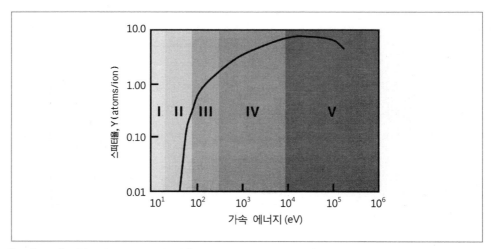

[그림 6-9] 가속 에너지와 스퍼터율(Ar 이온, 박막 물질 구리)

가 증가함에 따라 스퍼터율이 증가하는 것이 둔화되기 시작하는 구간이다. 이와 같은 구간에서부터 박막 물질로 이온들이 침투하기 시작한다. 영역 V는 에너지가 10 KeV 이상인 구간이며 스퍼터율은 에너지에 따른 차이를 보이지 않는다. 오히려 이온 주입이 많이 일어나기 시작하면서 스퍼터율이 감소하기 시작한다. 이온의 종류에 따라 다르지만 수소(H), 헬륨(He)과 같은 가벼운 이온은 수천 eV이면 제논(Xe)과 수은(Hg)과 같은 무거운 이온은 약 50 KeV에서 최대 스퍼터율 값이 나온다.

③ 직류 스퍼터링(DC sputtering)
다이오드(diode) 혹은 캐소드(cathode) 스퍼터링이라고 부르는 직류 스퍼터링은 단순하고 조작이 편리하다. 박막 증착은 기체의 압력과 전류 밀도에 의존한다. 직류 스퍼터링은 장치와 조작이 간단하지만, 낮은 증착 속도, 박막 물질에서 열이 많이 발생하고, 전자의 입자에 의한 기판의 손상이 쉽게 발생하고, 에너지의 효율성 낮고, 높은 작업 압력(working pressure)으로 요구하기 때문에 박막의 순도가 좋지 않다. 박막 물질(source)은 주로 고체이나 특별한 경우 분말이나 액체를 사용하기도 한다.

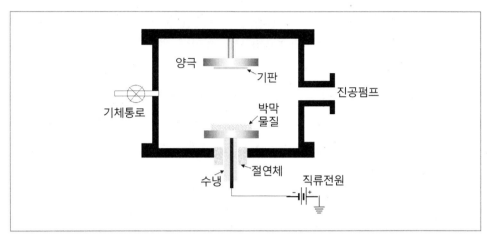

[그림 6-10] 직류 스퍼터링의 기본 구조

하나 또는 여러 개의 물질을 사용할 수 있으나 반드시 전도체(conductor)이어야 한다. 회로 상에서 박막 물질(source)은 음극(cathode)으로 사용되며, 높은 음의 전압이 걸리고, 기판은 전기적으로 접지(ground)된다. 일반적으로 스퍼터링에서 많이 쓰이는 기체(gas)는 아르곤(Ar)이다. 전기장 인가에 의하여 가속된 전자가 아르곤 기체와 충돌하여 아르곤 이온을 생성하며, 이를 통하여 더 많은 전자가 생성되고 이렇게 생성된 전자가 다시 전장에 의하여 가속되어 아르곤 이온을 만들고 하면서 글로우(glow) 방전(discharge)이 계속 유지된다. 전자는 양극(기판)으로 이동하며, 이온은 음극으로 이동하며 이를 통하여 전류(current flow)가 발생하는 것이다. 이온이 박막 물질과 충돌할 때, 박막 물질 원자가 분리되어 나옴과 동시에 2차 전자(second electron)도 같이 생긴다. 이렇게 생성된 2차 전자는 글로우 방전에 기여하며, 글로우 방전을 유지하게 해준다. 박막 물질로부터 분리되어 나온 원자는 무질서하게 이동하다 기판에 응축되면서 박막이 형성되는 것이다. 전압(V)은 전류(I)를 형성하는데 필요하며, 전압과 전류와의 관계는 기체의 압력에 따라 결정된다. 스퍼터되는 속도는 박막 물질에 충돌하는 이온의 개수 및 에너지와 스퍼터율에 의하여 결정된다. 이온 가속 에너지는 전압에 의존하기 때문에 결국 스퍼터 속도는 sheath voltage에 의존하게 된다.

글로우 방전이 유지되기 위해서는 0.1에서 2.0 mA/cm^{2}의 전류 밀도가 필요한데, 이를 위해서는 대략 300~5,000 V의 전압이 필요하다.

기체의 압력은 글로우 방전의 유지와 박막의 증착에 모두 영향을 미친다. 기체의 압력이 너무 낮으면 cathode sheath가 넓어져서 이온들은 박막 물질로부터 멀리 떨어진 곳에서 생성되고, 이렇게 생성된 이온들이 진공조 내벽(chamber wall)에 충돌해서 중성 원자로 변할 가능성이 크다. 또한 전자의 평균자유행로(MFP; mean free path)가 커서 중성 원자들과 충돌해 새로운 이온과 전자를 만들기가 어렵고, 양극에서 소비되는 전자도 이온 충돌에 의하여 발생하는 2차 전자로 보충되지 않는다. 따라서 이온화되는 효율이 낮아 스스로 글로우 방전을 유지하기가 어렵게 된다. 글로우 방전이 유지되기 위해서는 최소로 요구되는 압력(lower pressure limit) 조건이 존재한다. 일정한 전압에서 기체의 압력이 증가하면 전자의 평균자유행로는 감소하여 충돌 횟수가 증가하게 되고, 더 많은 이온과 전자들이 생성되어 더 많은 전류가 흐를 수 있기 때문에 글로우 방전을 유지하고 스퍼터되는 원자의 양이 증가하여 결국 막의 증착 속도가 증가한다. 그러나 기체의 압력이 너무 높아지면 입자의 평균자유행로가 감소하기 때문에 충분히 가속되기 전에 다른 입자와 충돌하여 큰 에너지를 갖지 못한다. 충분히 가속되지 못한 상태에서 박막 물질에 입사하기 때문에 스퍼터율이 떨어지게 된다. 스퍼터율과 기체 압력에 대한 관계는 그림 6-11에서 보여 준다. 스퍼터되어 박막 물질에서 분리된 원자는 평균자유행로가 짧아 많은 기체 입자와 충돌하면서 원자의 산란(collisional scattering)이 많이 발생할 것이다. 따라서 스퍼터 원자의 진행 경로는 변경되거나 박막 물질로 되돌아가기도 한다. 이러한 원자의 산란은 100 mtorr 이상의 압력에서 심각해진다. 이러한 것들을 고려해 볼 때 최적의 증착조건을 보이는 스퍼터 압력의 범위는 대략 30~120 mtorr가 된다.

증착 속도는 전력(power)에 비례해서 증가하고 전류 밀도의 제곱에 비례하며 전극 간의 거리에 반비례한다. 중성 원자이든 혹은 이온을 사용하든 같은 질량과 동일한 에너지를 가지고 있다면 스퍼터율에 영향을 미치지 않기 때문에 차이가 없다. 그러

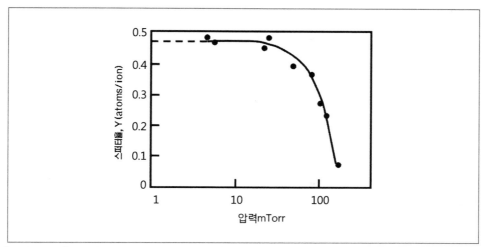

[그림 6-11] 스퍼터율과 기체 압력관의 상관 관계

나 이온을 사용하여 스퍼터링을 하는데 이유는 이온은 전기장에 의해 가속되므로 다루기 쉽기 때문이다. 이온은 박막 물질과 반응하지 않아야 하므로 일반적으로 반응성이 없는 불활성 기체(noble gas)를 주로 사용한다. 기체의 원자량이 클수록 스퍼터율이 크기 때문에 원자량이 큰 라돈(Rn)과 같은 불활성 기체를 사용하는 것이 좋겠지만, 라돈은 방사선(radioactive) 물질이므로 실제 사용하는 것은 불가능하다. 이밖에도 제논(Xe)과 크립톤(Kr)도 있지만, 경제성이 떨어지기 때문에 주로 아르곤 기체를 많이 사용한다.

④ 라디오 주파수 스퍼터링(RF sputtering)

직류(DC) 스퍼터링에서 절연체 타겟을 이용하여 박막을 증착할 수 없기 때문에 RF 스퍼터링법이 개발되었다. 보통 5~30 MHz가 전형적인 RF 주파수 범위이며, 특히 13.56 MHz가 많이 사용된다. 이러한 이유는 13.56 MHz가 국제적 표준으로 플라즈마 공정에 허용되도록 합의하였기 때문이다. 플라즈마의 발생과 진동 전력원을 사용하므로 절연체 재료를 스퍼터링할 수 있고 낮은 압력에서도 사용 가능하다. RF 발생기를 직접 접지에 연결하거나 진공조 내벽 또는 기판 고정 장치에 접지를 시켜서 작은 크기의 결합 전극(coupled electrode)을 만들 수 있다. 하지만 이러한 공명 회로를 이루는데 필요한 유도 계수(inductance)를 만들기 위해서는 RF 발생기와 부하(load) 사이에 임피던스 정합 망(impedance-matching network)이 필요하다. RF 시스템에서는 유도 전류(inductive), 전기 용량(capacitive) 손실을 감소시키기 위하여 적당한 접지, 도선 길이의 최소화, 불필요한 연결 부분을 제거하는 것이 필요하다. 낮은 주파수 영역에서 이온들은 질량이 크기 때문에 포텐셜 진동(potential oscillation)을 효과적으로 따라갈 수 없다. 박막 물질을 음극(cathode)으로 하여 스퍼터링할 때 주파수가 10 MHz 이상 되어야 효과적인 스퍼터링이 일어난다. 대체적으로 13.56 MHz나 27.12 MHz의 RF가 사용된다.

절연체 박막 물질은 열전도성이 좋지 않아 열충격에 의하여 깨질 수 있기 때문에 제한된 증착 속도로 증착을 해야 한다. 이러한 단점을 극복하기 위하여 금속 박막 물질을 가지고 반응성 증착으로 절연막을 형성시키기도 한다. RF 스퍼터링을 이용하면 금속, 합금, 산화물, 질화물 및 탄화물 등 거의 모든 종류의 물질을 스퍼터로 증착할 수 있지만, 생성된 막이 타겟의 조성과 반드시 일치하지 않기 때문에 절연막의 증착에는 주의가 필요하다.

라디오 주파수를 사용하여 방전하게 되면 박막 물질이나 기판 모두가 스퍼터링될 것으로 예상하지만, 이는 포텐셜(potential)이 어떻게 걸리느냐에 따라 달라지기 때문에 적당히 장치를 개선하면 해결될 수 있는 문제다. RF를 사용할 경우, 박막 물질은 RF 발생기와 결합(coupling)되어 하며, 등가 회로를 생각해보면 박막 물질 암흑(sheath) 영역과 기판(substrate)이 각각 축전기 역할을 하기 때문에 두 개의 축전기가 존재한다고 간주된다. 교류 회로에서 용량성 리액턴스(capacitive reactance)는 축전기의 면적에 반비례함으로 축전기의 면적이 작으면 작을수록 전압은 더욱 떨어지게 된다. 이는 곧 박막 물질의 면적이 작으면 작을수록 전압 강하가 많아져 큰 음(negative)의 자가 바이어스(self-bias)가 걸린다는 것을 의미한다.

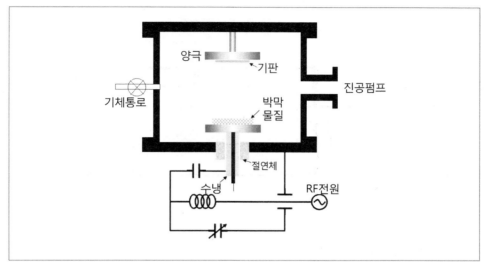

[그림 6-12] RF 스퍼터의 기본 구조

⑤ 3극 스퍼터링(triode sputtering)

3극 스퍼터링은 금속 필라멘트를 가열시켜 열전자(thermionic electron)를 방출시키며, 방출된 열전자가 마치 직류 스퍼터링에서 2차 전자의 역할을 수행하도록 한 것이다. 열전자로 하여금 기체의 이온화율을 높임으로써 10^{-5} torr 정도의 낮은 기체 압력과 40V 이하의 낮은 전압에서도 증착이 가능하다. 약 25 G의 자기장을 인가해 주면 전자가 나선형 운동을 하기 때문에 더 많은 방전 기체 입자를 이온화시킬 수 있어 플라즈마 밀도가 높아진다. 3극 스퍼터링을 이용한 금속 박막의 증착에서 기체 압력이 1 mtorr일 때, 분당 40 nm의 증착 속도를 나타낸다. 3극 스퍼터링은 플라즈마가 2차 전자에 의존하여 유지되지 않기 때문에 플라즈마 변수를 독립적으로 조절할 수 있다. 즉, 방출되는 열전자의 양을 조절함으로써 기체의 압력이나 박막 물질에 걸리는 전압을 바꾸지 않고 이온 전류를 조절할 수 있다. 이러한 장점 외에도 낮은 압력에서의 증착이 가능하기 때문에 충돌에 의한 산란(collision scattering)의 영향을 벗어날 수가 있다.

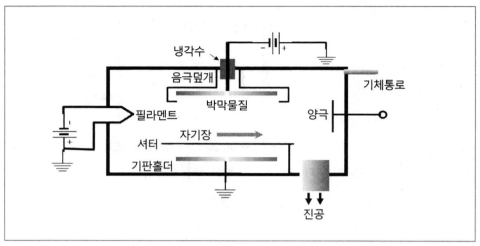

[그림 6-13] 3극 스퍼터의 기본 구조

단점으로는, 사용하기가 복잡하고 열전자로 인한 오염이 있을 수 있으며 필라멘트에서 나오는 열의 영향을 받아 기본적으로 진공조 내의 온도가 상승하기 때문에 저온 증착이 용이하지 않다. 대형 기판에 적용하기가 어렵고 필라멘트 주변 온도가 높아 증착 속도가 빠르게 일어나게 되므로 막의 균일성을 얻기가 어렵다. 이를 해소하기 위해 위에서 언급한 입사각 의존성을 이용하여 어느 정도 해결할 수 있다.

⑥ 마그네트론 스퍼터링(magnetron sputtering)

마그네트론 스퍼터링은 직류 스퍼터링 장치와 유사하지만, 음극에 영구 자석이 장착되어 박막 물질 표면과 평행한 방향으로 자기장을 인가해준다. 직류 스퍼터링 장치에서 박막 물질에 이온이 충돌해서 발생하는 2차 전자에 의해 글로우 방전이 유지된다. 이러한 2차 전자들은 음극에 수직한 방향의 경로를 통해서 양극으로 다가간다. 마그네트론 스퍼터링에서는 자기장이 박막 물질 표면과 평행하기 때문에 전기장에 대해서는 수직하다. 따라서 전자는 Lorentz의 힘을 받아 선회 운동(gyration)을 하며 가속되기 때문에 나선 운동을 한다. 이는 박막 물질 주변에서 전자가 벗어나지 못하게 하고 계속 선회하도록 하기 때문에 플라즈마가 박막 물질 표면의 매우 가까운

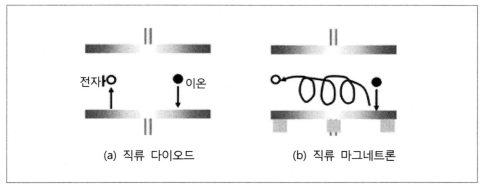

[그림 6-14] 마그네트론 효과

곳에 유지되어 근처 지역에서 플라즈마 밀도가 높아지게 되므로 이온화율이 증가한다. 이온이 많이 생겨 방전 전류가 증가하고 스퍼터 속도가 향상된다. 따라서 기판에 대한 전자의 충돌이 적어지고, 증착 속도가 향상되며 스퍼터 가능 압력도 낮출 수 있다. 박막의 증착 속도는 약 50배 정도까지 향상될 수 있으며, 증착 압력도 1 mtorr 까지 낮아질 수 있다. 일반적인 자장의 세기는 200~500 G이다.

⑦ 비균형 마그네트론 스퍼터링(unbalanced magnetron sputtering)

비균형 마그네트론 스퍼터링은 구조상 마그네트론과 동일하지만, 내부 자석과 외부 자석의 자장 세기가 다르다. 따라서 자기장이 내부와 외부 사이를 벗어나 기판의 표면 쪽으로 향하는 유속이 생긴다. 이러한 자기장은 전기장 방향과 가까워 자기장의 방향과 전기장의 방향이 비슷해져 전자가 자기장을 따라 스프링 모양을 그리면서 나선 운동을 하여 기판 쪽을 향하게 된다. 플라즈마가 양극 근처에만 국한되지 않고 전체적으로 퍼질 수 있어 증착 도중 기판에 많은 이온들이 충돌할 수 있다. 증착 도중 이온의 충돌은 막의 특성을 변화시킨다. 이온 충돌의 효과를 증진시키기 위하여 기판에 바이어스(bias)를 인가한다. 그러나 일반적으로 기판에 입사하는 전류밀도가 매우 낮다. 바이어스 전압을 높이면 공공은 작게 되나 입내에 결함이 생겨 잔류 응력이 증가하여 접착력(adhesion)이 나빠지고 막의 품질이 떨어진다. 따라서 이온의 전류 밀도를 증가시키고, 바이어스 전압을 낮게 유지하여 이온의 에너지를 낮게 유지해야 한다. 비균형 마그네트론 스퍼터링 장치는 세 가지 기본 형태가 있다.

- I 형태 : 강한 내부 극(pole)과 약한 외부 극(pole)을 갖고 있으며, 기판에 충돌하는 이온의 비율이 매우 낮다(이온 : 증착원자 = 0.25 : 1).
- 중간 형태 : 거의 동일하게 균형을 유지하며, 일반적인 마그네트론이다.
- II 형태 : 약한 내부 극과 강한 외부 극을 갖고 있으며, 낮은 기판 bias에서 기판에 충돌하는 이온의 비율이 높다(이온 : 증착원자 = 2 : 1).

비균형 마그네트론 스퍼터링은 이온 에너지와 이온 유속을 독립적으로 조절이 용이하고 생성된 막의 미세 구조와 관련된 공정 변수 사이의 상관관계를 쉽게 인지할 수 있다.

⑧ 반응성 스퍼터링(reactive sputtering)
반응성 스퍼터링은 금속 박막 물질을 이용하여 스퍼터링할 경우에 불활성 기체와 동시에 반응성이 있는 기체를 공급하여 화합물 박막을 형성하기 위해 주로 사용된다. 직류 다이오드, RF 다이오드, 3극, 마그네트론, 수정 RF 마그네트론 스퍼터링 장치가 반응성 스퍼터링 장치로 이용될 수 있다. 반응성 가스를 이용해서 다음과 같은 박막들을 형성할 수 있다.

- 산화막(oxide) : Al_2O_3, In_2O_3, SnO_2, SiO_2, Ta_2O_5
- 질화막(nitride) : TaN, TiN, AlN, Si_3N_4
- 탄화막(carbide) : TiC, WC, SiC
- 황화막(sulfide) : CdS, CuS, ZnS

어떤 물질이든지 반응성 스퍼터링으로 증착하는 동안, 박막은 반응성 기체의 입자가 금속 박막에 섞여 있는 고용체 합금(solid solution alloy)이거나 화합물(compound)이거나 또는 이들 둘의 혼합물 형태로 형성된다. Westwood는 박막이 합금이 될지 아니면 화합물이 될지를 예측할 수 있는 방법을 제시하였다.

반응성 스퍼터링 진행 중에 반응성 기체(gas)의 투입량에 따라 증착 압력(P)과 음극(cathode) 전압에 히스테리시스(hysteresis) 곡선을 보여준다. Q_r을 반응성 기체의 유량(flow)이라 하고, Q_i를 불활성 가스(inert gas)의 유량(flow)이라 놓자. 펌핑 속도(pumping speed)가 일정할 때, Q_r이 $Q_r(0)$에서부터 증가할 때 증착 압력은 P_0로 남아있게 된다. 반응성 기체가 모두 금속과 반응하여 증착되기 때문에 압력에 영향을 주지 않는다. 유량이 계속 증가하여 임계값, Q_r^*를 넘게 되면 증착 압력은 P_1으로 증가한다. 다시 유량을 감소하면 증착 압력은 반응성 기체의 유속에 따라 선형적으로 감소하다가 결국 초기 압력 P_0에 이른다(B 상태). 이와 같은 히스테리시스곡선 현상을 보이는 것은 A 상태와 B 상태가 확연히 다르기 때문이다. A 상태에서는 모든 반응성 기체가 박막의 증착에 사용됨으로 유량이 증가함에 따라 박막 내에 존재하는 반응성 기체의 양도 증가한다. A 상태에서 B 상태로의 변하는 것은 박막의 형성에

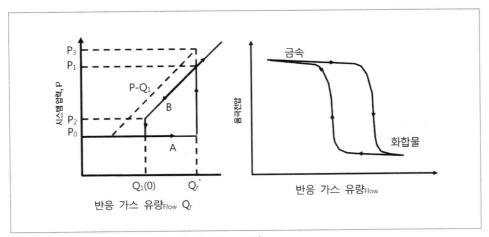

[그림 6-15] 반응성 스퍼터링의 히스테리시스 곡선

사용되고 남는 반응성 기체가 금속 박막 물질의 표면과 반응하여 화합물을 형성되기 때문이다. 일단 금속 박막 물질의 표면이 화합물로 덮여지면 더 이상 금속 박막 물질로서 거동하지 못하고 화합물 박막 물질로서 거동한다. 따라서 반응성 기체는 더 이상 박막 증착에 소모되지 못하고 진공조 내에 잔류하기 때문에 유량이 압력에 영향을 주게 되면 기체의 양이 감소되면서 내부 압력도 감소하는 것이다. 화학 양론적 박막은 반응성 기체의 유량이 임계값에 가까울 때 얻어지게 된다.

화합물이 금속보다 이온의 충돌에 의한 이차 전자의 발생이 많이 일어나기 때문에 음극 전압은 화합물의 경우가 더 낮아지게 된다. 반응 기체의 유량에 따른 음극 전압의 변화를 증착 압력과 관련이 있다. 티타늄 질화막(TiN)을 반응성 스퍼터링 방법으로 증착할 때 반응 기체 질소(N_2)의 유량에 따른 증착 속도를 그림 6-16에서 보여주고 있다. 박막 표면이 금속 상태일 때는 증착 속도 화합물 상태의 증착 속도보다 빠르다. 반응성 스퍼터링을 잘 활용하기 위해서는 박막 표면이 항상 깨끗한 금속 표면으로 유지되어야 하며 화학양론적 막의 형성과 박막 물질의 오염을 피하기 위해 최적의 공정 변수를 찾는 게 중요하다.

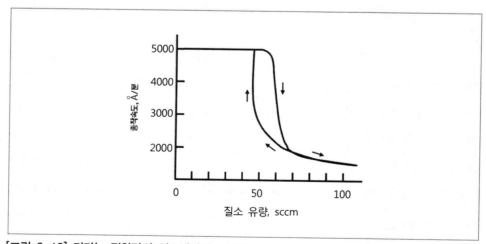

[그림 6-16] 티타늄 질화막의 히스테리시스 곡선

❷ 증발법(evaporation method)

스퍼터링이 강한 에너지를 증착을 원하는 물질에 가하여 원자 또는 화합물을 분리하는데 비해 증발법(evaporation)은 에너지 혹은 열을 가해 기화시키면 스퍼터링에 비해 완만하게 박막을 증착시킨다. 증발법의 종류는 열 증발 증착법(thermal evaporation deposition), 유도열 증발 증착법(inductive thermal evaporation deposition) 및 전자빔 증발 증착법(electron-beam evaporation deposition) 3가지로 크게 나누며, 증기를 발생시키기 위한 에너지의 생성 수단에 의해 분류된다.

① 열 증발 증착법(thermal evaporation deposition)

물리적 기상 증착법 가운데 열 증발은 가장 오래된 방법 중의 하나다. 그러나 반도체 산업의 발달은 다른 여러 가지 박막 증착법의 개발로 이어지면서 새로운 장점들로 인해 점점 열 증착법을 빠르게 대체하고 있다. 구조가 단순하고 고품위의 박막을 얻을 수 있기 때문에 연구소나 새로운 박막 연구에 많이 활용되고 있다.

열 증발법은 유리 혹은 플라스틱(plastic) 기판에 금속 박막을 입히는 기법이다. 알루미늄 막은 커패시터, 비닐(plastic) 포장지, 물이 스며드는 것을 방지하기 위해 널리 사용되고 있다. 가장 기존적인 열 증발법의 구조는 그림 6-17에 주어져 있다. 진공조(chamber) 내는 기본 진공이 10^{-7} torr 정도이고, 증착공정을 할 경우에는 평균자유행로를 충분히 유지하기 위해 기판과 증발원(evaporant) 사이 거리를 적당히 두어서 10^{-5} torr 압력을 유지한다. 박막의 조성을 조절하기 위해 증발 속도를 온라인(on-line)으로 감지할 수 있도록 록 제어한다. 기판에는 히터가 부착되어 결정성을 가지면서(epitaxial) 성장하도록 온도를 일정하게 유지하게 한다. 다른 증착법은 대부분 초벌 펌프(fore-line pump)에서 성장을 하는데 비해 증발법은 이들보다 고진공에서 성장이 진행된다.

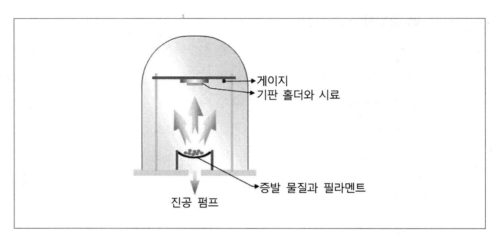

[그림 6-17] 열 증발 증착 장치

② 유도열 증발 증착법(inductive thermal evaporation deposition)

열 증착법이 도선에 흐르는 전기의 순수 저항을 이용하여 가열하는 방법으로 텅스텐
이나 탄탈륨 등을 이용하거나 접점 저항을 이용하여 가열하는 반면에 유도열 증착법

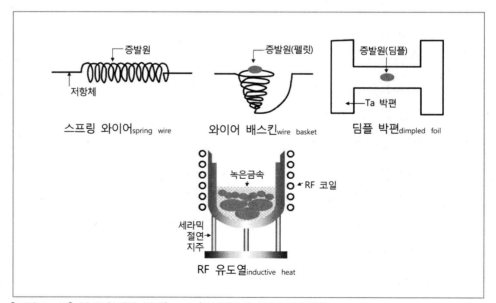

[그림 6-18] 열 증착법의 히터(heater)의 종류와 유도열 증착법

은 순수 저항 대신에 내화성 산화물(refractory oxide)와 질화물(nitride) 용기를 경화하여 사용한다. 증발 과정에서 증발체(evaporant)의 용기 온도를 낮추는 것이 최대 장점이고, 가열기와 증발체 간의 직접적인 열 교환이 필요 없다. 용용 증발체와 용기 간의 상호 반응과 열 충격을 최소화할 수 있는 반면에 취급이 불편하고, 작업 시에 튜닝(tuning)의 어려움 등이 단점이다.

③ 전자빔 증발 증착법(electron-beam evaporation deposition)
저항열 증발 증착법은 재료에 의한 오염 가능성과 증발원(evaporant)을 가열할 수 있는 온도가 Joule 열에 의해서만 도달 가능한 온도로 제한된다는 단점이 있다. 이러한 단점을 개선하기 위해 저항 또는 유도 가열(inductive heat) 대신에 전자빔(electron beam)을 이용하여 증기를 발생시킴으로써 극복될 수 있다. 전자는 보통 5~10 KeV로 가속되며, 가속된 전자는 증발원의 표면에 집중되어 전자의 운동 에너지가 열에너지로 전환되면서 가열된다. 전자빔에 의해 부딪히는 증발원의 표면만 부

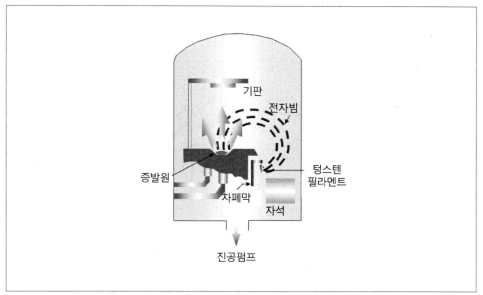

[그림 6-19] 전자 증발 증착 기본 구조

〈표 6-1〉 증발원과 지지 재료

재료	원자량	밀도	녹는점(℃)	증발온도(℃)	Support 재료
Ag	107.88	10.5	961	3	Mo, W, Ta
Al	26.98	2.7	660	3-4	W, Ta
Au	197.20	19.3	1063	4	W, Mo
Be	9.02	1.9	1284	4	Ta, W, Mo
Bi	209.00	9.78	271	2	W, AO, Mo, Ta
C	12.01	1.2	3700	6	C (arc)
Cr	52.01	6.8-7.1	1900	4	W
Cu	63.57	8.85-8.92	1084	4	W, Ta
Fe	55.84	7.9	1530	4	W, AO
Ge	72.60	5.35	958	4	W, AO, C, E
In	114.76	7.3	156	3	W, Mo
Ni	58.69	8.85	1453	4	W, C, E
Pt	195.20	21.5	1773	5	W, C, E
Pb	207.21	11.3	328	4	Fe, Ni, W, Mo, AO, E
Se	78.96	4.5	220	1	W, Mo
Si	28.06	2.4	1415	4	C, E
Sn	118.70	7.28	232	3-4	Mo, AO
Ti	47.90	4.5	1727	5	W, C, E
Zn	65.38	7.13	420	2	W, C, Ta, Mo, AO
Zr	91.22	6.53	1860	5-6	C, E
Ni-Cr	−	8.2	−	4-5	W, Ta
SiO-Cr	−	−	−	4-5	W
Al_2O_3	101.94	3.6	2046	6	E
CeO_2	172.12	6.9	2600	5-6	W
MgO	40.32	3.65	2640	6	E
SiO_2	60.09	2.1	1500	5-6	E
SiO	44.09	2.1	−	4	Mo, W, Ta
ThO_2	264.10	9.69	3050	7	E
Ta_2O_3	441.76	8.7	1470	5	Ta, W, E
CdS	144.46	4.8	1750	3	W, Mo, Ta
ZnS	97.44	3.9	1900	3	Mo, E

※ 증발 온도(℃): 1 = 100-400, 2 = 400-800, 3 = 800-1200, 4 = 1200-1600,
　　　　　　5 = 1600-2100, 6 = 2100-2800, 7 = 2800-3500

※ 증발 Source: C = graphite, AO = alumina crucible, E = electron beam heated source

분적으로 높은 온도로 가열되며 상대적으로 나머지 부분은 낮은 온도를 유지한다. 따라서 증발원과 지지(support) 재료와의 반응이 억제된다. 가열 온도는 부분적으로 3000℃ 이상도 가능하다.

전자들을 가속시키는 장치를 전자총(electron gun)이라 하며, 전자가 가속되는 방법과 증발원을 지지하는 방법에 따라 여러 가지로 구분된다. 전자빔은 텅스텐 필라멘트로 구성된 열 음극(hot cathode)이 주로 이용되는데, 그 이유는 텅스텐은 높은 온도에서도 강도가 감소하지 않아 원래의 모양을 그대로 유지하여 효과적인 전자의 방출이 가능하기 때문이다. 필라멘트의 수명은 자체 증발(evaporation)과 증발원 증기와의 반응성 그리고 높은 에너지를 가진 양이온에 의하여 결정된다. 필라멘트는 소모품이므로 쉽게 교체될 수 있도록 설계되어야 한다. 전자의 에너지는 잔류 가스와 증발원 증기 입자를 이온화시킬 수 있으며, 전자들이 이러한 입자들과 충돌되어 산란되면 초점이 흐려지기 때문에 챔버의 진공도는 반드시 10^{-4} torr 이하에서 공정이 진행되어야 한다. 작업 중에 강한 에너지가 발생하면 X-ray가 발생됨으로 이를 차폐해 주는 것이 필요하다.

④ 증발원과 지지(support) 재료
표 6-1에서는 여러 가지 원소와 화합물에 대한 자료, 증발 온도 및 지지 재료가 주어져 있다.

6.2.2 화학적 기상증착(CVD: chemical vapor deposition)

화학적 기상증착이란 외부와 차단된 반응실 안에서 기판 위에 원하는 물질을 기체로 공급하여 열, 플라즈마(plasma), 자외선(UV), 레이저(laser), 또는 임의의 에너지에 의하여 열분해를 일으켜 얇은 막을 입히는 합성 공정이다.

화학적 기상증착 기본적인 과정을 살펴보면, 반응 물질(reagent)을 기판으로 보내고,

진공조 내에서 기체가 반응하여 박막 재료 물질(precursor)과 부산물(byproduct)이 생성된다. 박막 물질 재료는 기판 표면으로 이동한다. 이동된 재료는 기판 표면에 흡착(adsorption)이 된다. 기판 위에서 확산(diffusion)하면서 성장이 일어나는 곳으로 이동하고 표면에 핵생성(nucleation)이 일어나면서 성장이 시작되고 부산물은 떨어져 나간다.

화학적 기상증착의 적용분야를 살펴보면 다음과 같다.

① 반도체 산업 분야의 요소 생산에 우수한 화학적 기상증착법에 의해 산화막, 질화막, 금속 실리사이드(silicide) 및 다양한 박막 물질 증착

② 향상된 마모 저항성을 지닌 공구, 부싱(bushings) 등에 적용하여 내마모성 강화

③ 음향 기기의 성능 향상을 위해 진동판을 다이아몬드 박막을 사용

④ 이리듐을 로켓(rocket) 노즐(nozzle)로 얇게 박막을 입혀 고온에서 내부식성 향상

화학적 기상증착의 필수 구성 요소로는 원하는 박막을 형성하기 위한 반응 기체(gas), 반응에 필요한 에너지(energy), 조건에 맞는 구조를 갖는 반응실(chamber), 적절한 압력, 온도, 농도, 잔류 기체 및 부산물을 배출 기능을 할 수 있는 장치가 필요하다. 박막을 입힌 후에 확인해야 할 사항은 두께 및 성분의 균일성, 박막과 기판의 접착력

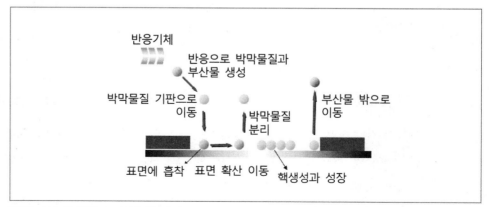

[그림 6-20] 화학적 기상증착 과정

(adhesion), 재현성, 불순물 정도, 단차(step coverage) 형성의 용이성 등이 있다.

화학적 증착을 많이 사용하는 이유는 거의 대부분 재료 위에 적용이 가능하고 또한 기판 표면의 형태가 다양하더라도 균일하게 박막을 입힐 수 있기 때문에 박막을 증착하면서 구성 성분을 조절하기 쉽고 미세한 구조를 갖는 구조에도 적용이 가능하다. 층이 성장하면서 치밀하게 증착되고 순도 역시 조절이 하다. 반면에, 화학적 반응을 이용하므로 기판의 안정성을 고려해야 하고 기판과 증착 물질 간의 열팽창 계수가 다를 경우 응력을 받기 때문에 증착과정에서 이를 고려해야 한다. 증착 시에 부수적으로 발생하는 부산물이 대부분 화학 물질이어서 독하고 부식성이 강하므로 이를 처리하는 비용이 비싸다.

화학적 기상증착에서 진공조 내의 반응 조건에 따라 (주로 진공도) 크게 3 가지로 구분할 수 있다. 이들 각 3 가지 기법에 따른 설비의 장치 구성도 많은 차이점을 가지고 있다.

① 상압 화학기상 증착법(APCVD: atmospherc pressure chemical vapor deposition)은 진공조의 진공도를 대기압 상태에서 실시하며, 주로 열(Heat)에 의한 에너지에 의존한다.

② 저압 화학기상 증착법(LPCVD: low pressure chemical vapor deposition)은 챔버의 진공도가 저압이며, 고열에 의한 에너지 반응을 유도한다.

③ 플라즈마 화학기상 증착법(PECVD: plasma enhancement chemical vapor deposition)은 챔버의 진공도가 저압이며, 저열에 의한 에너지와 RF에 플라즈마로 반응을 유도한다.

화학적 기상 증착법으로 도포되는 박막의 종류는 산화막, 질화막, 폴리 실리콘과 금속 박막으로 나누어진다. 표 6-2에서는 산화막 증착 조건과 사용되는 적용 분야가 주어져 있다. 다결정 실리콘(poly-si)은 특성 전극과 배선으로 사용 가능하지만, 자체

〈표 6-2〉 산화막 증착법과 용도

종류	증착법	공정온도℃	생성법	적용 분야
LTD (저온 산화막)	APCVD	400~450	$SiH_4+O_2 \rightarrow SiO_2 + H_2O \uparrow$	층간절연층(dielectric) 측벽(sidewall)
		400	$Si(OC_2H_5)_4 + O_2 \rightarrow SiO_2$ $+ CO_2 \cdot H_2O$	
	LPCVD	400~450	$SiH_4+N_2O \rightarrow SiO_2 + N_2 \uparrow$ $+ H_2O \uparrow$	절연층(dielectric)
	PECVD	380~400	$Si(OC_2H_5)_4 + O_2/O_3 \rightarrow$ $SiO_2 + CO_2 \cdot H_2O \uparrow$	절연층(dielectric)
HLD(고온, 저압산화막)	LPCVD	680~720	$Si(OC_2H_5)_4+O_2 \rightarrow SiO_2 +$ $CO_2 \cdot H_2O \uparrow$	층간절연층(dielectric)
HTO (고온 산화막)	LPCVD	720~780	$SiH_4+N_2O \rightarrow SiO_2 + N_2 \uparrow$ $+ H_2O \uparrow$	층간절연층(dielectric) 측벽(sidewall)
		860~940	$SiH_2 + Cl_2 + N_2O \rightarrow SiO_2$ $+N_2 \uparrow + HCl \uparrow$	층간절연층(dielectric) 측벽(sidewall)

저항이 높기 때문에 도핑(doping)하여 저항값을 낮춘다. SRAM 제조과정에서 셀
(cell) 저항으로 사용하기도 한다. 또한 pn 접합 다이오드 형성 시에도 이용되고, 단
차 특성이 우수하기 때문에 저장 커패시터(storage capacitor)에도 쓰이고 있다.

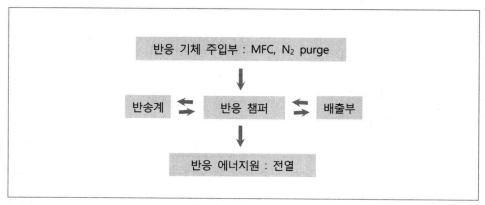

[그림 6-21] 상압 화학적 기상 증착시스템의 기본 구조

❶ 상압 화학기상 증착법(APCVD)

상압 화학기상 증착법은 대기압에서 증착이 이뤄지기 때문에 제작이 용이하며 박막 형성이 빠르다. 하지만 반응 기체에 의한 오염이 발생할 수 있고 단차 특성이 좋지 않다. 상압 화학기상 증착법은 초기의 화학 기상 증착법이며 주로 실리콘 산화막 증착에 사용되고 있다. 상압 화학기상 증착 장비들의 공통적인 요소들은 그림 6-21에 주어져 있다.

일반적으로 박막이 빠르게 형성되면 결정이 비정질 상태에서 원자 배열이 충분한 시간을 갖지 못하므로 불완전하게 형성되는 경향이 있다. 빠른 성장에 따른 불완전성은 전자 소자의 특성에 악영향을 주지만 때로는 결정들의 불규칙성이 운반자(carrier)들의 농도를 늘리거나 투명 전도성 특성에 도움을 주기도 한다.

진공조 내의 압력은 전체 압력과 부분 압력으로 나누어 고려해야 하는데 화학 반응 속도에 기여하는 것은 반응에 관여하는 성분의 분압이다. 분압을 크게 하면 막 성장 속도를 크게 하지만 전체 압력은 거의 영향을 주지 않는다. 종종 분압이 크게 하더라도 성장 속도가 증가하지 않는 경우가 있는데, 이유는 반응 기체가 일정한 조건에서 입자 생성으로 인해 기판 근처의 분압이 실제적으로 증가하지 않았기 때문이다.

① 고온벽(hot wall) 상압 화학기상 증착법

고온의 열에너지를 이용하여 챔버 내에 주입된 반응 기체의 화학적 분해 및 결합을 유도하여 화학 반응을 일으켜 기판 위에 박막을 증착시킨다. 일반적으로 반도체 단결정 성장에 많이 이용한다. 양질의 반도체 단결정을 생성하기 위해서는 고온 화학적 기상 증착법으로만 가능하다. 이러한 진공조는 고온벽과 저온벽 두 가지 종류로 분류한다.

고온벽은 일반적으로 관 모양으로 되어 있으며 반응기 주변에서 저항체로 기판뿐만 아니라 진공조 전체를 가열한다. 진공조 내는 소스(source) 영역과 반응 영역으로 나눈다. 박막의 형성되는 기판은 비교적 고온으로 유지한다. 반응기의 주입되는 반응 기체의 유량, 온도를 조절하여 박막의 조성, 도핑 농도, 두께를 정밀하게 조절할 수 있으며 전자 소자 제작 시 다층 구조의 박막을 형성할 수 있다.

② 저온벽(cold wall) 상압 화학기상 증착법

저온벽 진공조는 고온벽과 달리 전체적으로 가열하는 것이 아니라 기판만을 부분적으로 가열한다. 단결정 에피 성장에 많이 사용한다. 기판은 열전도가 높은 박막을 입힌 서셉터(susceptor)에 올려놓고 유도열이나 저항열로 가열한다.

③ 저온 상압 화학기상 증착법

전자 소자 제조 시에 공정 온도가 높으면 소자의 성능에 좋지 않은 영향을 줄 수 있다. 또한 공정 높은 온도에서 공정을 진행하면 그에 따른 비용도 증가한다. 이를 개선하고자 낮은 온도에서 반응을 하는 물질을 이용하여 공정 온도를 600℃ 이하에서 증착하는 방법이다. 반도체 집적 회로에서 많이 쓰이는 물질인 실리콘 산화막, PSG(phosphosilicate), BPSG(boronphospho- silicate), 실리콘 질화막(Si_3N_4)을 증착하는데 많이 쓰인다. 일반적으로 산화막은 325℃에서 사용하고, 450℃에서는 사일렌(SiH_4) 기체와 산소(O_2) 기체 반응에 의해 증착한다. PH_3를 이용하여 PSG를 제조

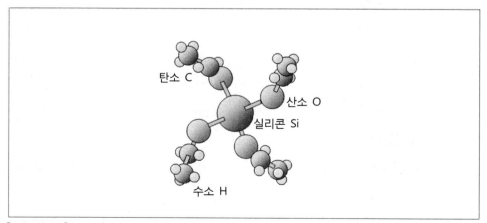

[그림 6-22] TEOS 구조

할 수 있으며 PH_3와 B_2H_6를 이용하여 BPSG를 성장시킬 수 있다. 산화막을 만들기 위해서 낮은 온도에서 분해가 가능한 테오스(TEOS: tetraethylorthosilicate)와 오존 (O_3)을 사용하기도 한다.

④ 금속 유기 화학기상 증착법(MOCVD)

금속 유기 화학기상 증착(metal organic chemical vapor deposition)법은 여러 가지 무기물질의 박막 제조에 있어서 가장 널리 쓰이고 있는 방법이다. 금속 유기 화학기상 증착의 응용 범위는 반도체와 같은 마이크로 전자 소자의 제조에서 촉매 및 동위 원소 운반체 제조에 이르기까지 매우 다양하다. 이러한 금속 유기 화학기상 증착 공정에 이용되는 전구체(precusor)는 휘발 온도가 낮고, 기화 특성이 우수하며, 박막을 증착할 때에 불순물이 남지 말아야 한다.

금속 유기 화학기상 증착 장치는 크게 5개의 장치로 나눌 수 있다. 저장기(reservoir), 기체 이송과 혼합 장치, 증착 장치, 펌핑 장치, 화학물 배기 장치(scrubbing system)로 구성되어 있다. 저장기는 화학적 전구체와 운송 기체를 포함하는 장치이다. 저장

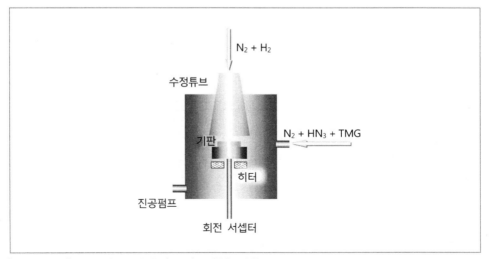

[그림 6-23] 갈륨 나이트라이드(GaN) 증착을 위한 MOCVD

기는 기체를 위한 압력통과 고체를 위한 용기 등이 있다. 기체 운송과 혼합 장치는 저장기로부터 화학 물질을 이송하는데 필요하고 혼합시키는 장치이다. 반응물은 펌핑 작용으로 진공조 내로 유입된다. 펌핑 장치는 진공조 내의 압력을 조절하고 배기를 위한 장치이다. 화학물 배기 장치는 기체를 밖으로 내보내기 전에 처리하는 장치이다. 박막의 조성과 증착 속도는 여러 가지 전구체의 분압과 박막의 증착되는 곳의 온도와 반응기를 통해서 기체의 흐름 방식에 의해 정해진다.

❷ 저압 화학기상 증착(LPCVD)

저압 화학기상 증착 장치에서 기체 흐름 장치와 기체 배기 장치는 대기압 화학기상 증착 장치와 비슷하다. 진공조는 일반적으로 저항 가열로(furnace) 안에 놓여진다. 낮은 압력을 허용하기 위하여 장착시키는 진공 통로(port)를 가지고 있다. 반응 생성물과 사용되지 않은 기체들은 진공 펌프로 반응로 바깥으로 배출된다.

저압 화학기상 증착 장치에서의 증착 변수는 질량 전달에 직접적인 관계가 있는 온도와 진공이다. 저압 화학기상 증착 장치의 표면 반응에 온도와 진공의 질량 전달은

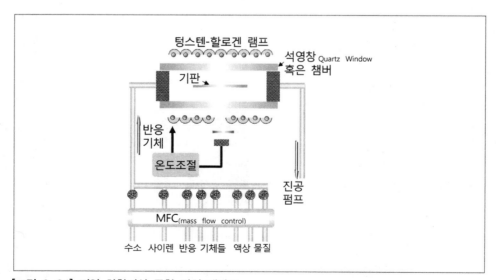

[그림 6-24] 저압 화학기상 증착 장치 개략도

〈표 6-3〉 산화막 증착법과 용도

박막	반응기체	공정온도
에피 실리콘	SiH_2CL_2, H_2	$1,000 \sim 1,075$ ℃
폴리 실리콘	SiH_4	600 ℃
실리콘 질화막	SiH_4, H_2 SiH_2Cl_2, NH_3	600 ℃ 800 ℃
실리콘 산화막	SiH_4, O_2	450 ℃

비례적이라 할 수 있다. 저압 화학기상 증착 장치의 전형적인 구성 개략도는 그림 6-24에 나타낸다.

저압 화학기상 증착은 저온, 정압 공정으로 반응로와 기판으로부터 자동 도핑을 감소시킬 수 있다. 저온 공정이 가능하며 미리 형성된 불순물(dopant) 분포의 유지가 가능하다. 넓은 면적을 균일하게 증착시킬 수 있으므로 값싼 공정이 가능하다. 동일 기판 또는 기판 간의 두께와 저항 균일도가 우수하다. 저압 화학기상 증착에서 진행되는 주요 박막들은 다음과 같다.

❸ 플라즈마 화학기상 증착법(PECVD)

플라즈마 화학기상 증착법은 낮은 압력 하에 글로우 방전을 이용하여 화학 반응을 촉진시키고, 열적 반응만 있을 때보다 낮은 온도에서 플라즈마를 활용하여 저온에서 공정이 가능한 화학 기상 증착법이다. 플라즈마 물리나 플라즈마 화학은 고압 영역으로부터 글로우 방전, 불꽃 방전, 태양 코로나 등에 이르는 광범위한 상태를 다루고 있다. 용기 내의 기체 분자에 전기장을 걸고 압력 0.01~1 torr 범위에서 발생한다. 플라즈마는 기체 분자가 기저 상태나 여기 상태에서 전자, 이온, 분자에 이르는 여러 종류의 반응성이 큰 물질들이 공존하는 상태이다.

분자들 자신은 주위 온도에 가까우나 유효 전자 온도는 1~2배 이상으로 높을 수 있으며, 더 높은 에너지를 갖는 전자들을 대개의 경우 높은 온도에서 쉽게 발생시킬 수 있기 때문에 고온에서 화학기상 증착법에 적용된다. 최근에는 높은 온도에서의 공정으로 박막이 형성되면 하부층의 박막들에 손상을 일으켜 소자에 이상을 초래할 수 있다는 단점 때문에 손상을 주지 않는 낮은 온도에서 층간 절연막 내지 보호막을 형성할 수 있는 플라즈마 화학기상 증착법이 각광받고 있다.

증착 시 반응 진공조 내에서 전기적 변수, 속도론적 변수, 플라즈마 변수에 의해 특성이 결정된다. 플라즈마 화학기상 증착에서 플라즈마 형성에 따른 반응물들이 반응속도론(kinetics)이 중요하다. 플라즈마 형성에 따라 일어나는 반응은 이온화(ionization), 여기(excitation), 해리(dissociation) 등이 있으며, 이로 인해 다양한 반응 물질들이 발생함으로 증착에 중요한 역할을 하는 반응 물질은 라디칼(radical)이다. 이에 따른 전자와 반응 기체의 충돌에 따른 반응 속도식은 다음과 같다.

$$\frac{d[A^*]}{dt} = K[A][n_e] \tag{6-5}$$

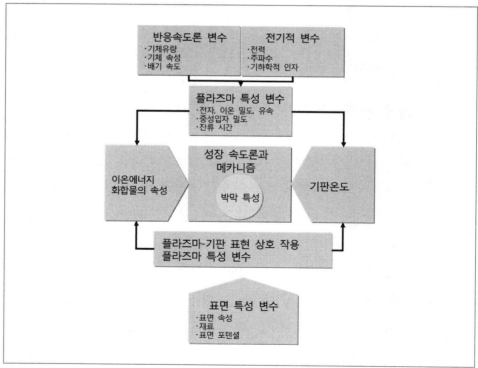

[그림 6-25] 플라즈마 화학기상 증착에 영향을 주는 인자

단, [A]는 반응 기체의 분자 농도, $[n_e]$는 전자의 농도이다. 속도 상수 K는 다음과 같이 주어진다.

$$K = \int_0^x (E/m)^{1/2} \delta(E) f_e(E) d(E) \qquad (6-6)$$

단, E는 전자의 에너지, m은 전자의 질량, $\delta(E)$는 충돌 단면적, $f_e(E)$는 전자 분포 함수이다.

플라즈마 화학 기상 증착 과정을 살펴보자.

① 진공조 내로 반응 기체가 유입된다.
② 강한 전기장을 인가하면 플라즈마가 형성되며 높은 에너지를 갖는 전자, 양이온, 라디칼을 생성한다.
③ 기판 위로 반응 기체들의 확산이 일어난다.
④ 양이온, 라디칼, 원자, 분자의 흡착이 일어난다.
⑤ 기판 표면에서 반응 생성물의 축적되면서 박막의 성장하고 부산물이 탈착된다.
⑥ 부산물과 반응 기체들의 배기된다. 이와 같은 반응들은 동시에 일어나며 이 과정 중에 가장 속도가 느린 과정에서 반응 속도가 결정된다.

저온 플라즈마 화학기상 증착 시스템은 낮은 압력에서 직류나 RF(13.56 MHz), 마이크로파(2.54 GHz)의 전자파를 이용한다. 기본적인 구성은 플라즈마 발진부, 플라즈마 형성 영역, 진공 장치, 기체 공급 장치, 압력 및 온도 측정 부분으로 되어 있다.

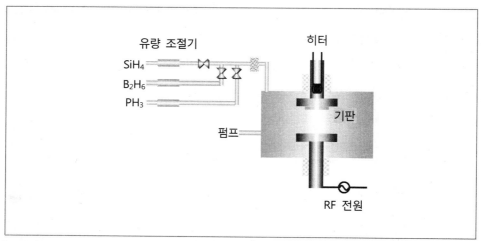

[그림 6-26] 플라즈마 화학기상증착 장치 개략도

6.2.3 원자층 화학 증착(atomic layer chemical vapor deposition)

원자층 화학 증착법(atomic layer chemical deposition 혹은 원자층 증착)은 기판 표면에서 한 원자층의 화학적 흡착 및 탈착을 이용한 나노(10^{-9}m) 수준의 박막 증착 기술이다. 원자층 화학 증착법은 각 반응 물질들을 개별적으로 분리하여 펄스(pulse) 형태로 진공조에 공급하여 기판 표면에서 반응 물질의 자기 제어(self-limited) 반응에 의한 화학적 흡착 및 탈착을 이용한 새로운 개념의 박막 증착기술이다.

원자층 화학 증착법은 1973년 핀란드의 헬싱키 대학의 T. Suntola1 연구팀이 처음 제안을 하였으며, 박막층 내의 불순물이 포함되는 것을 방지하고 보다 정밀하게 박막 두께를 조절하여 박막 물질의 화학 성분을 정확하게 제어를 할 목적으로 연구를 시작하였다. 원자층 화학 증착법은 주로 화합물 반도체, 산화물, 질화물 등과 같은 화합물 박막을 제조하기 위해 개발되었지만 현재는 모든 박막 물질을 증착하는 기술로 연구가 확대되었다. 원자층 화학 증착법이 처음 적용된 분야는 발광(electroluminescence) 평판 디스플레이 소자를 위한 황화 아연(ZnS)의 다결정질 또는 비정질 구조의 박막 및 절연막을 갖는 소자에 적용되었고, 그 후 90년대에 반도체

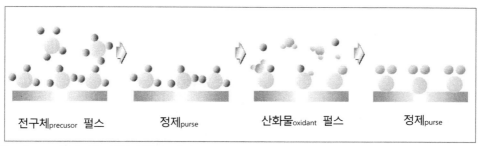

전구체_{precusor} 펄스 정제_{purse} 산화물_{oxidant} 펄스 정제_{purse}

[그림 6-27] 원자층 화학 증착법 개략도

소자의 고정세화, 고집적화에 따른 나노 수준 공정 기술 요구에 따라 실리콘 공정 분야에서 ALD에 대한 관심이 급속도로 모아지게 되었다.

원자층 화학 증착법의 특징으로는 먼저 반응 기체를 연속적으로 주입하는 것이 아니라 주기(pulse)를 주면서 주입하므로 박막 물질의 조성과 막 두께 조절이 용이하며, 정제(purge) 공정을 포함하고 있기 때문에 불순물이 적고, 화학 반응으로 형성될 수 있는 불순물 입자의 형성을 효과적으로 억제할 수 있다.

원자층 화학 증착법은 일반적으로 한 주기(cycle)에 4 단계 과정으로 진행하는데, 전구체 공급 → 정제 → 반응 기체(산화물) 공급 → 정제 순서이며, 공정 조건에 따라 평균 0.6~2 Å/주기(cycle) 정도의 박막을 증착한다.

또한 표면 반응 제어가 우수하여 박막의 물리적 성질에 대한 재현성이 우수하고, 대면적에서도 균일한 두께의 박막 형성이 가능하며 우수한 단차 특성(step coverage)을 확보할 수 있다. 원자층 화학 증착법에 의한 박막 증착의 가장 일반적인 방법은 할로겐(halide) 계통 반응 물질을 이용한 열을 이용한 할로겐 증착 방법이 있다. 이와 같은 경우, 반응 물질이 저가이며 반응성이 좋은 장점이 있지만 대부분의 할로겐 계통 반응 물질은 고체 상태이기 때문에 증착 속도가 느려 생산성이 낮기 때문에 산업 현장에서는 적용하기가 힘들다는 단점을 가진다. 그리고 공정 부산물로 나오는 염화 수소(HCl)가 장비를 부식시키기 때문에 유지관리에 많은 문제점을 나타난다.

이와 같은 문제점을 개선하기 위해 나타난 대안이 유기 금속(metal-organic)반응 물

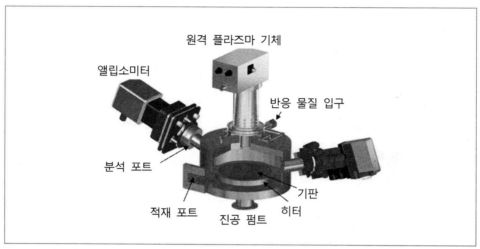

[그림 6-28] 원격 원자층 증착기의 개략도

질을 사용한 유기 금속 원자층 증착법(OALD)이다. 유기 금속 원자층 증착법은 할로
겐 반응 기체를 사용할 때와 달리 장비 부식의 문제점이 없고, 유기 금속 반응 물질
이 액체 상태로 상온에서 존재하기 때문에 여러 가지 방법의 증착이 가능하며 저온
공정이 가능하다는 장점이 있다. 그러나 상대적으로 불순물인 탄소와 산소의 함유량
이 많고, 비저항값이 크며 박막의 밀도가 상대적으로 낮다는 단점이 있다.

이와 같은 단점을 개선하기 위해서 플라즈마를 이용한 원자층 증착법(plasma
enhanced atomic layer deposition)이 개발되었다. 플라즈마는 반응 물질 사이의 반
응성을 좋게 하여, 반응 물질의 선택의 폭이 넓어지게 하고, 박막의 성질을 좋게 하
며, 생산성을 높일 수 있는 장점이 있다. 특히 플라즈마를 사용함으로서 박막 물질의
불순물 침입을 크게 개선할 수 있다.

그러나 플라즈마를 사용함으로써 플라즈마 내에 이온들에 의해 박막 증착 시에 기판
및 박막에 손상을 입힐 수도 있어 박막의 특성을 열화(degradation)시킬 가능성이 있
다. 따라서 플라즈마 발생 영역을 기판으로부터 멀리 떨어뜨린 원격 플라즈마 원자
층 증착법(remote plasma atomic layer deposition)이 개발되었다. 원격 플라즈마 원

자층 증착법은 플라즈마에 의한 이온들의 영향을 최소화하고 반응성이 좋은 라디칼과의 반응을 유도하여 향상된 막질을 얻을 수 있도록 하였다. 따라서 원격 플라즈마 원자층 증착법은 테라(Tera)급 나노 소자를 개발하기 위한 나노 박막 기술에 있어서 중요한 증착 방법 중의 하나로 응용이 될 것이다.

표 6-4는 다양한 종류의 원자층 화학 증착법에 적용되는 전구체와 적용 대상에 대해 기술하고 있다.

〈표 6-4〉 원자층 화학 증착 박막의 종류와 적용

박막	전구체	공정 온도	적용
Al_2O_3	$Al(CH)_3$, H_2O, O_3		고 유전체 상수
Cu	$CuCl$, $Cu(thd)_2$ 혹은 $Cu(acac)_2 + H_2$, $Cu(acac)_2xH_2O + CH_3OH$	175 ~ 300	전극
HfO_2	$HfCl_4$ 혹은 TEMAH, H_2O		고 유전체 상수
Mo	MoF_6, $MoCl_2$ 혹은 $Mo(CO)_6 + H_2$	200 ~ 600	
Ni	$Ni(acac)2$, 2단계 공정 $NiO + O_3 \rightarrow H_2$		
SiO_2	$SiCl_4$, H_2O		절연체
Ta	$TaCl_5$		
TaN	TBTDET, NH_3	260	차단(barrier)막
Ti	$TiCl_4$, H_2		
TiN	$TiCl_4$, NH_3		차단(barrier)막
W	WF_6, B_2H_6 혹은 Si_2H_6	300 ~ 350	전극
WNxCy	WF_6, NH_3, TEB	300 ~ 350	
ZrO_2	$ZrCl_4$, H_2O		고유전체 상수

6.3 노광(photolithography) 공정

기판 위에 박막 트랜지스터를 제조하기 위해 적층식으로 회로를 형성시켜 나가며 각각의 적층하는 과정을 마스크(mask) 공정이라 칭하고, 각 마스크 별로 필요한 패턴을 형성시켜야 하는데, 이때 필요한 패턴을 미리 그려 넣은 판을 마스크(1:1) 또는 레티클(reticle, n:1)이라 한다. 마스크 위의 패턴을 실제 기판으로 도포(coating), 노광(photolithography), 현상(developing) 공정을 통하여 모양을 만드는 작업을 통해 액정 디스플레이를 위한 박막 트랜지스터가 완성된다.

노광 공정의 순서는 다음과 같이 진행된다.

① 감광막(photoresist)의 회전 도포(spin coating)

② 저온 건조(soft bake)

③ 정렬(alignment)과 노출(exposure)

④ 현상(development)

⑤ 고온 건조(hard bake)

❶ 감광막의 회전 도포

회전 도포는 감광막을 우리가 원하는 두께로 기판에 일정하게 도포하는 공정으로서 사용하는 감광제에 따라 다르지만 몇 백 나노미터(10^{-9} m)에서 수십 마이크로(10^{-6} m) 정도까지 조절할 수 있다. 회전 도포의 목적은 기판 유리에 필요한 두께의 감광제 박막을 균일하게 형성하는 것이다. 회전 도포시 영향을 주는 요인들로는 점성계수, 다중체(polymer) 함량, 최종 회전 속도와 가속도 등이 있다. 점성 계수는 감광제 박막의 두께를 결정하는 중요한 역할을 하는데 대부분의 감광제의 점성 계수는 16~60cps(1 cps = 0.001 Pa·s = 1 mPa·s) 사이의 값을 갖도록 한다. 부분적으로 다중체 함량이 최후의 막 두께를 결정하게 되는데 회전 도포 공정에서 다중체 함량을

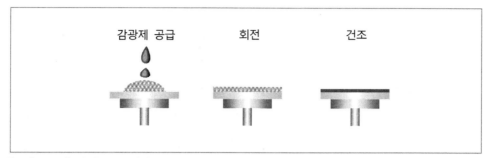

[그림 6-29] 회전 도포 과정

여러 번 조절함으로써 감광막 두께의 균일성을 얻을 수 있다.

감광막을 도포하기 전에 먼저 감광제의 접착도를 증가시키기 위해 표면 처리를 해주어야 하며, 보통 HMDS(hexamethyldisilane)를 2% 정도로 묽게 해서 기판에 도포하면 감광막의 접착력을 크게 향상시킬 수 있다. 표면 처리를 통해 접착력을 향상시키지 않을 경우, 감광막이 쉽게 박리되어 후속 공정에 문제를 발생시킬 수 있다.

회전 도포의 회전 속도 역시 막 두께를 결정하는 요인이 된다. 기판이 회전함에 따라 감광제가 계속 퍼져 나가서 균일하게 되는데, 액체 감광제와 섞여있는 용제가 회전을 통해 막 표면에서 증발하게 되고 막을 더욱 얇게 만든다. 여분의 감광제는 원심력에 의해 기판의 가장자리로 밀리고 표면장력으로 인해 가장자리에 쌓이게 된다. 이러한 가장 자리 쌓임은 느린 회전 속도의 경우에 두께가 후속 공정에 나쁜 영향을 주게 된다. 따라서 가장자리 쌓임을 최소로 하려면, 특히 미세 패턴을 하려는 경우에는 최적의 회전 속도를 유지해야 한다. 가속도도 막 두께와 균일성에 영향을 미친다. 높은 가속일수록 균일한 막을 얻을 수 있으며 가장자리의 쌓임도 줄일 수 있다. 또한 감광제가 충분히 얇아지도록 하기 위해서는 마지막 단계에서 회전 시간을 적당하게 유지해 주어야 한다.

감광제는 크게 두 가지로 나뉘는데, 빛을 조사받은 부분이 현상할 때 녹는 양성(positive) 감광막과 반대로 빛을 조사받은 부분이 남는 음성(negative) 감광막으로 나뉜다. 감광제의 성분을 보면 크게 용제(solvent)를 제외하고 2 성분과 3 성분으로 구성되는데, 최근에 단파장 쪽으로 기술이 발전함에 따라 3 성분계를 많이 사용하고 있다. 감광제는 크게 용제(solvent), 다중체(polymer), 감응제(photoactive compound)로 구성되며, 이중 용제는 감광제를 액체 상태로 유지시켜 기판에 도포하기 쉽게 만들고, 다중체는 고분자 물질로서 막의 기계적인 성질을 결정하며 감응제는 빛에 의한 광화학 반응을 일으킨다. 양성 감응제의 경우 감응제는 고분자가 용매에 녹는 것을 억제하는 용해 억제(dissolution inhibitor) 역할을 하는데, 빛에 노출되지 않으면 감광제가 용매에 녹는 것을 억제해 주다가 자외선에 조사되면 구조가 깨지면서 더 이상 용매 억제기능을 하지 못해 결국 빛에 조사된 부분이 선택적으로 녹아가게 된다. 이러한 감응제를 용해억제형이라고 한다. 화학 증폭형은 촉매작용을 하는 광산 발생제(PAG: photo acid generator)가 들어 있어 약간의 빛으로도 사슬 반응을 일으키고, 궁극적으로 아주 적은 양의 빛으로도 고감도를 유지할 수 있도록 만들어졌다. 이는 최근의 단파장 빛들이 흡수가 잘 되어 적은 양의 빛으로도 해상도

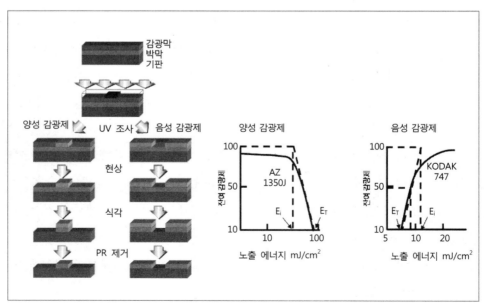

[그림 6-30] 양성 감광제와 음성 감광제

를 유지하여야 하기 때문이다. 노광 공정은 원하는 패턴 크기를 얻는 공정이므로 얼마나 작은 패턴을 정교하게 얻을 수 있는 가를 결정하는 해상도가 중요하다.

양성 감광제의 구성은 감광약(sensitizer), 레신(resin), 용제(solvent)로 되어 있으며, 기본 합성 물질은 노보락(novolak), 리소울(resole), 페놀(phenol formaldehyde) 등이 있다. 노보락이 가장 널리 사용되며, 물이나 알칼리 용액에 잘 녹는 물질이다(150 Å/sec). 노보락에 디아조키논(DQ, diazoquinone) 혹은 diazonaphthaquinone를 15% 함유한 디아조키논이 노보락에 용해하는 것을 억제하는 작용을 한다(10~20 Å/sec). 디아조키논은 365, 405와 436 nm 파장의 빛을 흡수하여 물이나 알칼리 용액에 잘 용해된다.

음성 감광제의 구성 역시 감광약(sensitizer), 레신(resin), 용제(solvent)로 되어 있으며 기본 합성 물질은 아지드화물(azide), 질소 분자 등이 있다. 아지드화물이 노광 과정에 의해 질소 기체(N_2)와 니트레닌(nitrene)이 생성된다. N_3-R-N_3(아지드화물) → N-R-N : + $2N_2$(니트레닌, nitrene). 니트레닌이 기본 합성수지로 사용된 폴리아

〈표 6-5〉 양성 감광제와 음성 감광제 비교

항목	양성 감광제	음성 감광제
금속층 식각	단순 용제	클로린 용제 화합물
산화막 식각	산	산
현상액	수성	용제
가격	높다	저렴
단차 특성(Step Coverage)	우수	
공정상태		민감하다
핀홀갯수	적다	많다
노출속도		빠르다
접착성		좋다
분해능	높다	

이소플렌 연결되면서 현상액에 녹지 않는 중합체 생성된다. 감응제가 노출된 빛으로부터 에너지를 받는 경우, 서로 이웃하는 다른 탄소와 교차 결합(crosslink)되어 현상액에 녹지 않게 된다.

❷ 저온 건조(Soft Bake)

저온 건조는 감광막 도포 후, 잔여 용매를 제거하고 막의 응력 제거 및 기판과의 접착력을 증가시키고자 한다. 공정 조건은 70~95℃ 사이에 4~30 min. 정도이며, 충분하지 못하면 막이 분리되고 과도할 경우에는 막이 변성되어 나중에 제거하기 어렵게 된다.

❸ 정렬(alignment)과 노출(exposure)

박막 트랜지스터 제조 공정에서 회로를 만들기 위해 패턴(pattern)을 전사하는데, 마스크를 기판에 올려놓을 때 원하는 위치에 배치하는 정렬 기술이 필수적이다. 마스크에는 모서리 부분에 정렬을 위한 표시(marker)가 있으며, 보통 레이저를 이러한 표시지점에 조사하고 바닥에서 반사되는 빛의 양을 파악하여 최적의 위치를 판단하게 된다. 노광 작업은 자외선을 원하는 세기로 적당한 시간만큼 조사하여 기판에 있는 감광막에 전달시킨다. 만일, 빛을 적게 조사하면 감광막이 제거되기 힘들어지고 (underdevelopment), 또한 빛을 많이 조사하면 원하지 않는 부분까지 제거되기 (overdevelopment) 때문에 적당히 노출되어야 한다. I-line(365nm), KrF (248nm), ArF(193nm)의 자외선을 사용하며 점차적으로 미세한 패턴을 얻기 위해 파장이 작은 빛을 이용한다. 정렬과 노광을 위해 스텝퍼(stepper)를 많이 사용한다.

렌즈의 특성에 따라 결정되는 개구수(NA)는 스텝퍼의 해상력(resolution)및 촛점 심도(depth of focus)를 결정하는 중요한 인자로 이로 인해 제품의 최소 회로 선폭과 생산 마진 영역이 결정된다. 해상도와 초점 심도는 다음의 식으로 표현된다.

$$해상도, \ R = K1 \times \lambda/NA$$

$$초점 \ 심도, \ DOF = K2 \times \lambda/2(NA)^2$$

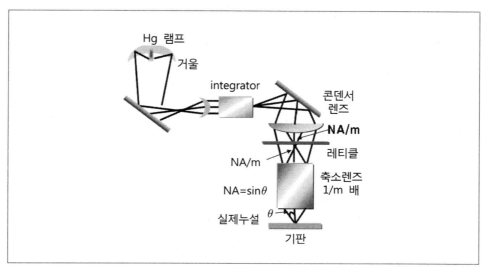

[그림 6-31] 스텝퍼의 개략도

여기서, λ는 노광 파장, NA는 렌즈의 개구수, K1 및 K2는 감광막 공정에 의한 비례 상수이다. 개구수는 렌즈의 지름에 비례하고 초점 거리에 반비례하는 값이다. 그리고 초점 심도는 기판의 울퉁불퉁한 정도를 보정할 수 있는 초점 거리이며 해상도가 작아지면 같이 작아지는 것을 알 수 있다. 위 식에서 알 수 있듯이 파장이 짧아짐에 따라 얻을 수 있는 해상도도 커지고, 또 렌즈가 커질수록 해상도가 좋아진다. 하지만 파장이 점점 짧아지면서 회절과 같은 기술적인 문제가 생기고, 렌즈가 커지면 공정 가격 상승 및 렌즈 가공에 문제점이 생긴다.

❹ 현상(development)

현상은 노광으로 변성된 부분의 감광막을 제거하는 과정으로서 주어진 감광막에 적합한 용제를 사용하여 선택적인 감광막 패턴을 형성한다. 현상하는 방법은 분무 방식(spray)을 이용하거나 현상액과 세척액에 차례로 담는 담금 방식 등이 있으나 안정적인 현상을 위해 후자의 방법을 많이 사용한다.

〈표 6-6〉 양성 감광제와 음성 감광제의 현상액 및 세척액

감광제 종류	양성 감광제	음성 감광제
현상액	알칼리 용액(KOH, NaOH, TMAH (teramethyl ammonium hydroside)	유기용제(Xylene)
세척액	H_2O	N-butylacetate

분무 방식은 돌림판(spinner) 위에 기판을 올려놓고 회전시키면서 현상액과 세척액을 기판에 분사한다. 감광막에 가해지는 분사에 의한 물리적 힘 때문에 작은 패턴의 현상이 가능하고 부분적으로 용해된 감광막 성분은 분사에 의해 쓸려간다. 반면에 담금 방식은 기판을 현상액과 세척액이 담긴 용기에 차례로 담가서 현상한다. 현상을 간단하고 빠르게 할 수 있지만, 액체의 표면장력으로 인해 작은 크기 패턴의 현상이 어렵고, 부분적으로 용해된 감광막이 기판에 남아 그 뒤의 현상을 방해하기 때문에 이를 방지해야 한다.

❺ 고온 건조(hard bake)

현상 후에 감광막과 기판과의 접착력을 보다 우수하게 유지하기 위해 다시 한 번 열처리 작업을 수행한다. 이때 감광막에 남아 있을 수 있는 여분의 용매가 제거되며 접착력이 월등하게 증가한다. 공정 조건은 저온 건조(soft bake)에 비해 약간 가혹한 조건으로서 100~150℃의 온도에 10~20 min. 정도이다. 지나치게 오래 열처리를 하면 찌꺼기(scum)가 생기며 감광막 제거가 어렵게 된다.

6.4 식각(etching) 공정

식각 공정은 기판 위에 미세 회로를 형성하는 과정으로서 앞 절에서 설명한 현상

(developing) 공정을 통해 형성된 보호막(감광막)의 패턴과 동일하게 금속 혹은 절연물 박막 위로 패턴을 전사하는 과정이다. 식각 공정은 방식에 따라 크게 액체를 사용하는 습식 식각(wet etching)과 플라즈마를 사용하는 건식 식각(dry etching)으로 나눈다. 습식 식각은 금속 등과 반응하여 부식시키는 산(acid) 계열의 화학 약품을 이용하여 박막의 보호막이 없는 영역(감광막 패턴이 없는)을 깎아 내는 것을 말하며, 건식 식각은 플라즈마 이용하는 것으로 플라즈마 내의 이온을 가속시켜 보호막이 없는 부분의 물질을 떼어냄으로서 패턴을 형성하는 것을 말한다.

식각 방식은 선택적(selective) 식각과 비선택적(nonselective) 식각으로 구분하는데, 선택적 식각은 복합층 중에서 아래층에 영향을 주지 않고 표면의 층에만 반응하여 식각하는 것이고, 비선택적 식각은 여러 층과 반응하여 여러 층을 일괄적으로 식각하는 것을 말한다. 습식 식각에서의 선택적 식각은 특정 물질에만 반응하도록 몇몇 화학 약품을 조합하여 식각액(etchant)을 만들어 사용함으로서 가능하며, 건식 식각은 특정 물질에만 반응하는 반응성 기체를 주입함으로서 가능해진다. 건식 식각의 경우, 이온 가속만을 이용하는 이온 빔 식각 장치(IBE: ion beam etching)와 스퍼터링과 같이 마그네트론을 이용하는 스퍼터 식각(sputtering etching)이 비선택적 식각이며, 이온 가속에 반응성 기체를 사용하는 반응성 이온 식각(RIE: reactive ion etching)은 선택적 식각이다.

일반적인 식각 외에 직접적인 식각 방법을 사용하지 않고 패턴을 전사하는 경우가 있는데, 대표적인 것이 리프트오프(liftoff) 기법이다. 리프트오프 기법은 박막을 입히기 전에 감광막에 패턴을 만들고 그 위에 박막을 덮고 감광막을 제거하면서 동시에 박막을 제거하여 패턴을 형성시키는 방법을 말한다. 감광막을 용제(solvent)에 녹이는 과정에서 감광막 위에 증착된 박막은 제거되고 기판 위에 증착된 박막은 남게 된다.

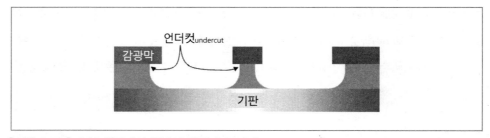

[그림 6-32] 습식 식각에서 등방성 식각과 언더컷

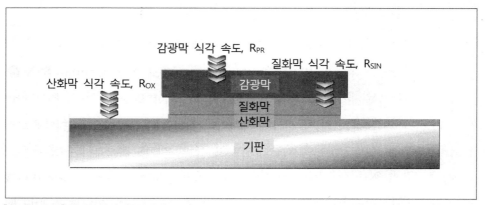

[그림 6-33] 습식 식각의 선택비

❶ 습식 식각

습식 식각은 기판을 반응 용액(etchant)에 담근 후, 박막이 화학 작용이나 용해되어 제거하는 방법이다. 반응물은 용해될 수 있어야 하며 식각액과 함께 쓸려 나간다. 습식 식각은 등방성 식각으로 모든 방향으로 동일하게 진행된다. 선택비(seletivity)는 식각을 원하는 물질과 원하지 않는 물질의 비율을 의미한다. 그림 6-33에서는 선택비에 대한 설명을 보여 주고 있다. 예를 들어, 실리콘 질화막(SiNx)에 대한 식각을 고려하자. 그러나 습식 식각의 특성상 실리콘 질화막만 깎는 것이 아니라, 이를 보호하고 있는 감광막과 아래 있는 실리콘 산화막(SiO_2)을 동시에 깎는다. 따라서 실리콘 질화막은 빠른 속도로 식각하고 감광막과 실리콘 산화막은 느리게 식각하도록 선

〈표 6-7〉 식각 용액과 식각 온도

기판	식각액	공정 온도(℃)
실리콘 산화막	7 NH₄F : 1 HF	상온
Pyrolyc 산화막	7 NH₄ : 1 HF	상온
PSG 　절연막(insulator) 　보호막(passivation)	7 NH₄F : 1 HF 6 H₂O : 5 HC₂H₃O₂ : 1 NH₄F	상온
질화막	H₃PO₄	155
다결정 실리콘 　도핑 　도핑안함	200 HNO₃ : 80 HC₂H₃O₂ : 1 HF 20 HNO₃ : 20 HC₂H₂O₂ : 1 HF	상온
Al	80 H₃PO₄ : 5 HNO₃ : 5 HC₂H₃O : 10 H₂O	40 ~ 50

택비를 높게 해주는 방향으로 진행한다.

감광막에 대한 질화막의 선택비는 R_{SiN}/R_{PR}이고 산화막에 대한 선택비는 R_{SiN}/R_{OX}이며, 선택비가 높을수록 좋다.

식각의 종료점(endpoiont)은 식각 용액이 원하는 박막으로 들어가 식각이 다 되도록 노출시키는 시간이다. 식각 공정에서 이 종료점을 알아내는 것은 매우 중요하다. 예를 들어 산화막은 물과 잘 접촉하는 친수성(hydrophilic), 실리콘은 물의 잘 붙지 않는 소수성(hydrophobic)을 이용하며 주기적으로 시간 간격을 정하여 물이 묻는 정도를 보며 확인한다. 다결정 실리콘(poly-Silicon)은 색의 변화를 통해 알 수 있으며 알루미륨(Al)은 기판 색으로 확인 가능하다.

❷ 건식 식각

건식 식각(dry etching)은 활성 기체와 박막 물질과의 화학 반응에 의하여 박막 물질을 제거하는 방법과 박막 물질을 물리적 이온 충격으로 파괴하여 제거하는 방법 등이 있다. 건식 식각 기술은 플라즈마, 기체 및 진공 등의 조건에 따라 식각 성능이 달라지며, 기판의 손상과 오염 등의 부작용을 고려해야 한다. 건식 식각 종류와 과정을 살펴보자.

① 다결정 실리콘 식각

다결정 실리콘의 식각은 다양한 기체들을 사용할 수 있다. 주로 염소(Cl_2), 불화물, 브롬 화합물 등이다. 여러 가지 기체(gas)를 이용하여 식각(etch)이 가능하다. 가장 많이 쓰이는 염소를 사용하여 실리콘을 식각하는 과정을 보면 다음과 같다.

- 다결정 실리콘의 측벽 보호를 위해 염소 이온들이 탄소와 결합하여 중합체(polymer)를 형성한다.
- 염소 이온이 다결정 실리콘의 실리콘과 반응하여 $SiCl_y$ 화합물을 형성한 후 휘발성 $SiCl_4$를 형성한다.($2Si + 4Cl_2 \rightarrow 2SiCl_4$)
- 다결정 실리콘이 식각 되면 기판에 산화막이 들어나게 되어, 감광막의 탄소와 산화막의 산소와 결합하여 탄소와 산소 화합물을 형성하게 된다.
- 염소 이온은 산화막에서 실리콘과 결합하여 $SiCl_y$를 형성한다.

② 실리콘 산화막

실리콘 산화막은 화학적 반응 및 이온 충격(bombardment)의 도움으로 식각된다. 여기에 중합체를 형성하는 것은 식각 속도를 느리게 하거나 방해하는 역할을 함으로서, 원하는 선택비를 얻는 중요한 요소로 작용한다. 전형적인 산화막 식각을 과정은 다음과 같다.

- 식각액(Etchant)인 불화탄소가 산화막과 반응하여 불소(F) 기나 CF_3 기를 형성한다.($CF_4 + e^- \rightarrow CF_3 + F + e^-$)
- 불소 기나 CF_3 기는 산화막과 화학적인 반응을 잘하고 쉽게 결합하는 성질을 갖고

있어서 불화 실리콘(SiF_4), 일산화탄소, 이산화탄소를 형성시킨다.($4CF_3 + 3SiO_2$ → $3SiF_4 + 2CO_2 + 2CO$)

- 실리콘과 산소 결합은 200 Kcal/mole 이어서 상대적으로 실리콘과 실리콘 결합의 80 Kcal/mole 보다 2배 이상의 결합력을 갖고 있어, CF_3(혹은 F)기가 산화막 계면에 흡착되어 있어도 양(+)으로 대전된 아르곤(argon)이나 헬륨(helium)의 충격 에너지를 받아야만 산화막 계면을 침투하여 실리콘과 산소의 연결 고리를 끊어 식각할 수 있게 된다.

③ 금속 식각

전도성이 높고 안정하며, 가공이 용이한 알루미늄이 금속 식각의 대상이며, 커패시터로 사용하는 장벽 금속으로 티타륨질화물(TiN 혹은 Ti)나 티타륨 텅스텐(TiW)이 사용되고 있다. 알루미늄 식각의 주 식각액은 염소로 알루미늄과 염소가 자발 반응에 의해 식각이 되면 $AlCl_3$이 형성되고, 휘발성이 강하여 가열하면 쉽게 제거된다. $2Al + 3Cl_2$ → $2AlCl_3$ (38 Kcal/mole)

④ 건식 식각 장비

건식 식각 장비의 구성은 일정한 압력을 유지하면서 공정을 진행하기 위한 반응 진공조와 진공 장치, 기판을 적재하고 공정 온도를 일정하게 유지하기 위한 척(chuck: mechanical chuck과 electrostatic chuck), 기체를 공급하는 기체 공급 장치(gas supply system), 플라즈마를 발생시키는 위한 플라즈마 발생 장치, 플라즈마 장치에 전원을 공급하기 위한 RF 전원 장치, 공정을 마치는 것을 확인하기 위한 종료점 검출기 등으로 분류한다.

플라즈마를 발생시키는 RF 발생기(generator)의 주파수는 보통 13.56 MHz를 많이 사용하고, 이외에 다른 주파수로는 400 KHz, 800 KHz, 2 MHz와 27.12 MHz를 사용하기도 한다. 주파수 사용 범위는 국제적으로 정해져 있으며, 특정 주파수만을

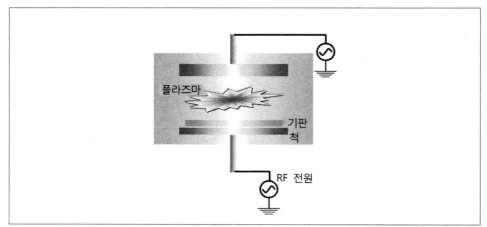

[그림 6-34] 건식 식각 기본 장치

배정하게 되는데, 이는 RF 발생기에서 발생한 고주파들이 다른 통신 장비에 영향을 줄 수 있기 때문에 이를 방지하기 위한 대안으로 규정하고 있다.

⑤ 건식 식각 장비의 종류

통 모양의 배럴(barrel)형에서는 중성 기체들이 비교적 긴 수명을 가지고 있기 때문에 등방성(isotropic)으로 식각이 된다. 적용 공정은 주로 감광제를 제거하는데 주로 사용한다. 평판(planar) 형은 초기 개념의 플라즈마 생성 방식으로 글로우 방전에 의해 플라즈마를 형성시키며, RF 주파수는 글로우 방전이 한 주기 동안 유지될 수 있도록 충전 시간(10 μs 정도)보다 작게 될 수 있는 최소의 주파수인 100 KHz ~ 13.56 MHz의 범위에서 사용하지만, 일반적으로 400 KHz, 2 MHz, 13.56 MHz, 27.12 MHz의 주파수를 사용한다. 구조적 특징으로는 양 전극과 음 전극의 크기가 동일하게 하며, 두 전극 사이 간격을 가능한 좁게 구성한다. 직류 바이어스가 작으므로 이온의 에너지가 적어 식각 속도가 느리다. 두 전극 사이의 전압차가 커서 불꽃(arcing) 발생이 많아 균일한 플라즈마가 형성되지 못해 가공 정밀도가 낮고, 등방성의 식각 특성이 있으며 주로 감광제를 제거하는 공정에 적용된다. 분리(split) RF 전원 인가

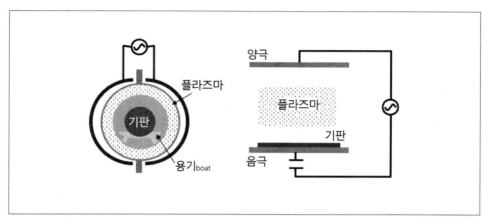

[그림 6-35] 배럴형과 평판형 건식 식각 장치

방식은 기존의 RF 플라즈마 방식의 개선형으로 기존 방식보다 높은 전압을 인가함에 따라 전극과 접지 사이에서 불꽃과 떠돌이(stray) 방전 현상을 일어나는 문제점을 개선하기 위하여 고안된 장치이다. 식각 속도를 빠르게 하기 위해서는 높은 전압을 인가하는 것이 필요하며, RF 플라즈마 방식에서는 필요한 전압을 전극에 직접 공급하고, 이에 따라 상·하부 전극 간 높은 전압차가 발생하게 되어 문제를 유발하지만, 분리 방식에서는 위상이 180 도 차이가 나는 전압을 나누어 공급함으로서 목표로 하는 전압차를 최소화함으로서 기존의 문제를 해결하게 된다. 이와 같은 방식의 특징은 안정되게 비교적 높은 전압 인가에 따른 식각 속도를 개선하고, 플라즈마의 연속성 향상으로 균일도가 개선하였으며, 불꽃 방전로 인한 장비 손상을 최소화하는데 안정도가 뛰어나 현재 가장 널리 활용되고 있다.

반응 기체 식각 방식(RIE: reactive ion etching)은 기판이 놓이는 전극에 RF 전압을 인가하고, 공정 압력을 100 mtorr 정도 낮게 유지하여 플라즈마 중의 양이온이 플라즈마 암흑 영역(sheath)을 통해 가속되게 함으로서 평판(planar) 방식에 비해 이방성 식각 특성을 향상시킨 구조이다. 그러나 방사(radiation)에 의한 손상을 일으킬 수 있고, 선택비가 좋지 않다는 단점이 있다. 적용 공정은 다결정 실리콘, 질화막, 알루미

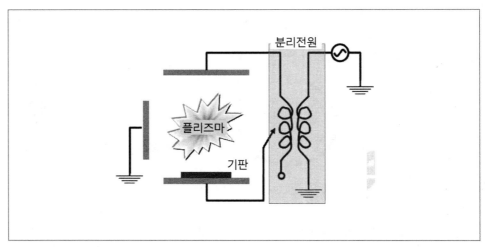

[그림 6-36] 분리(split) RF 전원 인가 방식 식각 장치

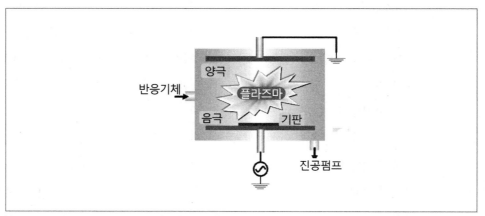

[그림 6-37] 반응 기체 식각 방식 RIE 장치

늄 식각, 잔존 감광막을 제거하는 애싱(ashing) 공정에 많이 사용한다.

자기장 반응 기체 식각 방식(MERIE: magnetically enhanced RIE)은 기판이 있는 음극 측면에 자석을 놓아 자기장을 형성하여 전자를 원하는 영역으로 집속시켜서 플라즈마 밀도를 높인다. 이에 따라 이온화율이 향상되고 공정 압력을 낮출 수 있어

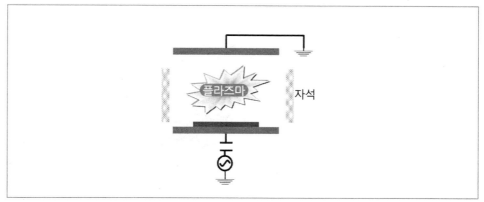

[그림 6-38] 자기장 반응 기체 식각 방식 장치

중성 입자들에 의한 산란(scattering)이 줄기 때문에 원하지 않는 발열 현상을 억제할 수 있다. 반응 이온들의 충분한 에너지를 얻기 때문에 표면 확산이 잘 되어 식각 속도를 높일 수 있다. 전자가 자기장의 영향을 받아 원운동을 하므로 분자나 원자와 충돌 횟수가 늘어나 이온화율도 따라서 증가하고, 반면에 자기장으로 인한 영향은 식각에 관여하는 반응 이온이 비교적 전자보다 무겁기 때문에 영향을 거의 받지 않아 직선 운동을 한다. 이러한 장치는 자석을 설치하기 때문에 장비의 구조가 복잡하다는 단점이 있다.

화학적 정제 식각(CDE: chemical downstream etching) 방식은 플라즈마 발생부 영역과 공정 영역을 분리하여 공정 중에 기판의 손상을 최소화하기 위해 개발된 방식이다. 공급된 기체를 마이크로파에 의해 여기시켜 플라즈마로 만들고 이때 발생하는 이온과 라디칼을 공정 챔버로 이송시켜 식각하는 방법이다. 이 방식은 플라즈마 발생하는 영역에서 전자의 강한 에너지에 의해 내부의 석영(quartz)을 식각하여 석영의 수명이 짧아져 자주 교체해 주어야 한다. 공정 영역부에서 식각 효과가 낮아 주로 감광제 제거에 많이 쓰인다. 화학 반응에 의한 식각으로 등방성 식각 특성을 나타낸다.

전자 싸이클크트론 공명(ECR: electron cyclotron resonance) 방식은 플라즈마에 자

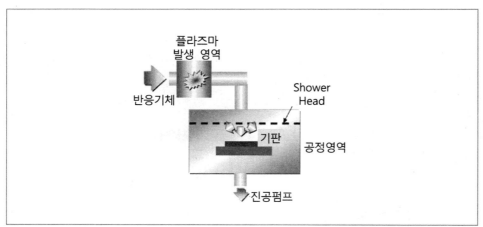

[그림 6-39] 화학적 정제 식각 장치

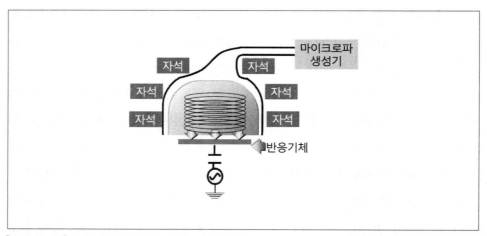

[그림 6-40] 전자 싸이클크트론 공명 식각 장치

장을 걸어주면 자기장과 전기장이 생성되며 전기장 방향을 따라 전자는 회전 운동을
하게 되는데, 이러한 회전 운동의 주파수는 $W = eB/m$ (e = 전하, B = 자기장, m
= 전자의 질량)이 된다. 여기에 마이크로파를 인가하여 싸이클로트론 공진을 만들
수 있다. 이로 인해 전자는 많은 운동 에너지를 얻게 되므로 고밀도 플라즈마를 얻을

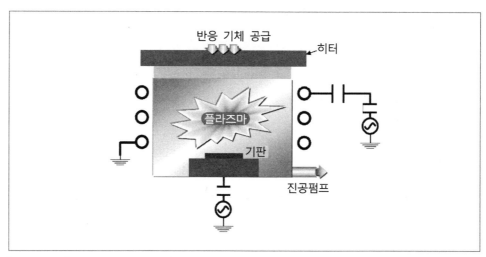

[그림 6-41] 유도 결합 플라즈마 방식 장치

〈표 6-8〉 다결정 실리콘

반응기체	장치	공정압력	식각 속도 (μm/min)	선택비	비고
CCl_4, Argon	평판	0.4 torr	0.02 (undoped)	Poly Si : SiO_2 = 15:1	
SiF_4 (50%), Argon(50%)	평판	0.2 torr	0.04 (undoped)	Poly Si : SiO_2 = 25:1	
CF_4, O_2	배럴	0.2 torr	0.05 (undoped)	Poly Si : Si_3N_4 : SiO_2 = 25 : 2.5 : 1	
CF_4, O_2(4%)	평판	0.4 torr	0.057 ($-$ doped)	Poly Si : SiO_2 = 10:1	
C_2ClF_3	평판	0.225 torr	0.05 ($-$ doped)	Poly Si : SiO_2 = 3.5:1	
CF_4 (92%), O_2 (8%)	평판	0.35 torr	0.115 ($-$ doped)	Poly Si : SiO_2 = 10:1 Poly Si : SiO_2 = 9:1	등방
C_2F_4 (50%), CF_3Cl (50%)	평판	0.4 torr	0.159 ($-$ doped) 0.098 (undoped)	Poly Si : SiO_2 = 8:1 Poly Si : SiO_2 = 5:1	등방
C_2F_4 (81%), CF_3Cl (19%)	평판	0.4 torr	0.082 ($-$ doped) 0.07 (undoped)	Poly Si : SiO_2 = 5:1 Poly Si : SiO_2 = 4:1	이방성 식각
C_2F_4 (92%), Cl_2 (8%)	평판	0.35 torr	0.057 ($-$ doped) 0.070 (undoped)	Poly Si : SiO_2 = 6:1 Poly Si : SiO_2 = 5:1	이방성 식각
CF_3Cl	평판	0.35 torr	0.08 ($-$ doped) 0.03 (undoped)	Poly Si : SiO_2 = 13:1 Poly Si : SiO_2 = 6:1	부분적 이방

수 있다. 전자 싸이클로트론 공명 장치에서는 875 gauss의 자기장과 2.45 GHz의 마이크로파를 사용한다. 전자 싸이클크트론 공명 방식은 자기장의 형성을 위한 장치가 복잡하고, 큰 면적을 요하므로 장치 크기가 커진다. 전자가 전기장에 따라 운동함으로서 제한된 확산 운동을 하며, 면적이 큰 영역에 대해 두께 균일도가 떨어진다. 유도 결합 플라즈마(ICP: inductively coupled plasma) 방식은 진공조의 측면에 코일을 감고 2 MHz의 RF 전원을 인가하며, 척(chuck) 하부에서는 반응 기체를 공급한

〈표 6-9〉 질화막, 산화막, 알루미늄 건식

물질	반응 기체	장치	공정 압력	식각 속도	선택비	비고
Si_3N_4	SiF_4, O_2	배럴	0.3 torr	0.01 μm/min	Si_3N_4 : Si : Poly Si : SiO_2 = 25:5:2.5:1	이방성
	SiF_4, O_2 (2%)	배럴	0.75 torr	0.1 μm/min	Si_3N_4 : Poly Si = 7.5:1	
	CF_4, O_2	배럴	1.1 torr	0.02 μm/min	Si_3N_4 : SiO_2 = 5:1	등방성
SiO_2	C_2F_4	평판	0.4 torr	0.043 μm/min	SiO_2 : Si = 15:1	이방성
	CF_4 (70%), H_2 (30%)	평판	0.03 torr	0.004 μm/min	SiO_2 : Si = 5:1	이방성
	CHF_3 (90%), CO_2 (10%)	평판	0.07 torr	0.05 μm/min	열 SiO_2 : Si = 17:1	
	C_2F_4 (12%), CHF_3 (12%), He (76%)	평판	4.0 torr	0.5 μm/min 0.7 μm/min 0.6 μm/min	열 SiO_2 : Si = 15:1 CVD SiO_2 : Si = 19:1 Plasma SiO_2 : Si = 16:1	이방성
Al	CCl_4He	평판	0.3 torr	0.18 μm/min	Al : Si : Poly Si : SiO_2 = 100:1:1:1	
	CCl_4	평판	0.1 torr	0.36 μm/min	Al : Si = 100:1	수분에 민감
	BCl_2	평판	0.1 torr	0.06 μm/min	Al : Si = 100:1	수분에 둔감

다. 공정 압력은 10 mtorr 이하로 유지한다. 플라즈마를 넓게 형성할 수 있고 균일도가 높기 때문에 면적이 큰 기판에 적절하고 이온을 가속시키지 않음으로서 이온에 의한 충격으로 손상을 입을 염려가 적다. 그러나 반응 기체가 고속으로 분해되어 라디칼 조성이 기존 플라즈마 방식과 다르게 나타날 수 있다. 반응 부산물인 중합체(polymer)가 재분해하거나 재축적되는 현상이 나타날 수 있으며, 코일에 의해 벽 쪽으로 끌리는 이온과 전자의 영향에 의해 진공조 내벽에 생성물이 퇴적되고, 이에 의해 플라즈마 발생하는데 영향을 줄 수 있기 때문에 공정의 재현성이 좋지 않다.

6.5 세정 공정

박막 트랜지스터 반도체 소자 제조 공정 후에는 많은 잔류물 또는 오염물이 표면에 남게 되어 이것들을 제거하는 세정 공정의 중요성은 매우 중요하다. 이들 이물질들이 공정이 진행되면서 공정 정밀도나 공정 장비에 좋지 않은 영향을 줄 수 있다. 또한 이물질은 소자의 구조적 형상의 왜곡과 전기적 특성을 저하시켜 소자의 성능, 신뢰성 및 수율 등에 특히 큰 영향을 미치기 때문에 반드시 제거되어야 한다.

세정 기술의 유래는 반도체 세정에서 1970년 RCA사가 발표한 세정 방법을 기본으로 하고 있다. 30년이 지난 오늘날에도 이른바 RCA 세정은 여전히 업계에서 널리 이용되고 있다. 최근에 몇 가지 다른 세정 방법들이 제시하였지만, 각각 극복해야 할 문제점들이 있어 실질적으로 기존의 RCA 방식 세정에 비해 실익이 크지 않는 것으로 알려지고 있다. 기본적인 기술은 같지만 약품의 혼합비와 욕조(bath)의 모양에 이르기까지 많은 기술들이 있으며, 대부분 산업체에서 비공개되어 있어 표준화가 어려운 공정이다.

반도체 세정기술은 1950년대에서 1970년대까지는 느리게 발전되었으나, 소자의 집적도가 증가와 분석 장비의 발전이 세정기술 발전에 큰 역할을 하였다. 1970년대에 제안된 RCA 세정은 세정 기술의 괄목할만한 성장을 이룩하였으며, 현재에는 전기화학 이론 등의 발전으로 세정 기술을 학문적으로 설명하는데 많은 도움을 주었다. 세정 기술에 대한 변천을 알아보면 다음과 같다.

- 1950~1960 : 기계적 및 화학적 처리 기술로 구성되었으며, 초음파나 반도체 제조용 붓(brush), 솔(scrubber) 기술을 이용해 이물질(particle)을 제거하는 세정 방법이 주로 사용되었다.
- 1961~1971 : 이 시기에는 오염에 대한 연구가 이루어졌으며, 세정 공정에 대한 체계적인 연구가 진행되었다. 금속 오염에 대한 연구를 위해 방사성 동위 원소를 활용하여 많은 연구가 진행되었으며, RCA 세정에 대한 개발이 이루어졌다.
- 1972~1989 : 계측 분석 장비의 눈부신 발전으로 금속 오염 제거력, 막질별 식각량이 정밀하게 측정되었으며, 세정 원리에 대한 연구도 활발하게 이루어졌던 시기이다.
- 1990~현재 : 1990년대 이후부터는 미세화 추세에 따라 아주 작은 이물질이 소자에 영향을 주어 세정 기술에 대한 연구가 집중적으로 이루어지고 있으며, 식각량의 미세 제어가 가능하고 금속 오염이나 자연 산화막 제거가 용이한 세정 공정 개발이 필수적이 되었다. 첨단 소자 기술의 요구 사항에 대응하면서 자원을 보존하고, 환경, 보건 및 안전성 요구 사항에 맞추기 위하여 노력을 기울이고 있다. 습식 세정, 습식 식각 및 후속 세척 공정에서 사용하는 화학액과 물의 양은 엄청나다. 현재의 화학액과 물 소비량을 크게 낮추기 위해 새로운 세정액을 개발하려는 노력이 이루어지고 있다. 이를 위해 감광막, 건식 식각 잔사, 입자 및 금속이온 이물질 등을 제거하기 위해 새로운 화학 세정 방식에 대한 연구들이 진행되고 있다. 또한 건식 세정 방식에 대한 연구도 활발하게 진행 중에 있으며, 효율적인 장치 및 공정에 개발되어 상용화될 것이다.

❶ 표면 세정 기술

박막 트랜지스터 제조 공정에서 기판 위에 생성되는 주 오염물질은 입자, 유기, 금속 오염물, 자연 산화막 등으로 제품의 수율, 품질과 신뢰성에 좋지 않은 영향을 준다. 이러한 오염 물질을 제거하는 방법에는 습식 세정법과 건식 세정법이 있다. 대부분의 제조 공정에서 사용되고 있는 대표적인 습식 세정 공정은 1970년에 소개된 RCA 세정법이다.

세정 공정은 과산화수소 H_2O_2를 기본으로 하는 SC-1(standard cleaning-1, $NH_4OH:H_2O_2:H_2O = 1:1:5{\sim}1:2:7$ at $70{\sim}80℃$)과 SC-2(standard cleaning-2, $HCl:H_2O_2:H_2O = 1:1:5$ to $1:2:8$ at $70{\sim}80℃$)의 순차적인 공정으로 이루어져 왔다. 염기성 용액을 사용하는 SC-1 세정은 산화 및 식각 반응을 통해 유기 오염물이나 입자를 효과적으로 제거할 수 있고, 산성 용액을 사용하는 SC-2 세정은 금속 불순물을 용해해서 착화합물로 형성하여 금속 불순물을 기판 표면으로부터 제거하는데 이용된다.

점점 회로 선폭이 감소하게 되면서 보다 엄격하고 신뢰성 있는 세정 방법 및 공정들이 요구되고 있으며, 따라서 기존의 표준 RCA 세정공정은 더욱 높은 효율을 갖기 위해서 개선되어져 왔다. SC-1과 SC-2 사이에 혹은 그 이후나 이전 단계에 피라냐(piranha: $H_2SO_4:H_2O_2$ 혼합물)나 희석된 불산(DHF) 단계를 사용하기도 한다.

피라냐는 강력한 산화제로써 감광막 제거에 사용되며 메커니즘은 황산에 의해 감광막이 탈수되고, 남은 잔유물이 산화제인 과산화수소수에 의해 반응하여 제거된다. DHF는 자연산화막 제거와 같은 식각과정에 사용되며, 구리를 제외한 금속오염과 같은 불순물 세정에 효과적이다. 보통 초순수와 혼합하여 50:1~ 1000:1 정도의 농도로 희석되어 사용되고 있다. 이와 같은 습식 세정법은 현재 박막 트랜지스터 소자 제조 공정 중에서 가장 널리 사용되어지고 있는 세정법으로 다음과 같은 장점을 가지고 있기 때문이다.

초순수(DI water)로 쉽게 세척이 가능하고, 건조 후에도 잔류물이 매우 적으며, 제거될 오염물에 따라 적당하고 많은 종류의 화학용액을 사용할 수 있다는 점 등이 장점이다. 그 중에서도 습식 세정법은 효과가 매우 뛰어나 신뢰성 및 재현성이 우수하다. 그러나 공정이 점점 미세해지면서 습식 세정과 관련된 여러 문제점들이 부각되고 있다. 독성이 매우 강한 강염기 및 강산과 같은 용액을 사용하여 다루기가 위험하고 사용량도 막대하여 그것들을 처리할 때 환경적인 측면에서 많은 문제를 일으킨다. 진공 장비들과 연계시켜 연속적인 공정을 수행하기 어렵고, SC-1 공정에서 미세한 표면 거칠기를 유발하며, 화학 용액으로부터 기판에 오염물을 재오염시킬 가능성이 있고 박막의 굴곡이 있는 영역에서는 세정 효과가 작다.

습식 세정법의 가장 근본적인 문제점은 공정 후에 이뤄지므로 세정 후 공정 장비로 이동시 필연적으로 외부에 노출되어 유기 오염물 또는 입자들과 같은 이물질에 오염될 가능성이 크다는 점이다. 이와 같은 문제점을 개선하기 위해 현재 적용되고 있는 것이 기상 세정이라고도 불리는 건식 세정법이다. 건식 세정법은 저온 공정을 기본으로 한다. 일반적으로 반도체 소자 제조공정 중에 저온 공정은 열손실로 인한 비용 절감, 후공정에서 다층 박막 간 상호 확산의 감소, 박막 간 열응력(thermal stress)에 따른 변형의 감소 등과 같은 많은 장점들을 갖는다.

이외에 과도한 양의 화학용액을 절감하고 환경 문제에 대한 완벽한 해결 능력을 갖추었으며, 습식 세정으로는 제거하기 어려운 미세 구조의 각종 잔류 오염물을 제거할 수 있게 되었다. 세정법이 고순도의 기체류 및 기체상을 사용하므로 기판 위에 불순물의 재오염 및 입자의 기판 위 오염을 예방하거나 또는 감소시킬 수 있다.

세정 공정을 통해 제거하려는 대부분의 오염물들은 환경적인 면이나 사람에 기인하는 것보다 공정 후에 또는 장비로부터 오는 경우가 대부분이므로 동시 세정의 중요하다. 세정, 산화, 박막 증착 등의 공정들을 같은 진공 시스템 내에서 동시에 진행함으로써 공정의 신뢰성과 재현성을 높인 것이라 할 수 있다.

건식 세정법으로는 HF/H_2O 기상 세정, UV/O_3 세정, UV/Cl_2 세정, H_2/Ar 플라즈마 세정 및 열세정 등이 있다. 이와 같은 기상 세정 방법들은 대개 저온에서의 공정이므로 세정과 관련된 기판 위에서의 화학 반응을 향상시키기 위해서는 플라즈마, 단파장 조사 및 가열 등과 같은 여기 에너지원을 필요로 한다.

건식 세정법은 습식 세정법보다 재현성이 낮다는 점으로서 이를 보완하기 위해 최적 조건을 찾기 위한 많은 연구들이 행해지고 있다. 플라즈마나 자외선 같은 방법을 사용할 때, 기판 표면을 손상시켜 결함이나 미세 표면거칠기 등을 유발할 수있는데, 이를 감소시키기 위해 원거리 플라즈마가 제안되고 있다. 습식 세정이 기판 여러 장을 한꺼번에 세정하는 일괄(batch) 공정이지만, 건식 세정법은 대개 낱장 단위 공정이 대부분이므로 단위 시간당 공정 시간이 느리므로 이를 개선하려는 노력이 필요하다.

❷ 세정 공정에 사용되는 화학 물질

입자들을 제거하기 위해 암모늄과 과산화수소 혼합물(APM: ammonium peroxide mixture)이 사용된다. 유기물 제거에는 황산 과산화수소 혼합물(SPM: sulfuric acid peroxide mixture)이 사용된다. 금속 불순물은 염산 과산화 혼합물(HPM: hydrochloric acid peroxide mixture)이나 불산과수(FPM)가 주로 이용한다. 산화막

〈표 6-10〉 박막 트랜지스터 공정에서 사용하는 주요 세정액

약품	성분	용도
암모늄과 과산화수소 혼합물 APM	NH_4OH, H_2O_2, H_2O	파티클제거
염산 과산화 혼합물 HPM	HCl, H_2O_2, H_2O	금속불순물제거
황산 과산화수소 혼합물 SPM	H_2SO_4, H_2O_2	유기물제거
희석된 불산 DHF	HF, H_2O	자연산화막제거
완충된 불산 BHF	NH_4F, HF, H_2O	산화막제거, 식각
불산과수 FPM	HF, H_2O_2	금속불순물제거
오존불산	HF, O_3, H_2O	산화막제거

제거에는 희석된 불산(DHF: diluted HF), 완충된 불산(BHF: buffered HF), 오존 불산 등 과산화수소를 포함하지 않는 불소(F)계의 약품은 산화막 제거에 이용된다. 암모늄과 과산화수소 혼합물(APM)은 입자들의 제거 성능을 향상시키기 위해 계면활성제 등을 첨가하여 사용하기도 한다. 황산 과산화수소 혼합물(SPM)은 유기물 제거를 주요 용도로 하는데, 이온 주입 후의 감광막 잔사 등 매우 강한 결합을 갖는 유기물 중합체(polymer)에 대해서는 그다지 효과가 없다. 이러한 경우는 유기계 폴리머 제거액 등을 이용하며, 희석된 질산(HNO_3)을 사용하는 경우도 있다.

용어
정리

01. 박막 트랜지스터(TFT; thin film transistor): 기판 표면 위에 진공증착법으로 여러 층의 박막을 패터닝하여 만들어진 능동 박막 트랜지스터로 전계효과 트랜지스터의 일종이며, 반도체, 절연체 및 금속의 박막을 증착하여 제조한다.

02. 증착(deposition): 표면에 얇은 막을 씌워 전기적 특성을 갖도록 만드는 공정이며, 증착공정은 웨이퍼 표면에 원하는 물질을 박막의 두께로 입혀 전기적인 특성을 갖게 하는 과정이다.

03. 노광(photolithography): 반도체 노광 공정은 회로 패턴이 담긴 마스크에 빛을 통과시켜, 감광액 막이 형성된 웨이퍼 표면에 회로 패턴을 그리는 작업이다. 웨이퍼 위에 마스크를 놓고 빛을 쪼아 주면 회로 패턴을 통과한 빛이 웨이퍼에 회로 패턴을 그대로 옮기는 공정이다.

04. 식각(etching): 화학용액이나 가스를 이용하여 실리콘 웨이퍼 상의 필요한 부분만을 남겨놓고 나머지 물질을 제거하는 공정이며, 가스나 플라즈마, 이온 빔을 이용하는 건식 식각과 화학약품을 사용하는 습식식각이 있다.

05. 포토마스크(photomask): 유리기판 위에 반도체의 미세회로를 형상화 한 것으로 기판에 도포된 포토레지스트에 패턴을 주기 위해 노광 시, 빛의 차폐용 패턴을 말한다.

06. 포토레지스터(photoresistor): 포토 에칭에서 반도체 표면에 도포하는 감광성 저항물질

07. 스퍼터링(sputtering): 진공증착법의 일종으로 비교적 낮은 진공도에서 플라즈마를 발생시켜 이온화한 아르곤 등의 가스를 가속하여 타겟에 충돌시켜 목적의 원자를 분출시켜, 그 근방에 있는 기판 상에 막을 만드는 방법을 말한다.

08. 스퍼터율(sputter yield): 1개의 양이온이 음극에 충돌할 때, 표면에서 방출되는 원자의 수로 정의되며, 박막 물질 재료의 특성과 입사되는 이온의 에너지, 질량 및 입사각과 관계한다.

09. 세정(cleaning): 기판 표면 위에 오염물인 파티클, 유기 오염물, 금속 불순물과 자연 산화물 등을 제거하기 위한 공정이다.

07

칼라 필터 제조공정

본 장에서는

칼라 필터의 기본 구조와 원리에 대해 살펴보고, 제조공정과 장비에 대하여 공부하도록
한다.

칼라 필터 제조공정

액정 디스플레이에서 색상은 백라이트(BL; backlight)에서 나오는 백색광이 액정을 통과하면서 투과율을 조절하고 인접 배치된 R·G·B의 칼라 필터를 투과하여 나오는 빛들의 혼색으로 이루어지게 된다. 칼라 필터(CF; color filter) 기판은 색상을 구현하는 칼라 필터와 R·G·B 화소 사이를 구분하고, 빛의 반사를 방지하는 BM(black matrix)과 화소에 전압을 인가하기 위한 투명 전극(주로 ITO 사용)으로 구성된다. BM은 일반적으로 칼라 필터 제작에서 각 화소의 경계 부근에 설치되는데, 그 역할은 화소 전극으로 조절되지 않는 부분으로 투과해 나오는 빛을 차단하여 액정 디스플레이의 색대조비(contrast)를 향상시키는 것이다.

BM의 재질로는 광투과도가 비교적 작은 Cr과 합금의 금속 박막이나 탄소화합물 계열의 유기 재료가 주로 사용된다. 스퍼터링으로 증착하는 Cr은 금속 막이기 때문에 미세 패턴과 박막화가 용이하고, 낮은 저항을 갖는다. 그러나 표면 반사율이 높기 때문에 외부에서 입사하는 빛의 반사가 비교적 높아 색대조비를 감소시킨다. 이러한 영향을 감소시키기 위해 BM과 유리 기판 사이에 간섭층을 만들어 외부 빛의 반사 효과를 줄일 수 있다.

간섭층으로는 다양한 재료들을 사용되지만 주로 CrOx, TaOx 및 MoOx 등을 이용한다. 구조가 비교적 복잡하고 원가 부담이 크며 환경오염 등의 문제점을 안고 있어 다른 대체 물질의 개발 필요성이 대두되고 있다. 이에 대한 대체 물질로 개발된 유기 BM은 표면 반사율을 더욱 감소시키면서 생산성을 높일 수 있다. 유기 물질을 사용하면 칼라 필터 제조공법과 같이 회전 도포(spin coating)법을 이용하여 제조할 수 있기 때문에, 제작 공정을 단순화시킬 수 있으며 환경오염 문제를 줄일 수 있고 전극 위에 BM을 설치하는 구조가 가능하여 높은 개구율의 화소 설계도 가능해진다.

칼라 필터는 제조공정에서 사용되는 유기 필터의 재료에 따라 염료 방식과 안료 방식으로 나누어지며, 제작 방법에 따라 염색법, 분산법, 전착법, 인쇄법 등으로 분류할 수 있다. 현재 칼라 필터 제조공정에서 사용되는 가장 보편적인 방법은 안료 분산법이며, 사용되는 칼라 감광막(photo-resistor)의 주요 성분은 일반적인 감광막과 같이 감광 조성물인 광중합체, 단분자(monomer), 결합제(binder) 등과 색상을 구현하는 유기 안료(pigment)로 구성되어 있다.

R·G·B 패턴은 노광 공정(photolithography)기술을 이용하며, 통상적으로 R·G·B 패턴은 동일 마스크를 사용하여 화소 피치(pitch) 만큼 이동시켜 노광 공정으로 형성한다. 회전 도포 방식은 인쇄법에 비하여 칼라 감광막의 소모량은 많지만, 두께 균일성이 우수하기 때문에 가장 많이 사용된다. 감광막에는 음성(negative) 감광막을 이용하므로 노광되지 않는 부분이 현상 과정에서 제거되어 패턴을 완성한다. 화소 패턴의 보호와 공통 화소 전극 형성 시, 칼라필터 표면 평탄화를 개선하기 위하여 폴리머 계열 수지(resin)를 회전 도포하는 방법을 사용하는 경우도 있다.

고품위의 칼라 필터를 제작하기 위해서는 화질, 후공정과의 적합성 및 신뢰성이 향상되어야 한다. 화질을 높이기 위해서 투과율과 색대조비가 높아야 하며, 균일성과 평탄화도 유지되어야 한다. 또한 후공정 시에 칼라 필터가 겪게 되는 열적, 화학적 공정에 대한 저항성이 우수하여야 하고, 빛과 열에 노출되는 환경에서도 안정적으로 작동해야 하는 신뢰성을 갖추어야 한다. 유기 물질이나 유기 물질 성분이 포함된 무기 물질을 이용한 칼라 필터가 개발 중이며, 기판 접착 시에 생길 수 있는 배열 오차를 감소시켜 개구율을 향상시키기 위해서 어레이(array)에 직접 칼라 필터를 형성하는 기술에 대한 연구도 활발히 이루어지고 있다.

7.1 칼라 필터(color filter)의 구조

칼라 필터는 액정 디스플레이 패널의 색을 구현하는 주요 구성요소이다. 액정 디스플레이 패널은 제조공정에서 두 개의 유리 기판으로 이루어지는데, 하나는 색을 구현하는 칼라 필터 기판이며 다른 하나는 신호를 전달해주는 기판이다. 칼라 필터의 화소(pixel)는 기본적으로 R·G·B 배열로 되어 있으며, BM은 빛의 유출과 박막 트랜지스터에서의 광전자적 전환을 방지하기 위해 화소들 사이에 위치한다. 칼라 필터 배열의 생산은 기술에 크게 좌우되는 공정이다. 필터 표면은 칼라 순도를 최대화하고, 색번짐을 최소화하기 위해 가능한 한 매끈하고 청결하여야 한다. 또한, 화소 표면에 강하게 고정되어 있어야 하며 빛에 덜 둔감해야 한다. 필터는 액정 물질을 오염시키지 않고 안정화되어야 한다. 그림 7-1에서는 액정 디스플레이의 칼라 필터 기본 구조는 나타낸다.

칼라 필터는 유리 기판, BM, 칼라 필터 영역(R·G·B), 평탄화막, 투명 전극으로 구성되어 있다. 유리 기판은 얇은 유리나 투명한 플라스틱을 사용한다. BM 물질은

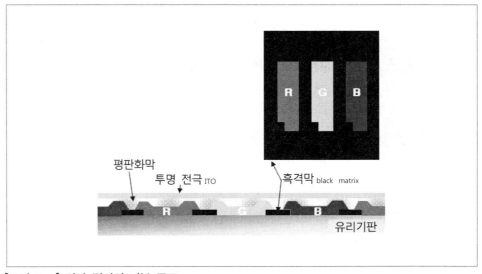

[그림 7-1] 칼라 필터의 기본 구조

기판에서 광학적으로 불활성화된 영역에 위치시켜 빛 유출을 방지하고, 비정질 실리콘 트랜지스터에 빛 차단 기능을 한다. BM은 최적의 색대조비(contrast: 명암비)를 위해 반사율이 낮아야 한다. BM 물질로는 유기물뿐만 아니라 무기물이 사용되기도 한다. 일반적으로 Cr이 가장 많이 쓰이는 무기물이다. R·G·B를 포함하는 칼라 필터 영역은 염료나 색소를 사용하여 제조하며, 칼라 필터 영역을 제작한 후에는 평탄화막을 입힌다. 평탄화막 물질로는 투명 아크릴 레신, polyimide resin 혹은 polyurethane resin 등이 사용된다. 막을 평탄화하는 이유는 투명 전극을 균일하고 얇게 만드는 역할을 하며, 칼라 패턴의 두께 변이 감소, 스퍼터링에 대한 내구성과 화학적 저항성을 높이기 위한 것이다. 평탄화막은 염색 방식 칼라 필터와 프린팅 방식 칼라 필터에서 매우 중요하다. 또한, 평탄화막은 칼라 필터 영역의 불순물로부터 액정을 보호해주고 화학적으로 안정성을 향상시키기 위해 필수적이다. 프린팅 방식 칼라 필터에서 평탄화막은 칼라 필터 표면을 평면화시키는 역할을 하게 되며, 안료 분산 방법은 칼라 필터 표면이 충분히 견고하기 때문에 평탄화막을 사용할 경우에 공정과정이 추가되어 생산비가 증가하는 단점을 가진다.

7.2 BM(black matrix)의 제조

액정 디스플레이에서 BM의 기능은 색대조비를 강화하고 빛이 새는 것을 방지하는 역할을 한다. 또한 외부 광에 의한 광전류를 방지하기도 한다. BM의 재료는 금속 박막으로는 Cr이나 Ni을 주로 사용하고 유기 박막으로 resin을 많이 사용한다. 대부분 박막 트랜지스터 액정 디스플레이에 사용되는 재료는 Cr/CrO이다. 이제, BM의 제조 공정을 살펴보도록 한다.

그림 7-2에서 나타내는 바와 같이 유리 기판 위에 Cr/CrO 박막을 입히고, 노광 공정을 위해 보호막으로 감광막을 도포한다. 마스크를 이용하여 자외선을 노출하면

Cr/CrO 박막에 원하는 패턴을 전사하게 된다. 현상액에 담아 빛에 노출된 부분을 제거한 후, 남아 있는 감광막을 보호막으로 이용하여 식각한다. 이러한 식각 공정은 등방성 식각을 이용하기 때문에 선폭과 언더컷(undercut)에 유의하여 식각하여야 한다. 식각 후에 감광막이 제거되고 BM 패턴을 얻을 수 있으며, 감광막을 제거하기 어려우면 산소 플라즈마를 이용하여 태우거나 반응 이온(reactive ion) 식각을 이용한다.

액정 디스플레이 제품에서 요구하는 것은 저전력 소모와 더 높은 휘도이다. BM은 박막 트랜지스터로의 빛을 막아주고 빛이 나오지 않는 영역에서 새어나오는 빛을 감소시켜 색대조비의 감소를 방지한다. 액정 디스플레이 박막 트랜지스터 제조 시에 BM을 동시에 제조하게 되면, 액정 디스플레이의 개구율을 증가시키고 더 높은 투과성을 얻게 되기 때문에 백라이트 전력 소모를 낮출 수 있다. Cr/CrO 박막은 BM 물질로 가장 많이 사용되지만, Cr 가격이 비싸고 고착이 어려우며 제조과정이 복잡해

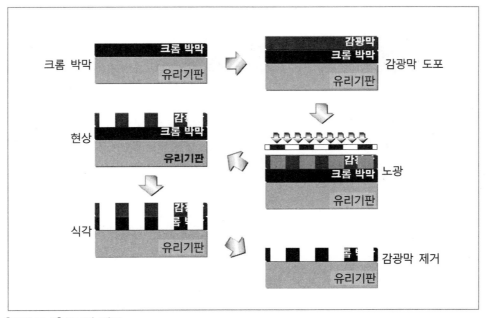

[그림 7-2] BM의 제조

진다. 또한 금속이기 때문에 반사성이 높으며 환경문제를 야기할 수 있다는 단점을 가진다. 따라서 환경적으로 안전하고 반가성이 낮으며, 광학 밀도가 높은 탄소 혼합 금속 산화물과 같은 재료를 사용하기도 한다.

7.3 칼라 필터의 특성

칼라 필터의 저전력 소모는 휴대용 액정 디스플레이에 사용하기 위해 중요한 필요조건이다. 칼라 필터의 높은 색순도와 높은 투과율 특성은 좋은 칼라 표현을 위해 필수적이다. 디스플레이 장치에서 높은 화질과 휴대성을 위해서 칼라 필터의 경우, 높은 색순도와 높은 투과율을 얻기 위한 연구 개발에 많은 힘을 쏟고 있다. 칼라 필터에서 색소의 선택은 필요 없는 파장을 제거하고 오로지 필요한 광만을 유지하는 엄격한 분광 범위에 기초하여 이루어져야 한다. 가장 적당한 색소를 사용함으로써 칼라 필터의 색순도와 투과율을 향상시킬 수 있다.

칼라 필터의 높은 대조비는 두 개의 편광판을 평행으로 장착했을 경우의 투과광 세기와 두 개의 편광판을 엇갈려서 장착했을 경우의 세기에 대한 비율로 정의된다. 반면에 액정 디스플레이 패널 대조비는 가장 밝은 하얀색의 밝기와 검정색을 만들었을 경우에 밝기의 비로 정의된다. 높은 대조비는 높은 색순도와 화질의 선명성에 있어 필수적이다.

액정 디스플레이 모듈의 반사 성질은 주로 칼라 필터의 BM 물질에 의해 결정된다. Cr/CrO 혹은 유기물 resin이 광범위하게 사용된다. 이는 광방어 능력(light sheilding ability)과 낮은 반사도 때문이다. 액정 디스플레이에 사용하기 위해서는 높은 열저항성, 높은 광학 밀도, 높은 광방어, 높은 해상력, 낮은 반사도와 저가격이 요구된다. 낮은 반사도는 화질의 선명성에 있어서도 필요한 요소이다.

칼라 필터 제조 과정에서 열에 의한 색채 변화 없이 높은 열저항성을 가져야 한다.

화소의 광안정성은 액정 디스플레이의 흑색광으로 조사되기 때문에 중요하다. 광안정성 평가는 칼라 필터를 2백만 lux 시간 이상 자외선 필터를 갖춘 수은-제논 램프에 노출시킨다. 노출 후에 색채 변화가 기준보다 작아야 한다. 칼라 필터는 액정 디스플레이 제조 과정에서 용매, 산이나 염기 등에 노출되므로 화학적 안정성은 가장 중요한 요소이다.

7.4 칼라 필터(color filter)의 제조

칼라필터 제조법에는 크게 4가지가 있으며, 염색법, 안료 분산법, 인쇄법 및 전착법 (electrodeposition)로 구분한다. 표 7-1에서는 각 칼라필터 제조법의 특징을 나타내고 있다.

7.4.1 염색법

염색법 칼라 필터 제조에 가장 흔하게 사용되는 수용성 고분자 물질은 gelatin이나 casein과 같은 천연 물질과 PVA(polyvinyl acetate), PVP(polyvinyl pyrrolidone)와 같은 합성 물질 등이 있다. 광저항성을 만들기 위해 디아조나 중크롬 화합물이 폴리머에 첨가된다.

합성 중합체를 이용하여 염색 제조 칼라 필터를 위한 광중합체(photopolymer)가 개발되었다. 수산화기를 가진 hydroxy-ethyl methacrylate(HEMA)는 부착성을 높이기 위해 사용되며 물에서 현상시킬 수 있다. dimethy-lamino propylacryl-amide (DMPAA)와 같은 3차 아민이나 4차 암모니아 화합물이 염색 특성을 개선하기 위해 사용된다.

그림 7-3에서와 같이 염색법의 제조 과정은 gelatin과 같이 염색 가능한 중합체를 유

〈표 7-1〉 칼라 필터 제조법과 특징

특성	염색법	전착법	안료분산법	인쇄법
착색제	염료	안료	안료	안료
지지체	제라틴/아크릴	아크릴/에폭시	아크릴	에폭시
두께	1.0~2.5 μm	1.5~2.5 μm	1.0~2.5 μm	1.0~3.0 μm
대조비	2000	300~400	400~500	800~1000
색특성	매우 좋음	보통	좋음	좋음
내열성	180 ℃	250 ℃, 1h	200~300 ℃	250 ℃
내광성	< 100 ℃	> 500 ℃	> 500 ℃	> 500 ℃
내약품성	보통	좋음	좋음	좋음
해상도	10~20 μm	10~20 μm	10~20 μm	50~70 μm
공정	제조 공정 많음	비교적 단순	보통	단순

리 기판에 도포하여 포토마스크를 통해 노출시키고, 물에서 현상시켜 투명 패턴으로 형성된 기판을 산이나 반응성 염료로 염색한다. 염색 패턴은 각각의 색상 이동을 방지하는 고착제를 처리하여 한 가지 색이 형성된다. 이러한 전체 과정이 R·G·B 세 번 반복된다. 식각 방법으로 polyimide가 결합제로 사용되며, 염료는 이 위에 산포된다. 염료 방법으로 제조된 칼라 필터는 높은 투과율과 좋은 색상 순도를 나타낸다. 염색법은 훌륭한 정확도와 박막 두께 정확성을 확보할 수 있다. 다른 제조법에 비해 높은 칼라 대조비를 나타낸다. 이와 같은 공정으로 제조된 칼라 필터는 우수한 해상도와 색상 특성을 갖고 있지만, 열저항성은 250℃에서 좋지 않다.

염료가 빛에 대해 우수한 특성을 보이지 않기 때문에 빛에 노출되면 색이 바래 광저항성도 좋은 편이 아니다. 염색법으로 제조한 칼라 필터는 화학 물질에도 저항성을 나타내지 못한다. 또한 공정 과정이 길기 때문에 생산 수율은 낮아지며 제조 단가도 상승하게 된다.

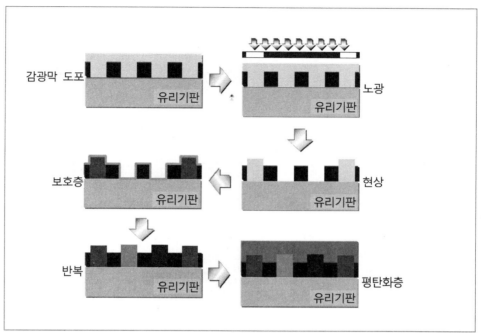

[그림 7-3] 염색법에 의한 칼라 필터 제조

7.4.2 전착법(electrodeposition method)

전착법은 전기나 자동차 등 많은 분야에서 도포 과정에 적용되고 있다. 감광막을 유리 기판에 도포하고, ITO 박막을 증착하며, 감광막을 빛에 노출한 후에 현상한다. 그리고 안료를 전착시켜 칼라 패턴을 만들고, BM을 입혀서 대조비를 향상시키며, 그림 7-4에서는 전착법을 나타내고 있다.

전착법 제조 시, 욕조는 색소와 resin 교질 입자로 이루어진다. 두 가지 타입의 전착 resin이 있다. 음이온 타입의 전착 공정은 카르복실기를 이용한다. 이 공정에서는 음극에서 유기 물질의 도포된다. 양이온 타입 전착 공정은 아미노기를 이용하고 양극에 도포된다. acryl 혹은 polyester 중합체 역시 전착 resin으로 사용된다. resin은 전착 욕조를 만들기 위해 물에서 분산되어야 하므로 소량의 유기 용매만이 허용된다.

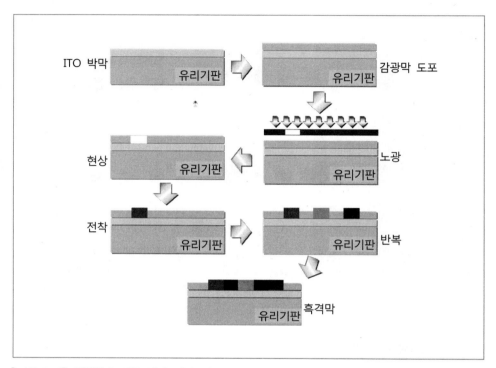

[그림 7-4] 전착법에 의한 칼라 필터 제조

전착층의 표면은 저분자의 중합체를 사용함으로써 더 매끄럽게 만들 수 있다.

전착법은 비교적 간단한 방법으로 제조할 수 있으며, 자가 정렬(alignment) 과정은 다른 정밀 기계를 필요로 하지 않는다. 전압을 선택적으로 적용함으로써 선택적 전착이 가능해진다. 박막 두께는 전류, 사용 전압 및 시간에 따라 조절된다. 넓은 면적에 행한 도포의 균일성은 자가 조절 기능으로 얻어질 수 있다. 자동화 공정에 의해 고속 공정도 가능하다. 이러한 방법은 공정 시간이 짧으며, 복잡한 모양의 표면에도 부분 도포가 가능하다. 도포 층 두께의 균일성은 전착 공정에 의해 달성된다. 전착 공정에 의해 제조된 칼라 필터는 색상 조절이 쉬우며, 좋은 패턴의 생산이 가능하고, 또한 생산 효율도 우수하며 가격도 저렴하다. 화면의 대형화에 적용될 수 있는 방법이며, 중합체와 색소로 만들어진 저반사성의 BM 제조가 가능하다. 투명 전극을 감광막이 도포된 유리 기판에 증착하기 때문에 전극의 저항성 변이는 색상 변이로 전환되어 화질에 나쁜 영향을 줄 수 있다. 동일한 색상의 화소가 연결되어야 하는 패턴상의 제한이 있기 때문에 전기적으로 패턴화시킨다. 따라서 다양한 모양의 패턴을 제조하기가 용이하지 않다. 전착법은 가장 중요하게 개선되어야 할 2가지 문제점인 투명 전극의 균일성과 패턴화 기술 개발에 많은 연구를 하고 있다.

7.4.3 안료 분산법

안료 분산법은 염색 칼라필터 제조법보다 광범위하게 사용된다. 안료 분산법에서 사용되는 칼라 감광막의 주요 성분은 일반적인 감광막과 같이 감광 조성물인 광중합 개시제(photoinitiator), 단량체(monomer), 결합제(binder) 등과 색상을 구현하는 유기 안료로 구성되어 있다. 광중합 개시제는 빛을 받아 라디칼(radical)을 발생시키는 고감도 물질이며, 안정성이 우수한 triazine계의 bistrichionethyl 화합물이 주로 이용된다. 단량체는 라디칼에 의하여 중합 반응 개시 후, 중합체 형태로 결합하여 현상 용제에 녹지 않는다. 결합제는 상온에서 액체 상태의 단량체를 현상액으로부터 보호하며, 안료 분산의 안정화, R·G·B 패턴의 내열성, 내광성, 내약품성 등이 신뢰성을 좌우한다.

BM을 형성한 후, 색상을 구현하기 위한 R·G·B색은 안료가 함유된 감광막을 사용하여 photolithography를 이용하여 형성된다. 칼라 필터의 제조는 통상적으로 R·G·B 순서로 진행된다. 일반적으로 R·G·B색은 동일 마스크를 사용하여 화소 간격만큼 이동시키면서 빛에 노출시키며 일반적인 노광공정을 거쳐 형성한다. 그림 7-5에서는 안료 분산법에 의한 칼라 필터 공정을 나타낸다.

회전 도포 방식은 인쇄법에 비하여 칼라 감광막의 소모량은 많지만, 두께 균일성이 우수하기 때문에 가장 많이 사용된다. 일반적으로 칼라 감광막은 음성 감광막을 이용하므로 빛에 노출되는 않는 부분이 제거된다. 현상법은 담그기(dipping), 퍼들

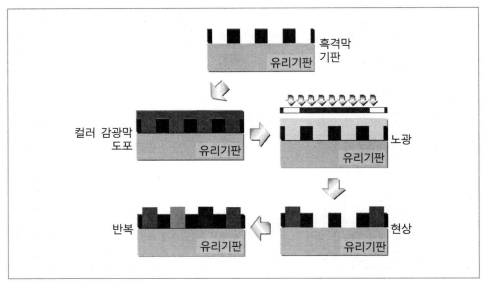

[그림 7-5] 안료 분산법에 의한 칼라 필터 제조

(puddle), 분사(shower spray)법 등이 사용되며, 현상 후에는 열처리하여 동일한 마스크를 이용해 빛에 노출시키고, 동일한 공정을 진행하여 R·G·B 색을 완성한다. R·G·B 색의 보호와 공통 화소전극을 형성할 경우, 양호한 단차 특성(step coverage)을 위하여 칼라 필터 표면을 평탄화하기 위해 acryl 계열이나 중합체(polymer) 계열의 resin을 회전 도포하는 방법으로 평탄화하는 경우도 있지만, 제조 비용을 낮추기 위하여 생략하기도 한다. R·G·B 색을 형성 후, 투명 전극을 증착한다. 이때 사용되는 ITO는 대면적 화면 전체의 공통 전극으로 사용되기 때문에 전압이 전화면에 동일하게 인가될 수 있도록 면저항(sheet resistance)이 충분히 작아야 하며, 투과율은 극대화가 되도록 해야 한다.

7.4.4 라디칼 중합체화(polymerization) 방식

아크릴 혹은 epoxyacrylate photopolymerizable 물질이 칼라 필터 물질로 사용된다.

라디칼 중합체화의 감광막은 결합제 , 다기능성 단량체, 광중합 개시제, 안료, 용매로 구성된다. 이러한 방식에서는 중합체의 연쇄 반응에 의하여 칼라 감광막은 높은 민 감성의 물질을 만들어낸다. 결합제는 기판에의 고착, 경도, 열, 광저항성에서 중요한 역할을 한다. 결합제의 오염은 이러한 특성을 저하시키므로 깨끗한 결합제를 선택하는 것이 중요하다. 다기능성 단량체와 광중합 개시제를 고정함으로써 더 높은 광민감성을 가진 물질이 만들어 질 수 있다. 아크릴계 결합제는 광중합체를 염기에 녹을 수 있게 만들어 주며 이는 현상 과정에서 아주 중요하다. 색소를 갖는 칼라 필터는 염색 시스템에 의해 제조된 것에 비해 높은 열, 광, 화학 물질에 높은 저항성을 가진다.

7.4.5 교차 결합 중합체화(polymerization) 방식

교차 결합 감광막은 감광성 혼성 중합체(copolymer), 안료, 용매로 이루어진다. 이 방식에서는 높은 민감성의 감광막을 만드는 것이 어려운데 이는 안료가 노출 에너지를 흡수하는 감광막에 산포되기 때문이다. 최근에 광민광성을 개선하고 색 재현성이 크고, 높은 투과성을 가진 칼라 필터가 안료가 산포된 광민감성 중합체를 이용한 액 정 디스플레이들이 개발되었다.

칼라 모자이크 방법은 색 재현성, 제품 안정성, 열, 광, 습도에 대한 뛰어난 저항성 등에서 다른 방법에 비해 장점을 가진다. 이 기술은 초미세 색소의 안정적인 산포가 능하며 이로 인해 저장 안정성을 향상시킨다. 이 방법은 간단하며 안전하고 그리고 안정적인 생산방법이다.

안료 분산법은 높은 열저항성을 보여주면 화소의 광저항성은 액정 디스플레이의 흑 색광으로 조사되기 때문에 중요한데 안료분산법은 우수한 광저항성을 나타낸다. 칼 라필터는 액정 디스플레이 제조 과정에서 용매, 산, 염기에 노출되기 때문에 화학적 안정성은 가장 중요한 요소인데 안료 분산법은 아주 좋은 화학적 저항성을 나타낸다. 또한 습기와 마찰에도 좋은 저항성을 보인다. 그리고 높은 휘도, 투명성 그리고 좋은 색 재현성을 나타낸다. 이 방법으로 제조한 칼라 필터는 뛰어난 광민감성과 좋은 해상도를 보여준다.

7.4.6 인쇄법

칼라 필터 제조에 사용되는 인쇄법에는 4가지 방식이 있다. 스크린 인쇄법(screen printing), 활판 인쇄법(flexographic printing), 오프셋 인쇄법(offset printing) 및 요판 인쇄법(intaglio printing)이다. 스크린 인쇄법은 인쇄법 중에 단순하고 간단한 방법이다. 해상도는 대량 생산 과정에서 100~200 ㎛ 사이이다. 활판 인쇄법은 낮은 점도의 잉크를 사용하며, 해상도는 약 100 ㎛이다. 오프셋 인쇄법은 약간 높은 점도의 잉크를 사용하며, 다른 인쇄 방법에 비해 우수한 재현성을 갖는 우수한 패턴을 인쇄할 수 있다. 요판 인쇄법은 잉크는 요철로 이뤄진 판에 위치시키며, 초과분은 조절장치로 짜낸다. 다음 단계에서 패턴은 요철 판에서 기판으로 전달된다. 인쇄법은 작은 제조 공간과 장치로 충분하기 때문에 대량 생산에 적당하다.

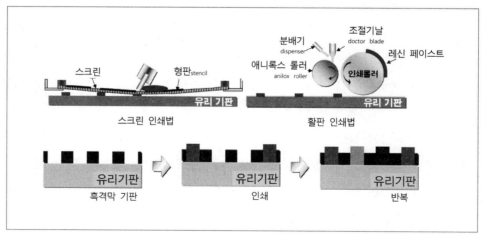

[그림 7-6] 인쇄법에 의한 칼라 필터 제조

이와 같은 인쇄법에 의해 대형의 칼라 필터가 생산 가능하다. 착색제로 안료를 사용하기 때문에 높은 열저항성을 갖게 된다. 다양한 크기의 칼라 필터를 짧은 시간에 쉽게 제조할 수 있다. 저가격화와 높은 생산성 때문에 가장 선호하는 제조 방법 중에 하나이며, 그림 7-6에서 다양한 인쇄법을 나타낸다.

저비용, 대량, 생산이 가능하고 20 μm 폭의 패턴이 생산 가능하다 하더라도 photolithography에 비하면 착색, 표면 평면성, 균일성, 해상도 등에 있어서 더 열등하다고 할 수 있다. 잉크의 점도는 균일성, 정확성, 선명도, 횡단면 모양 미세 패턴에 영향을 주기 때문에 중요한 요인이다. 필름의 두께와 칼라 필터의 전체적인 균일성을 조절하는 것이 필수적이다.

7.5 칼라 필터(color filter)의 재료

7.5.1 착색제

산, 직접적, 반응성, 용매, 염료(dye)와 같은 여러 종류의 화학 물질들이 칼라필터에 사용된다. 염료들은 대개 카르복시기, 아미노기, 술폰기를 가지고 있다. 적색(dianthraquinone), 청색 혹은 녹색 안료는 copper phthalocyanine이 사용된다. 안료는 우수한 열, 광, 화학적 저항성을 가져다주는 역할을 한다. 안료를 더 잘 분산시키는 것은 더 높은 투과성과 대조비를 얻기 위해 필수적이다. 높은 휘도, 투명성, 공정의 용이성을 갖춘 높은 재현성의 액정 디스플레이 칼라 필터를 위한 안료 분사 칼라 resin이 개발되고 있다.

안료 입자들을 유기 용매에 용해되게 만들고 이어서 운반 매개물에 사용한 독자적인 안료를 생산하는 기술들이 개발되고 있다. 이러한 안료들은 용해된 상태에서 염료와 같이 처리될 수 있다. 아주 작은 입자(< 0.1 μm)가 적용된 박막에서 재생산될 수 있으며, 이로 인해 최적의 광투과성과 높은 열, 광안정성을 얻을 수 있다. 비용이 많이

들고 시간이 많이 걸리는 안료 분산 과정을 하지 않아도 된다. 착색제의 주된 기능은 칼라 순도, 칼라 대조비, 색도, 열안정성, 광안정성, 화학적 안정성 및 해상도 등이다.

7.5.2 고분자

액정 디스플레이 칼라 필터를 위한 4가지 대표적인 광중합체(photopolymer)는 생산성과 정확성을 갖추고 연결돼야 한다. 칼라 필터의 높은 민감성, 높은 교차 결합 밀도, 좋은 균일성을 얻는데 중요한 역할을 한다. 결합제는 열안정성, 광안정성, 도포의 편평도, 기판에의 고착, 경도 발달성, 내구성에 영향을 미친다. 깨끗한 결합제를 선택하는 것은 다양한 광화학적 변환 과정이 감광막에 적용하기 위해 제안되었다. 안료는 i-, h-, g-선 영역에서 강한 흡광성을 나타내야 하기 때문에 민감성이 높은 재료가 채택되어야 한다. 액정 디스플레이 칼라 필터를 위한 네 가지 대표적인 광중합체는 각기 요구 특성에 맞게 실제 사용되고 있다.

아크릴 라디칼(acrylic radical) 중합 반응(polymerization) 방식은 연쇄반응 성질에 의해 높은 민감성을 갖는 음성 감광막이다. 안료 분산 색감광막에 가장 많이 쓰인다. 수성 용매 방식은 PVA-stryl pyridinium 혹은 퀴로린(quinoline) 감광막에 광민감성 기를 결합시켜 높은 민감성을 나타낸다. 다이아조 나프토퀴논 술포닐(NQD: naphthoquinone diazide) 방식은 반도체 제조를 위한 고해상도 양성 감광막으로서 널리 사용된다. 적당한 내구성을 얻기 위해 열 가교제를 첨가한다. 화학적 확장(chemical amplification) 방식에서 감광막 패턴은 산 촉매 중합체화, 교차 반응 혹은 광산(photoacid) 발생을 이용하는 분해 과정에 의해 형성된다. 생성된 산은 가교 반응에서 소모되지 않기 때문에 이 방식은 높은 민감성을 보인다. 촉매 반응을 증진시키기 위해서는 추가 노출과정이 필요하다.

카르도(cardo) 방식에서 레신으로부터 만든 칼라 필터 감광막은 높은 해상도를 나타낸다. 실리콘 폴리이미드로부터 만든 칼라 필터는 더 나은 유리 고착능을 가지며 더 낮은 온도에서 경화(imidization)된다. 결합제 중합체의 주요 기능은 고착, 필름 균일성, 필름 견고성, 안료 분산 능력, 열안정성 등이다. 다기능성 모노머는 화학적 저항성, 필름 견고성, 민감도에 있어서 중요한 역할을 한다.

7.5.3 개시제(initiator)

자외선 염지(curing)는 완성된 제품의 품질을 향상시키기 위해 사용된다. 동시에 에너지, 공간, 시간, 노동력을 줄임으로써 생산성을 향상시킬 수도 있다. 자외선 염지 기술은 환경 안전성, 고유한 물리적 특성과 같은 여러 이점이 있으며 생산성도 높여준다. 광중합 개시제(photoinitiator)는 자외선 염지에서 가장 중요한 요소이다. 이것은 중합 반응을 개시시켜 재빨리 최종 교차 결합된 생산물에 이르도록 하는 첨가물이다. 자외선 광에너지가 발산되면 액체 속에 있는 광중합 개시제에 의해 흡수되어 반응성이 강한 물질로 분해되게 된다. 이러한 반응성이 강한 물질로는 자유 라디칼이나 양이온이 있다. 자유 라디칼 개시제(initiator)는 아크릴 산염(crylate)/메타크릴산(methacrylate) 혹은 불포화 폴리에스테르 레신이 주로 사용되며 양이온성 개시제는 에폭시 혹은 비닐 에테르 레신이 사용된다. 다양한 광학 작용이 일어나는데 여기에는 벤조인 수지(benzoin) 유도체, 벤조인 에테르(ether), 벤질케탈(benzilketal), α-hydroxyalkylphenone, α-aminoalkylphenone, 할로겐화 화합물, 벤조페논(benzophenone), 광중합성 수지(thioxanthone), 쿠머린(coumarin), 트리아진(triazine), 옥사디아졸(oxadia-zole), thiadiazole, bisimidazole 등이 포함된다. 개시제는 민감성과 저장 수명에 있어서 중요한 역할을 한다. 광중합체 개시제의 주요 공급처로는 Akzo, BASF, Biddle Sawyer, Ciba, First Chemicals, Merck, Nippon Kayaku, Sandoz, Sartomer, UCB 등이 있다.

7.5.4 용매

디스플레이 산업에서 유기 용매는 액정 디스플레이 제조 공정에서 필수적인 구성 요소이다. 용매는 사용 용도, 물리적 특성, 독성, 대사, 인간과 동물에 대한 생화학적/생리적 영향에 따라 평가되어야 한다. 안전한 용매는 작업 환경이나 환경에 노출되었을 때 사람이나 환경에 나쁜 영향을 주지 않는 용매로 정의할 수 있다.

용매는 구강, 피하, 흡입, 아급성, 만성, 발달과정, 생식에 미치는 독성, 발암성, 유전자 독성(genotoxicity)에 대해 반드시 확인해야 한다. 용매를 선택하기에 앞서 정부 규제 역시 고려하여야 한다. 가장 많이 사용되는 용매로는 에틸 셀르솔브(ethyl cellosolve) 초산염(acetate), 메틸에틸케톤(methyl ethyl ketone), 디에틸렌 글리콜(diethylene glycol) 디메틸에테르(dimethyl ether), 디에틸렌 글리콜(monoethyl 에테르, 프로필렌 글리콜 모노메틸 에테르 초산염(PGMEA : propylene glycol monomethyl ether acetate), 에틸(ethyl) 3-메톡시프로판산 메틸 3-ethoxypropionate, 에틸렌 글리콜(ethylene glycol), 모노에틸 에테르 초산염(monoethyl ether acetate), N-메틸피롤리돈(N-methylpyrrolidone), 시클로헥사논(cyclohexanone), 시이클로펜탄원(cyclopentanone) 등이 있다. 용매는 도포 균일성, 저장 수명과 안정성에 중요한 역할을 한다.

7.6 칼라 필터 기술

초기의 칼라 필터는 젤라틴-중크롬산염으로 광중합체(photopolymer) 막의 패턴을 염색하는 고전적 방법을 사용하고 있었다. 이러한 제조법은 감도가 좋지 않은 단점을 갖고 있었는데, 이를 개선하기 위해 Tokyo Science University의 Ichimura 교수팀이 높은 색농도와 감도를 가지고, 양이온 염색성이며, 물로 현상하는 방식의 광중합체를 개발하였다. 이를 사용하여 염색한 칼라 필터는 열을 가하면 엷은 갈색을 띠는 문제점이 있었다. 이는 물로 현상할 때 pyridinium기가 물과 반응하여 개환 반응 (ring-opening polymerization)을 일으키기 때문이다.

일본의 Toyo Gosei사는 갈색을 띠는 문제를 개선한 분자 구조를 갖는 광중합체 물질을 개발하여 선보였다. 주사슬에 sulfonate기를 도입하거나 betaine 구조를 추가한 PVA-SbQ이다. 이들 광중합체들은 광에 노출 후, 수현상 및 열을 가해도 착색되지 않고 광투과성이 좋다. 염색법에 있어서는 광중합체에 염료를 착색하여 만든 화소를 장기간 사용하면 염료가 변색하거나 증발로 인한 내광성, 내열성이 만족스럽지 않다는 근본적 문제가 해결되지 않았다. 이를 개선한 제조법이 안료 분산법이다.

안료 분산형 칼라 필터는 일본에서 1983년부터 개발이 시작되었으며, 대부분의 액정 디스플레이에 적용되는 제조법이다. 안료를 칼라 필터의 착색제로 사용하면, 염료와는 달리 빛과 열에 대한 내성이 강하고 제조 공정이 단순하지만, 초기에는 광투광성에 대한 약점을 갖고 있었다. 현재 안료를 초미립자화 또는 나노 입자화하여 폴리머 기저(matrix)를 분산하면 투명한 착색막 형성하여 이를 극복하였다.

안료의 입자 크기를 가시광선의 파장보다 작은 0.2 μm 이하의 초미립자로 만들어 PVA-SbQ에 분산하면 90% 수준의 높은 투과율을 얻을 수 있게 되면서 상용화가 본격화되었다.

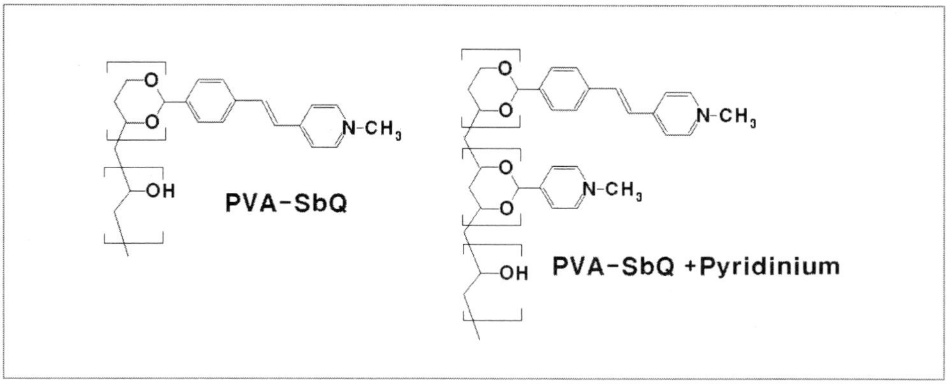

[그림 7-7] 양이온 염색성 광중합체

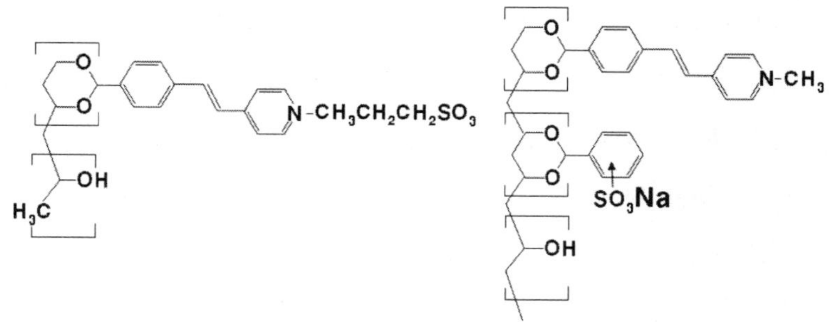

[그림 7-8] 염색법용 수현상형 광중합체

안료 분산형 제조법은 안료를 기계적으로 분쇄하여 초미립자화 하는 방법을 사용하여 왔다. 이러한 제조 공법은 안료 입자의 미세화 하는데 한계를 갖고 있다. 최근에는 이와 발상을 달리하여 분자 상태의 안료가 모여서 나노 입자를 형성하는 방식의 제조 공법이 개발되고 있으며, 화학증폭 기술(latent pigment pechnology)이 이런 공법 중의 하나이다. Novartis사를 비롯하여 개발하고 있는 이와 같은 기술은 광산 발생제(PAG: photo-acid generator)로부터 발생하는 산을 촉매로 하여 고분자 고체막 중의 안료 전구체(precusor)의 탈보호 반응 발생에 의해 형성되는 수소결합이 안료 분자 사이를 결속해 놓은 형태의 안료로 변환하는 원리에 근거를 둔다. 이러한 반응은 광조사로 산촉매가 발생하고, 산촉매가 반응을 증폭시킨다는 의미에서 '화학 증폭형' 감광법 제조 공법이라 하고, 이러한 방식은 감광제의 광에 대한 감도를 대폭 향상시킨다. 유리전이온도 이하의 고체 고분자에서는 분자의 운동성이 고도로 억제되기 때문에 탈보호 반응 후의 안료 분자의 응집은 제한되어 안료 입자의 크기가 수십 nm 정도의 미세 입자가 된다. 따라서 빛에 투과성이 좋고 착색이 우수한 막을 형성할 수 있다. 광산 발생제 반응에 의한 패턴화를 이용하는 제조 공법을 적용하려고 하고 있으며 화학증폭 기술을 이용한 안료화 반응은 산촉매에 의한 탈보호 반응과 안료 분자의 응집 반응의 두 가지 반응을 이용한다.

화학증폭형 감광제가 광에 대한 감도를 더 높이기 위하여 광산 발생제에서 발생하는 산을 촉매로 하여 촉매적 분해를 유발함으로, 더 많은 강산 촉매를 발생하게 하는 산증식 반응형(acid proliferation type) 안료 분산법이 Tokyo Science University의 Ichimura 교수팀이 제안하여 개발하고 있다. 화학 증폭형과의 다른 점은 화학증폭형 반응의 광조사에 의해 촉매를 생성하여 안료 전구체의 탈보호 반응 속도를 증폭하는 과정에 촉매 인산이 자기 촉매 역할을 하여 산의 양, 다시 말하면, 촉매의 양이 급속히 증식하는 반응 과정을 더한 것이다.

유리 기판이나 플라스틱 기판 표면에 광배향성 고분자 막을 도포하고, 표면 위의 분자를 광화학적 방법으로 원하는 형태의 분자 배향을 사전에 만들어 두고, 표면에 접하는 다른 액정층에 배향 상태를 전사해 줄 수 있는 기능을 가진 박막 표면을 제어 표면(command surface)라고 한다. 1988년에 일본 Tokyo Science University의 Ichimura 교수에 의해 처음으로 발표한 이후에 액정의 새로운 분야로 주목받기 시작했다. 이후, 1995년에 특정 수용성 질소를 함유한(azo) 색소가 광배향 제어 가능한 현상을 통해 발생하는 것을 발표했으며, 광배향 제어는 유방성(lyotropic) 액정상의 색소 수용액이 광배향 제어된 표면의 배향을 전사한 현상임을 밝혔다. 제어 표면법에 의한 색소 광배향 기술을 이용해서, 색소 배향 미세 무늬(micro-pattern)를 만들어, 3차원 입체 영상 표시에 적용하려고 하고 있다. 유방성 액정은 양친매성(amphiphilic)형, 고분자형, 크로모닉(chromonic)형 등이 있다. 크로모닉형 유방성 액정은 단단한 평면 구조를 가진 방향족 고리에 친수성기가 도입된 분자 구조의 수용성 화합물이며 수용액은 특정 농도와 온도에서 액정상이 나타난다. 유방성 색소 액정에 배향 정보를 전달하는 제어 표면 형성이 가능하다.

액정 디스플레이 소자의 광원에서 나오는 빛의 액정 패널을 통해 흡수되거나 반사되면서 최종적인 광이용 효율(optical efficiency)은 10% 내외로 아주 작다. 칼라 필터의 경우 투과율은 25% 정도의 효율을 보여 주고 있다. 이러한 낮은 광이용 효율로 인하여 액정 모니터나 액정 텔레비전 등에서 명실 대조비(bright room contrast)가 낮기 때문에 야외에서 사용하면 화상의 선명도가 매우 떨어지고, 높은 휘도의 광원을 사용해야 하므로 소비 전력이 높아진다. 이를 개선하기 위해 광이 칼라 필터에서 흡수되지 않고 반사하여 광이용 효율을 높이는 기술을 실용화하려는 노력이 이루어지고 있다. 선택 반사형 콜레스테릭 액정 칼라필터(CLC-CF: reflective cholesteric liquid crystal color filter) 제조 공법은 한 번의 도포 공정으로 이루어지고, 현상 공정을 하지 않으므로 높은 수율과 평탄성이 매우 좋은 박막을 얻을 수 있다. 미국 실리콘밸리의 벤처 기업인 Chelix Technologies사는 콜레스테릭 액정(CLC: cholesteric liquid crystal polymer)이 갖는 선택 반사 기능을 이용하여, 광재활용형(light re-cycling) 칼라 필터의 시제품을 발표하였으며, 광투과율이 46% 정도로 양산 공정에 적용하려고 하고 있다. 선택 반사형 콜레스테릭 액정 칼라 필터(CLC-CF)는 색을 구현하기 위하여 염료나 안료를 사용하지 않고 콜레스테릭 액정 분자 배향의 나선 간격(helix pitch)을 조정하여 특정 색상의 빛만을 통과시키는 방법을 사용한다. 액정 분자가 감기는 방향을 화학적으로 조정하여 오른쪽 방향으로 편광하거나 왼쪽 방향으로 편광하도록 할 수 있으며, 선택 반사 기능을 이용하여 광을 재활용한다. 콜레스테릭 박막은 전구체를 기판에 박막 도포 및 패턴화하여 광학적 기능을 조정한 후에 자외선 광중합 반응으로 액정 배향을 고정화하는 방법을 사용한다. 특정의 열방성(thermotropic) 콜레스테릭 액정은 특정 온도 또는 전압에서 액정 분자가 원통(helical)형 혹은 원추(conic)형으로 감아진 모양 즉, 나선 구조로 배향된 콜레스트릭상으로 변하는 것이 있으며, 나사처럼 일정한 주기의 간격을 가진다. 콜레스테릭 액정은 나선 구조 간격의 크기가 특정 가시광선의 파장과 일치할 때, 그 파장을 중심으로 하는 일정 대역의 광선에 대하여 반사 또는 투과를 선택할 수 있는 선택 반사 기능을 가지며, 나선의 감아진 방향에 따라 반사하고 나머지는 투과시킨다. 콜레스테릭 액정의 선택 반사하는 파장의 대역을 확대하기 위해서는 여러 크기의 간격을 갖는 콜레스테릭 액정을 형성해야한다. 따라서 나선의 축 방향으로 진행함에 따라 간격의 크기가 커지는 형태의 콜레스테릭을 만들어 사용하며, 전 가시광선 영역을 선

택 반사하도록 만든 콜렉스테릭 액정을 광대역 편광판(BBP: broad band polarizer)
이라고 한다.

특정 광선만 투과하고 나머지는 반사하려면 특정 대역 외의 파장 대역을 선택 반사
하도록 다양한 크기의 간격을 갖는 콜레스테릭 액정을 만들어 사용하며 준 광대역
편광판(SBBP: semi-broad band polarizer)이라 한다. 선택 반사 기능을 이용하여 광
선을 재활용하기 위해 다층의 박막으로 구성한다.

잉크젯 인쇄(ink-jet printing) 기술을 액정 디스플레이용 칼라 필터 제조에 적용하려
는 연구가 진행되고 있으며, 칼라 필터 시제품을 Philips사가 개발하여 실용성 확인
과 품질 평가를 실시하는 단계까지 이르렀다. 그리고 미국 상무부 지원으로 설립된
잉크젯 칼라 필터 기술 개발 연구 컨소시엄을 만들어 공동 개발한 연구 결과가 2003
년에 이미 발표되어 되었다. 잉크젯 기술을 칼라 필터에 적용하면 생산 설비에 대한
투자 규모가 작고 저렴한 가격의 칼라 필터를 생산할 수 있으며, 기존의 성숙된 컴퓨
터 프린터 및 잉크 기술을 적용할 수 있다. 기존의 칼라 필터 제조 공법에 비해 생산
공정의 대폭 간소화가 가능하고, 고정밀도, 고균일도의 박막 형성을 할 수 있고, 이
물질 입자의 발생이 없어 청정한 환경에서 공정을 진행할 수 있다. 기존의 회전 도포
(spin-coat)법에 비해 고가의 칼라 필터 재료의 손실을 대폭 낮출 수 있다. 잉크젯
인쇄법이 상용화되어 양산에 적용하기 위해서는 기판에 인쇄 가능한 호환성, 투명성,
내열성, 내구성 등이 양호하고, 균일한 박막 형성이 가능한 잉크를 개발하고 잉크
방울의 크기가 pico-liter(pL) 단위의 정확한 부피 조정과 $10~\mu m$ 오차 범위 이내로
정확하게 위치할 수 있게 하고, 대형 디스플레이 화면에 적용이 가능하며, 고속 인쇄
로 양산이 가능해야 한다.

용어
정리

01. 칼라필터(color filter): 배면광원에서 나오는 백색광에서 화소단위로 적색, 녹색, 청색의 3가지 색을 추출하여 액정 디스플레이에서 칼라를 구현하는 박막 필름을 말한다.

02. BM(black matrix): 화소 전극으로 조절되지 않는 부분으로 투과해 나오는 빛을 차단하여 액정 디스플레이의 색대조비(contrast)를 향상시키기 위해 각 화소의 경계 부근에 설치하는 유기 재료이다.

03. 회전 도포(spin coating): 반도체나 유리 기판 위에 다른 물질을 형성하기 위해 1,000~10,000 rpm으로 회전시켜 기판 위에 올려진 액체를 원심력으로 밖으로 밀려나게 하는 방법으로 얇은 막을 제조한다.

Chapter

08
셀 제조공정

본 장에서는

셀 제조공정에서의 기본적인 요소 공정을 살펴보고, 각 공정의 원리, 제조 및 장비에 대하여 공부하도록 한다.

셀 제조공정

Chapter **08**
Basic Vacuum Engineering

액정 디스플레이 제조 공정에서 셀(cell) 제조 공정은 완성된 박막 트랜지스터(TFT) 기판과 칼라 필터(color filter) 기판으로 만들어진 두 개의 기판을 하나로 합치고 절단하는 과정을 의미한다. 셀 공정은 앞서 설명했던 박막 트랜지스터나 칼라 필터 공정에 비해 상대적으로 반복 공정이 거의 없다. 셀 공정은 액정 분자의 배향을 위한 배향막 형성 공정과 셀 사이 공간을 형성하는 공정, 그리고 액정 주입 공정으로 크게 나눌 수 있다. 각 공정은 공정의 특성상 서로 상이한 공정들로 연결되어 있다. 이것은 고분자 박막의 형성에서부터 러빙(rubbing) 공정, 그리고 진공을 이용한 액정 주입 공정 등 광범위한 분야의 지식과 기술을 필요로 한다.

그림 8-1에서와 같이 공정 순서를 간단히 살펴보면, 우선 기판 세정으로 박막 트랜지스터 기판과 칼라 필터 기판의 표면 위에 이물질이 없도록 깨끗하게 하는 공정이다. 세정 후, 액정 분자를 원하는 방향으로 배향하도록 배향막을 형성하는 공정이 행해진다. 액정이 제대로 배향될 수 있도록 일정한 방향과 속도로 천을 이용하여 문질러 주는 러빙 공정이 이어진다. 그리고 박막 트랜지스터 기판에는 합착을 위한 봉지제(sealnt)를 인쇄하고, 칼라 필터 기판에는 두 기판 사이의 간격을 일정하게 유지하는 역할을 하는 spacer를 산포한다. 그리고 두 기판을 합착한 후에 절단하며, 합착된 패널에 액정을 주입한다. 최종적으로 패널이 제대로 작동하는지를 화상 검사한다.

[그림 8-1] 셀 공정 순서

8.1 배향막 공정

액정 배향막은 액정 분자와 직접 맞닿아 있으면서 액정 분자를 균일하게 배향시키는 역할을 한다. 편광된 빛이 액정으로 입사되고, 빛을 열고 닫는 역할을 잘 수행할 수 있도록 액정을 한쪽 방향으로 균일하게 배향시켜 주는 액정 구동의 중요한 재료이며, 액정 배향막의 액정 배향 특성과 박막으로서 전기적 특성은 액정 디스플레이의 화상 품질을 좌우한다.

액정 디스플레이 제조 공정에서 배향막 도포 및 배향 처리는 공정상 가장 어려운 문제이다. 배향막의 종류에 대한 연구와 배향 방법에 있어서도 많은 개선 노력이 진행되고 있다. 액정 디스플레이가 텔레비전 시장에 진입하면서 화면의 대형화되었고, 다양한 각도에서 화상 특성이 차이가 없는 넓은 시야각은 가장 필수적인 요구 특성 중의 하나이다. 시야각을 확대하기 위한 방법으로 보상 필름에 대한 연구와 함께 광 시야각용 구동 방법에 대한 연구가 수행되고 있다. 대표적으로 화소를 여러 영역으로 나눠 액정의 배향 방향을 달리하는 멀티 도메인 방식(multi-domain mode), 액정 배열 방향을 수직화 하는 수직 배향 방식(VA: vertical alignment mode), 및 하나의 평면에 두 전극을 위치시키는 인플레인 스위칭(IPS: in-plane-switching) 방식의 연구 개발되고 있으며, 새로운 방식에 대응할 수 있는 신규 액정 배향막의 개발이 매우 중요하다.

8.1.1 배향막의 요구특성

액정 배향막용 재료로서의 요구 조건은 액정을 배향시키는 기능성 박막으로서의 역할과 함께 액정 디스플레이의 제작 공정과 밀접한 관련성이 있다. 액정 배향막 재료의 대표적인 요구 특성으로는 가시광선 영역에서의 우수한 광투과성, 박막 도포성, 저온 소성 특성, 내열성, 기계적 강도, 화학적 안정성, 액정배향성, 적절한 선경사각 및 전압보유율 등을 들 수 있으며, 내열성, 내화학성, 우수한 기계적 성질을 보유한 polyimide resin이 액정 배향막으로서 널리 사용되고 있다.

광투과도 특성이 좋아야 배향막에 의해 가시광선의 흡수로 인한 액정 디스플레이의 투과율을 저하되는 것을 방지할 수 있다. 일반적으로 400 nm 파장에서 95% 이상의 광투과율이 요구된다. 그러나 잘 알려진 바와 같이 방향족 고리로 이루어진 polyimide resin는 분자 내 혹은 분자 사이의 전하 이동착물(CTC: charge transfer complex)을 형성하여 가시광선 영역에서의 빛을 흡수하게 된다. 이러한 전하 이동착물의 형성을 방지할 수 있는 방법의 하나로서 기존의 방향족 산이무수물 대신 가시광선 영역에서의 광투과도를 개선시킬 수 있는 지방족 고리계 산이무수물이 단량체로 도입되어 사용된다.

배향막을 기판 상에 형성시키는 방법은 건식법과 습식법이 사용될 수 있으나, 진공

공정이 요구되지 않는 습식법이 양산에 적합하다. 습식법으로는 테이프법, 회전 도포법 및 오프셋 인쇄법 등이 가능하나, 후막 균일성이 우수하고 배향막 용액의 손실이 적은 오프셋 인쇄법이 주로 적용된다. 이때 용매에 대한 고분자의 용해도와 점성 등이 적절히 조정되어야 하며, 배향막이 두꺼우면 인가 전압의 강하를 초래할 수 있으므로 두께는 50~100 nm를 요구한다.

배향막의 소성이나 러빙 후, 상·하 기판을 압착시키기 위한 봉지제의 접착 공정 온도는 150~200℃ 정도로서, 공정 중에 배향막의 특성이 변하지 않으려면 유리전이온도가 250℃ 이상의 내열성을 가지는 재료가 요구된다.

액정 배향성 특성 중에 액정 분자 배열의 제어는 액정 디스플레이의 구성에서 핵심 기술이다. 액정 물질을 유리 기판 사이에 도입하는 것만으로는 균일한 분자 배열상태를 얻는 것은 어려우며, 기판 내에 액정을 한 방향으로 배향시킬 수 있는 배향막을 도입해야만 한다. 배향막을 형성하는 대표적인 방법으로는 무기물의 경사 증착법, LB(Langmuir-Blodgett)법, 고분자 연신법 및 러빙법 등이 있으며, 새로운 배향 방법으로서 광배향법이나 이온빔 조사법 등이 제안되고 있다. 가장 보편적으로 응용되고 있는 방법은 기판 표면을 천으로 마찰시키는 러빙법이다. 그러나 해상도가 높아짐에 따라서 액정의 배향 얼룩의 문제, 러빙 강도 조절의 어려움 및 먼지 발생 등의 문제점을 보이고 있다. 또한 시야각 특성 개선을 위한 화소의 다분할화와 표시 성능 향상에 대응하기 위해서는 러빙 공정으로 더 이상 불가하므로 신규 배향 기술의 개발 필요성이 요구되어지면서 광배향 기술이 많은 주목을 받고 있다.

선경사각(pretilt angle)은 배향막과 액정 분자의 계면에서 생성되는 각도로서 전압인가 시, 액정 디스플레이의 품위를 결정하는 주요 인자이다. 선경사각이 0도인 경우, 전압을 인가하면 액정 분자가 일어서는 방향을 제어할 수가 없게 되고, 결과로 액정 도메인 사이에 표시 불량 현상이 발생한다. 이를 방지하기 위해 선경사각의 정밀한 제어가 필요하고, 액정 디스플레이의 구동 모드에 따라 서로 다른 값이 요구된다. 비틀림 네메틱(TN) 방식의 경우에는 1~5도, 초비틀림 네메틱(STN: super twisted nematic) 방식의 경우에는 4~7도가 적당하다. 그리고 수직 배향 방식 경우에는 85~90도 정도의 선경사각이 필요하다. 선경사각을 제어하기 위해서는 배향막으로 사용되는 polyimide resin 화학 구조의 변화가 요구되며, 배향막의 표면 장력이나 표면 미세 구조의 제어를 위한 측쇄를 도입하는데, 이를 위해 기능성 디아민 등이 사용되고 있다.

전압 보유율(VHR: voltage holding ratio)은 고화질 액정 디스플레이의 경우에 박막 트랜지스터의 on-off 신호에 의해 60 μs 주기의 펄스 전압이 화소 전극에 인가되어 액정 분자를 구동한다. 펄스 전압을 액정 디스플레이에 화면 전체의 화소 전극에 전달하기 위해서는 16.7 ms 정도의 일정 주기가 필요하게 되며, 이 기간 동안 인가된 전압을 초기 수준으로 유지시키는 것이 요구되고 이를 표현하기 위한 값이다. 즉, 전압 보유율은 일정 주기 동안 초기에 인가된 전압을 어느 정도 유지하고 있는가를 나타내는 값이다. 일반적으로 높은 전압보유율을 얻기 위해서는 액정 전극 간 저항치를 높이는 것이 가장 중요하며, 이를 위해서는 높은 비저항을 갖는 액정의 사용이 반드시 요구되나, 배향막의 분자 구조와도 밀접한 관계를 가지고 있는 것으로 보고되고 있다. 일본 JSR사의 Kananishi는 디아민의 벤젠 고리 사이의 연결기의 구조를 변화시켜 다양한 구조의 polyimide resin를 제조하였으며, 이들 각각의 전압 보유율을 측정하였다. 사용한 디아민의 단위 중량당 분극률을 분극 특성으로 정리한 결과, 전압 보유율은 디아민의 분극 특성과 밀접한 관계를 보였으며, 분극 특성이 작을수록 높은 전압 보유율을 나타내었다.

잔상(residual image) 특성은 패널 내부에 발생하는 직류 전계에 기인되며, 배향막의 물성과 연관되고 있다. 구동 파형의 직류 전계 성분에 의해 액정층 내부에 존재하는 불순물 이온이 분극하여 배향막 고분자의 분극이 발생하게 된다. 이러한 분극은 외부 전계가 없어져도 잔류하여 내부 직류 전계를 유지시킨다. 따라서 잔류 직류 전계를 낮추기 위해서는 배향막 재료 중에 불순물 이온의 줄이거나 배향 분극 제어를 위한 분자 설계를 요구한다.

8.1.2 배향막 공정

배향막의 도포는 플렉소 인쇄기를 이용해서 배향막 재료를 도포하고 소성을 하게 된다. 소성에는 핫플레이트와 적외선 가열 장치가 사용되고, 매엽식과 배치 방식이 있다. 배향막 형성 공정은 고분자 박막 형성, 러빙 공정과 고분자 박막의 세정까지 다루며, 일정한 두께의 고분자 박막 형성과 기판 전체에 대한 균일한 러빙 기술이 중요하다. 이와 같은 공정은 액정 분자의 균일한 배향을 형성하여 정상적인 액정 구동을 가능하게 하고, 균일한 화질 특성을 갖게 한다. 거시적인 액정의 물성 계수는 액정 분자의 배열 상태에 의존하며, 이에 따라 전기장 등의 외력에 대한 응답도 다르다. 액정 디스플레이는 수평 배향을 이용한 비틀림 네마틱(TN: twisted nematic) 모드를 이용하므로 유기 배향막을 이용한 러빙법이 널리 사용된다. 유기 배향막에는 배향의 안정성, 내구성과 생산성을 고려해 polyimide계 고분자 화합물이 널리 사용되고 있다. polyimide 용액은 용매 중에 반응 전 단량체인 폴리믹산(polymic acid) 또는 polyimide를 4~8% 정도의 저농도로 용해한 것을 사용한다.

능동형 액정 디스플레이에 사용되고 있는 배향막의 요구 특성은 200℃ 이하에서 박막 제조가 가능해야 하고, ITO가 입혀진 기판에 좋은 증착 특성을 가져야 한다. 배향막 도포 공정에 있어서 가장 중요한 점은 넓은 면적에 일정하고 균일하게 배향막을 도포하는 것이다. 보통 배향막의 두께는 50~100 nm 정도이며, 동일 기판에서는 10 nm 정도의 두께 차이에 의해 얼룩과 같은 불량이 발생될 수 있기 때문에 배향막의 두께는 매우 중요하다.

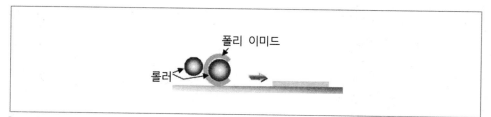

[그림 8-2] 배향막 인쇄 공정

칼라 필터의 전면판과 박막 트랜지스터의 배면판의 화소부에 배향막을 얇고 균일하게 도포하기 위해 드럼 위에 polyimide를 얇고 균일하게 도포하고, 도포된 polyimide가 미리 패턴화된 고무판을 이용하여 인쇄한다. 도포된 배향막을 전체적으로 균일하게 펴지게 하고 용매를 증발시키기 위해 예비 건조기를 이용한다. 용매의 증발 속도가 지나치게 빠르면 polyimide의 건조가 먼저 일어나 균일성이 떨어져 화면에 얼룩이 발생한다. 예비 건조가 끝난 기판은 경화로에 투입된다. 경화로에서 예비 경화된 배향막은 polyimide막으로 형성되어 배향막 형성이 완료된다.

8.1.3 배향막 종류

배향막은 크게 무기 배향막과 유기 배향막으로 나눌 수 있다. 무기 배향막은 금속(Au, Pt)이나 산화물(SiO, SiO_2) 등의 무기 물질을 이용한 것을 무기 배향막이라고 한다. 무기 배향막의 대표적인 형성법은 사방 증착법이며, 금속이나 산화물 등의 무기 물질을 기판에 대해 경사로 증착하는 방법으로 증착 물질은 실리콘 산화막(SiO_2)이 일반적이다. 액정 분자의 배향 상태는 증착각, 증착 속도, 진공도 및 막두께 등 증착 조건이나 증착 물질 및 액정 물질에 따라 다르다. 사방 증착법에 의해 형성된 실리콘 산화막이나 금속막은 높은 증착각이 가능하고, 고온 열처리 시에도 안정적인 특징을 가진 반면에 기판 대형화에는 어려움이 있다.

양산성이 우수한 배향 처리 방법으로 러빙법이 있는데, 부드러운 천으로 기판 위 표면을 한 방향으로 문지르는 방법으로, 실리콘 산화막이나 polyimide막에 사용된다. 유기 배향막은 무기 배향막의 사방 증착법의 배향 제어 기술에 비해 표시 소자의 양산화에 따른 액정에 대한 특성 변화가 적고, 양산에 적합한 배향 제어 기술에 적용이 용이하면서 발전했다. 유기 배향막 제조는 회전 도포법이나 인쇄 도포법을 이용하여 기판 상에 유기 고분자 박막을 형성하고 경화시킨 후, 러빙법으로 액정 분자의 배열 방향을 제어한다. 이와 같은 공정에 유기 고분자 화합물을 주로 사용하며,

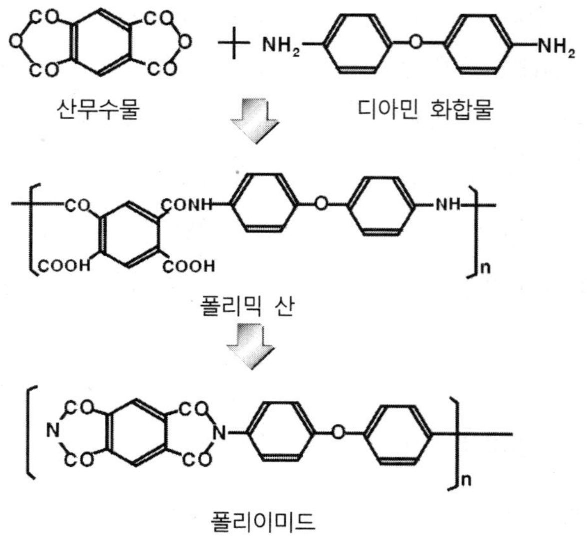

[그림 8-3] 배향막 물질(폴리이미드계)

polyimide계 배향막이 대표적 재료이다. polyimide는 다른 유기 고분자 화합물에 비해 고온 처리에 잘 견디고, 도포 및 러빙하기 용이하며, 화학적 안정성이 좋고, 특히 배향 규제력이 강해 각종 액정 표시 소자에 많이 사용되고 있다.

polyimide계 배향막 재료의 구조는 산무수물과 diamine 화합물을 용매중 에서 반응시켜 얻는 폴리믹 산을 이용하여 기판 위에 도포하고, 이를 가열이나 경화시켜 이미트화하여 만든다. polyimide계 배향막 재료는 일반적으로 폴리믹 산 용액 상태로 이용되어진다. 용매로서는 보통 N metyl-2-pyroridone(NMP) 등의 amide계 극성 용매가 사용되고, 도포성을 개선시키기 위해 butylcellusolve 의 표면 장력이 낮은 용매가 혼합되어지기도 한다. 혼합된 배향막 재료는 농도나 점도 등의 조정을 쉽게 할 수 있으며, 가열이나 경화에 의해 안정된 polyimide계 배향막을 형성시킬 수 있다.

폴리믹 산의 이미드화 온도는 배향막 재료의 종류와 구조에 따라 달라지기 때문에 각각의 적정한 경화 조건을 찾아야 한다. 특히, polyimide계는 높은 절연 특성을 갖기 때문에 액정과 투명 전극 사이를 절연시키는 절연체의 역할도 하게 된다.

8.2 러빙(rubbing) 공정

천을 이용하여 배향막에 일정한 방향으로 문질러주는 것을 러빙이라 한다. polyimide 배향막에 러빙을 하게 되면 액정 분자들 러빙한 방향으로 만들어진 홈에 정렬하게 된다. 러빙에 사용하는 부드러운 천은 면이나 나일론 계의 섬유로 되어 있으며, 원통형의 roller를 포함한 러빙 설비는 매우 간단한 구조이다. 러빙 공정을 할 경우에 가장 기본이 되는 것은 적당한 세기로 화면 전체에 걸쳐 균일하게 하는 것이다. 러빙 세기에 대한 액정 분자의 정렬도는 초기에는 선형적인 증가하지만, 어느 정도 이상 거칠어지면 더 이상 증가하지 않고 포화되는 특성을 나타낸다. 러빙을 균일하게 하지 않으면 액정 분자의 정렬도가 공간적으로 일정하지 않아 부분적으로 다른 광학 특성을 나타내는 화면에 희미한 얼룩처럼 보이는 불량을 일으킨다.

8.3 스페이서 산포 공정

액정 디스플레이는 칼라 필터 기판(상판)과 박막 트랜지스터 기판(하판) 사이에 일정한 공간(cell gap)에 주입된 액정 분자에 전압을 인가하여 구동시킨다. 따라서 두 기판을 일정한 간격으로 유지시키는 것이 대단히 중요하다. 두 기판 사이의 공간이 일정하지 않으면 그 부분을 통과 하는 빛의 투과도가 달라져 화면상에 불균일한 밝기를 보여주고 얼룩이 보이는 것과 같은 불량을 일으킨다.

기판 사이의 간격을 일정하게 유지하는 것은 액정 디스플레이 패널(panel)의 크기가 점차 대형화 추세로 나감에 따라 그 중요성이 부각되고 있다. 일반적으로 화면의 대형화됨에 따라 일정한 간격을 유지하기 위해서는 가장 자리의 봉지(sealing)에 스페이서를 넣는 것으로는 충분치 않고, 패널 전체적으로 일정하게 스페이서를 골고루 분포시킨다.

8.4 합착 공정

합착 공정의 상판(칼라 필터 기판)과 하판(박막 트랜지스터 기판)의 정렬 정도는 기판 설계시 주어지는 공정 오차에 의해 결정되는데, 보통 수 μm 정도의 정밀도가 요구된다. 두 기판의 정렬시 주어지는 공정 오차를 벗어나면 빛이 새어 나오게 되어 구동 시, 원하는 화상 특성을 얻지 못한다.

장비의 정밀도 이외에 공정 면에서 고려해야 할 사항은 기판의 미끌림인데, 보통 이를 제거하기 위해 고정시키는 봉지제(sealant)를 사용한다. 또한 합착 공정까지 배향막이 외부에 노출되어 있으므로 기판의 오염이나 이물질 유입이 일어날 수 있다. 이로 인한 불량 발생이 공정 수율의 큰 부분을 차지한다. 따라서 이 공정까지의 청정도는 이후의 공정에 비해 상당히 높은 청정도가 요구되며, 공정 진행시 오염 방지를 위한 노력이 필요하다.

셀 단위의 절단 공정과 액정 주입을 위해서는, 합착 공정이 완료된 기판의 봉지를 상·하판 일정하게 간격을 유지하며 경화시키는 공정이 필요하다. 경화시키는 공정에서 간격에 대한 정밀도가 결정된다. 공간적으로 불균일하면 액정 주입 후, 불균일한 투과 특성이 얼룩 형태로 나타나게 된다. 합착 공정이 균일도에 영향을 주는 인자는 작업대의 평탄도, 가압 시 상·하판의 평행도, 공간적인 압력 및 온도이다.

8.5 절단 공정

절단 공정은 봉지 및 경화 공정 이후에 기판에서 각각의 셀로 절단하여 분리하는 공정이다. 초기 액정 디스플레이 제조 시에는 여러 셀을 동시에 액정 주입한 후에 셀 단위로 절단하는 공정 진행을 하였으나, 화면의 대형화됨에 따라 단위 셀로 절단한 후에 액정 주입을 하는 방법을 사용한다.

절단 공정은 유리 기판보다 경도가 높은 다이아몬드 재질의 펜(pen)으로 기판 표면에 절단선을 형성하는 금긋기(scribe) 공정과 힘을 가하여 절단하는 파단(break) 공정으로 이루어진다.

8.6 액정 주입 공정

단위 셀은 넓은 면적에 아주 얇은 수 μm의 공간을 갖는다. 이러한 구조의 셀에 효과적으로 액정을 주입하는 방법으로 셀 내외의 압력 차를 이용한 진공 주입법이 널리 이용된다. 이러한 액정 주입 공정은 액정 셀 공정에서 가장 긴 시간을 요하기 때문에 생산성 측면에서 최적 조건을 설정하는 것이 중요하다.

액정 속의 미세한 공기 방울이 셀에 주입되면 시간이 경과되면서 공기 방울이 모이게 되며 기포를 형성하게 된다. 기포들은 빛을 투과시키는데 좋지 않은 영향을 주게 되고 화면상에 얼룩처럼 보이게 된다. 이를 방지하기 위해, 액정을 장시간 진공에 방치하여 기포를 제거하는 탈포 과정이 필요하다. 셀의 진공을 뽑는 과정에서 액정을 동시에 주입하며 작업하기도 한다. 하지만 생산성 측면 등을 고려하여 진공을 뽑는 과정과 액정을 주입하는 과정을 나누어 진행하는 것이 일반적이다. 액정 주입을 위해서는 보통 수 mTorr 정도의 진공도가 필요하다.

액정 주입이 완료된 셀의 주입구에 액정이 흘러나오지 않게 막아주는 공정이 있다.

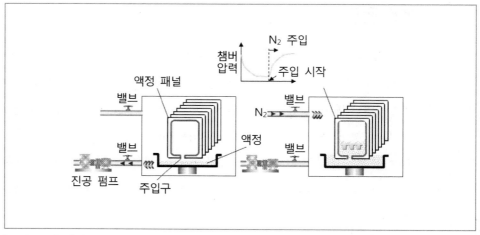

[그림 8-4] 액정 주입 과정

보통 자외선 경화 수지 분배기(dispensor)를 이용하여 도포한 후에 자외선을 조사하여 주입구를 막아준다. 셀 공간을 형성하는 마감 공정이므로 경화성 수지의 주입에 가해주는 압력 분포를 균일하게 유지해야 한다. 액정과 폴리이미드 막의 자외선에 의해 변질될 수 있으므로 경화수지 부분 이외에는 자외선이 조사되지 않게 주의해야 한다. 액정이 주입된 상태에서 주입구에 접촉이 일어나면 오염에 의한 불량이 발행할 수 있으므로 셀 이동이나 공정 진행 시 외부 접촉이 일어나지 않게 해야 하고 주입구를 봉쇄하지 않고 외부에 오래 방치하면 안 된다.

8.6.1 액정(liquid crystal)

액정 디스플레이(LCD)라고 하면 사람들은 어떤 기능을 하고 무엇인지 바로 떠올릴 수 있다. 하지만, 액정에 대해서 과연 얼마나 알고 있을까? 액정이란 단어 자체에는 상반된 개념이 들어 있다. 결정이라 하면 다이아몬드나 수정처럼 원자들이 서로 단단히 붙어 있고 규칙적으로 배열되어 있다. 반면에 액체는 특정한 형태들 갖고 있지 않고 쉽게 떨어지고 유동성이 높은 성질을 갖고 있다.

액정이란 액체 상태와 결정 상태 중간에 놓여 있는 물질을 표현하기 위해 사용되고 양쪽 성질과 유사한 특성을 보여준다. 액정 물질의 분자는 일정한 방향으로 배열되어 있지만 동시에 전체적으로 액체처럼 유동성을 갖는다.

액정을 처음 발견한 사람은 오스트리아의 생물학자 Reinitzer이다. 라이니쩌는 콜레스테릴 벤조산염(cholesteryl benzoate)에 열을 가해 온도를 높였더니 우유 빛 액체로 변했다. 계속적으로 열을 가했더니 우유 빛 색이 투명하게 되었다. 우유 빛 색으로 보였던 물질이 콜레스테릴 벤조산염 액정 상태이다. 액정 상태를 보이는 화학 물질은 여러 가지가 존재한다. 대부분은 액체를 냉각시키거나 고체를 가열하여 형성된다. 이들을 열방성(thermotropic) 액정이라 부른다. 몇몇 물질은 반대 과정으로 원래의 물질로 변환될 수 있고 몇몇 물질은 그렇지 않다. 반대 과정으로 변환되지 못하는 화학 물질은 용매를 이용하면 원래의 물질로 변환된다. 용매의 영향 하에 분자들의 서로 연결되며 사슬을 형성한다. 그리고 용매를 제거하면 새로운 배열이 유지되면서 액정을 형성한다. 이런 물질을 리오트로픽(lyotropic) 액정이라고 한다.

액정을 처음으로 발견한 후 100년이 지나서 1971년 Schadt와 Helfrich 박사팀에 의

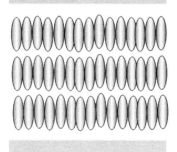

[그림 8-5] 일반적인 액정 배열 구조

해 비틀림 네마틱(twisted nematic) 액정이 개발되었고, 이를 계기로 액정의 상업화에 초기 단계로 접어들 수 있었다. 사전적 의미로 네마틱은 "이방성 특성을 갖게 하는 선형성의 중간상을 갖는" 의미를 갖고 있다. 중간상은 액체와 고체 사이의 중간 특성을 갖는다는 의미이고 이를 액정에 적용할 수 있다. 이방성 필터링을 통해서 불균일성을 갖는 것을 의미하는 것이고 화학적으로 사용하는 의미와는 조금 다르게 방향에 따라 물리적 특성이 다른 물질을 의미한다. 네마틱 액정은 분자 구조가 선형적 혹은 사슬형이기 때문에 방향에 따라 물리적으로 다른 특성을 갖는다. 이와 같은 성질을 이용하여 액정 디스플레이에 적용할 수 있고 이를 비틀림 네마틱 액정 디스플레이(TN-LCD)라고 부른다. TN-LCD 제조는 두 유리 기판에 전극을 입히고 폴리머를 얇게 입히며 천을 이용하여 한 방향으로 배열하도록 문질러 닦으면 마이크로 수준의 골을 만든다. 상·하판을 합착하고 봉하고 작은 통로를 만든다. 이 공간을 이용하여 진공을 만든다. 액정을 두 기판 주입하고 완벽히 봉한 후, 편광판을 붙인다. 폴리머 층에 미세 골이 있는 두 기판을 직각으로 배열한다. 각 표면에 봉(rod) 모양 분자는 골 방향과 평행하게 배열된다. 분자 적층은 90도로 꼬여 있기 때문에 적층의 표면은 각 기판 표면의 편광판의 축과 동일하게 배열한다.

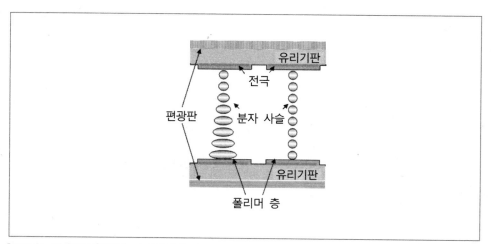

[그림 8-6] 네마틱 액정 디스플레이 구조

그림 8-6 구조에서 나타나듯이, 빛이 네마틱 액정 패널에 진입하면 편광판을 통해 빛이 한 방향으로 편광되고 나머지는 차단된다. 편광판을 통과한 빛은 유리 기판, 폴리머 층, 전극을 통과하여 액정으로 진입한다. 액정을 통과한 빛은 반대편 편광판으로 이르고 빛은 편광판과 같은 방향으로 진동하므로 통과할 수 있다. 만일, 전극에 전압을 인가하면, 액정 사슬 내의 분자들이 반응하여 기판에 수직하도록 방향을 바꾸면서 비틀린(twisted) 구조를 깬다. 편광된 빛은 액정을 회전하지 않으며 통과할 수 없도록 편광판과 직각이 되어 더 이상 진행하지 못한다.

초기의 액정 디스플레이가 발전하면서 활용성 증가함에 따라 신호들이 가로 전극과 세로 전극으로 전달하는 행렬 방식(matrix)의 어드레싱(addressing)하게 되었다. 행렬 방식의 구동을 중대형 디스플레이에 적용하기 위해서는 스위칭 전압을 낮출 필요성이 있다. 1980년대에 Nehring과 Scheffer가 컴퓨터 모사(simulation)로 초뒤틀린 네마틱 액정(STNLC: super-twisted nematic liquid crystal)을 대해 제시하였다. 이는 비틀림 정도 180도를 넘어 일반적으로 210~270도까지 비틀릴 수 있다. 이와 같은 구조는 스위칭 전압을 훨씬 낮출 수 있다. 또한 명암 대조비(contrast ratio)와 시야각과 비틀림성(degree of twist)을 조절하기도 쉬우면서도 계조 표현하는데도 장점을 갖고 있다. 하지만, 응답 속도는 기존의 비틀림 네마틱 구조보다는 느리고 제조비용도 비싸다. 그럼에도 불구하고 휴대용 디스플레이에 많이 적용되고 있다.

초비틀림 네마틱 액정은 흑백 화면에서 약간 파란 빛과 노란 빛을 띠는 듯한 감을 준다. 이를 개선하기 위해 액정을 두 번 입힌다. 처음 액정의 반대 방향으로 액정을 한번 더 입히면 완벽한 흑백 화면을 만들 수 있다. 이를 중첩 초비틀림 액정 디스플레이(DSTN-LCD)라고 한다. 이러한 디스플레이들은 두껍고 무거워지고 제조하는데 비용이 많이 든다. 이를 개선하기 위해 박판-보조 초비틀림 액정 디스플레이(FSTN-LCD: film-compensated STN-LCD)가 개발되었다.

액정 디스플레이가 기존의 브라운관(CRT) 디스플레이 수준의 화질에 이르려면 시야각을 개선해야 한다. 여러 가지 방법으로 시야각을 개선하려고 했지만 부분적으로 시야각은 좋아지는데 반해 명암 대조비, 응답 시간, 소비 전력 등의 다른 특성들에 좋지 않은 영양을 주었다. 이런 과정 중에 1995년 Hitachi사에서 평면 정렬 스위칭 (IPS: in-plane switching) 구조를 개발하였다. 일반적인 박막 트랜지스터 액정 디스플레이(TFT LCD)에서 가로 전극과 세로 전극은 절연층을 통해 서로 다른 층에 배열되고 주로 아래 전극에 박막 트랜지스터와 연결되어 스위칭을 한다. 평면 정렬 스위칭 구조에서는 두 전극을 평행하게 같은 층에 배열한다. 히타치사에서 개발한 방법으로 액정 분자는 일반적인 액정 디스플레이 구조와 동일하게 기판 유리와 평행하게 위치한다. 하지만 기존의 액정 디스플레이와 달리 분자들은 사슬의 한 쪽 끝에 고정되지 않은 구조를 갖는다. 전극에 전압이 인가되면 액정 분자들은 스스로 전기장에 영향하에서 자유롭게 회전한다. 수평 정렬로 된 액정이 한 쪽 기판에 2개의 전극을 가지고 구동하게 될 때 평면 위에서 회전하게 되고 이로 인해서 광을 투과하기도 하고 차단하기도 하면서 영상을 표시한다. 액정의 수평적 이동에 의해서 광량을 조절하므로 시야각 특성이 좋지만 투과도가 낮다. 시야각은 상하좌우 140도로 거의 브라운관 수준이나 개구율이 상대적으로 낮다.

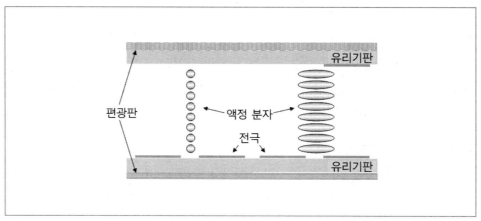

[그림 8-7] 평면 정렬 스위칭(IPS: in-plane switching) 구조

8.7 배향막 기술

액정 디스플레이의 상업화는 일본에서 시작되었으며, 대부분의 액정 디스플레이 관련 소재는 일본에서 독점하고 있다. 배향막 시장 역시 일본 제조업체들이 생산하여 한국, 대만 등의 액정 디스플레이 패널 제조업체로 공급하고 있다. 특히 polyamic acid 용액의 고순도화 기술은 일본 업체만이 기술을 보유하고 있다. 중국, 동남아시아의 경우 비틀림 네마틱용 배향막을 자체 생산하고 있으나, 초비틀림 네마틱용의 경우에는 일본 업체에서 대부분 공급하고 있다.

액정 디스플레이의 액정 배향막은 액정 분자와 접하여 액정 분자를 균일하게 배향시키는 역할을 한다. 액정 배향막의 액정 배향 특성과 전기적 특성은 액정 디스플레이의 화질을 결정하는데 중요한 요인으로 작용한다. 따라서 액정 디스플레이 시장의 다양한 분야로 확대됨에 따라 화질뿐만 아니라 적용 분야에 따른 배향막의 요구 성능도 보다 고도화되고 있다.

액정의 배열 상태는 배향막에 대한 액정의 각도(pretilt angle)와 상·하 기판 사이에서 액정 분자의 비틀림각으로 표시되며, 비틀림 네마틱형, 초비틀림 네마틱형, 수직 배향형(VA: vertical alignment)형으로 나눠진다. 액정 디스플레이 기판은 광의 투과를 제어하는 편광판, 투명 전극, 신호를 제어하는 박막트랜지스터, 색깔을 표시하는 칼라 필터, 빛의 유출을 차단하기 위한 흑격막과 액정 분자로 구성되어 있는데 액정 배향막은 투명 전극 안쪽에 배치되어 액정 분자와 직접 접촉하고 있으며 전기광학적 특성 등 액정 디스플레이 품질과 관련된 파라미터에 중요한 역할을 담당한다.

비틀림 네막틱용 액정 배향막은 대형화 고정세화가 추진되어 고품질의 제품을 제공하고 있다. 하지만 장시간 사용 시 발생하는 잔상이 해결되어야 할 문제점으로, 이 현상은 패널 내부에서 발생되는 직류 전계에 기인하며, 배향막의 물질의 특성과 관계된다. 구동 파형의 직류 전계 성분에 의해 액정 층 내부에 존재하는 불순물 이온이 분극함에 따라 배향막 고분자에 배향 분극이 발생하게 되며, 이들 분극은 외부 전계를 차단한 후에도 잔류하여, 액정 층에 실제적인 내부 직류 전계로 작용하는 것으로 판단되어진다. 잔류 직류 전계를 경감하기 위해서는 배향막 재료에 함유되어 있는 불순물 이온의 양을 줄이거나 배향 분극을 억제시키도록 분자 설계를 행할 필요가 있다.

액정 디스플레이의 시야각 특성을 개선하기 위하여, 새로운 방식들이 연구 개발되고 있으며 일부는 상용화가 되고 있다. 수직 배향 모드는 높은 대조비와 빠른 응답 속도를 실현할 수 있다. 수직 배향막 모드는 전압 인가에 의해 액정 분자가 수직으로부터 수평으로 배향 상태가 변화하기 때문에 안정한 수직 배향 성능을 갖는 배향막이 요구된다. 액정 분자의 수직 배향을 하기 위해서는 액정 분자와 배향막 고분자와의 배제 체적 효과(exclusive volume effect)가 중요하다. 계면에 돌출한 배향막 고분자 측쇄(side chain)에 의해 액정 분자는 수직으로 배향하게 된다. 수직 배향형 액정 배향막의 요구 특성으로서는 85도 이상의 높고, 안정한 선경사각을 가져야 하고, 광시야각을 위한 다중 영역(multi domain)의 형성 공정에 대한 안정성과 장시간 사용 시 발생하는 소부 현상의 줄여야 한다. 이와 같은 특성을 만족하기 위해서는 단량체(monomer) 혹은 고분자에 측쇄의 도입, 노광 공정에 대한 내성을 부여하기 위한 측쇄형 가교제(cross-linker) 함유 단량체의 사용, 배향막 재료에 함유되어 있는 불순물 이온을 줄이는 기술 개발 및 배향의 분극의 억제를 위한 분자 설계에 대한 기술 개발이 필요하다.

평면 정렬 스위칭(IPS: in-plane-switching) 액정 디스플레이는 시야각이 매우 넓은 반면에 개구율(aperture ratio)이 낮아 구동 전압이 높다. 구동 전압(driving voltage)은 액정의 구속(anchoring) 효과와 밀접한 관계가 있고 액정의 구속력(anchoring force)이 약하게 되면 구동 전압이 낮출 수 있다. 비밀 계피산 광배향막을 이용하여 액정과의 구속력을 낮추면서 구동 전압을 낮추는 액정 디스플레이 방법이 보고되었다. 그러나 비닐 계피산(vinyl cinnamate)을 광배향막으로 도입한 경우, 전압-광투과율 곡선에 있어서 히스테리시스(hysterisis)가 현상이 발생하여 스위칭 시간

(switching time)의 증가를 초래하였다. 이를 개선하기 위해 동경 농공대학교의 Kawakami 팀은 열에 강한 고분자인 폴리이미드 수지를 광배향막으로 사용하여 70도의 고온에서도 전압-광투과율 곡선 히스테리시스를 4% 이내로 억제시키는 기술을 개발하였다.

폴리이미드는 용제에 녹지 않기 때문에 전구체인 폴리아믹산을 도포한 후 고온에서 소성하여 폴리이미드 수지로 전환시킨다. 일본의 JSR사는 독자적인 구조의 비대칭형 산이무수물인 2,3,5-tricarboxy cyclopentylacetic acid dianhydride를 단량체의 하나로 도입하여 비양자성 극성 용제에 우수한 용해성을 보이는 가용성 폴리이미드를 개발하였다. 용해성을 보이는 용제로는 N-methyl-2-pyrrolidone, N,N-dimethylactamide, 및 γ-butyrolactone 등의 비양자성 극성 용매가 대표적이며, 일반적인 유기 용제인 톨루엔, 아세톤 및 액정에 대해서 매우 안정한 특성을 보이고 있다. 이를 이용한 배향막은 이미드화 반응이 진행된 상태이기 때문에 이미드화 반응을 위한 높은 공정 온도를 필요로 하지 않고 용제의 제거를 위해 150도 정도의 온도에서 열처리를 한다. 플라스틱을 기판으로 사용하는 유연 디스플레이용 액정 배향막으로 적용을 가능하다. 액정 디스플레이의 액정의 배향은 고분자 배향막을 문질러 형성하는데, 러빙 공정은 잘 알려진 바와 같이 먼지, 정전기 발생하여 공정과 디스플레이 특성에 좋지 영향을 준다. 또한, 패널 크기가 커짐에 따라 러빙 방법은 패널의 표면상에 균일한 배향 물질을 도포하는데 어려움이 있으며 고정세화를 요구에 대응하기가 쉽지 않다. 이를 개선하기 위해 러빙 공정을 행하지 않는 액정의 배향 방법으로서 자외선 영역의 직선 편광 조사에 의한 광배향법이 개발되고 있다. 광배향법은 액정디스플레이의 고정세화에 수반하는 화소의 미세화 및 광시야각화에 필요한 화소의 배향 분할을 할 수 있게 한다. 광배향법으로는 입사직선 편광에 의해 야기되는 각종 광화학 반응으로는 광이성화(photoisomerization), 광분해(photodegradation), 광이량화(photodimerization) 등이 있다.

광배향이란 광 반응을 이용하여 기판의 표면 분자를 일정한 방향으로 배열시키므로서 액정을 배향시키는 기술이다. 폴리이미드의 표면에 있는 광색성(photochromic) 입자 하나가 평균적으로 약 104개의 액정의 배향을 조절할 수 있다는 연구 발표가 있다. 광 배향 제어 기술은 조사 광원으로 직선 편광을 사용한다는 것이며 무질서하게 배향하고 있는 고분자들 중에서 주쇄(main chain), 측쇄(side chain)의 편광 방향으로 향하고 있는 분자가 주로 광을 흡수하여 광 반응을 일으켜 막에 광학 이방성을 발생시킨다. 따라서 액정의 광 배향 제어 기술에 필요한 조건은 직선 편광의 방향성을 가진 광을 사용하는 것과, 고분자 막의 광반응 과정과 조사된 광의 편광 방향에 의해 제어될 수 있어야 한다.

광이성화 반응은 분자를 고분자에 혼합하여 폴리이미드막을 만들어 편광된 광을 조사시켜 액정 분자의 방향을 제어하거나 광이성화 분자를 측쇄 혹은 말단기에 가지고 있는 고분자막에 직선 편광을 조사하여, 특정한 방향의 색소 분자들을 광이성화 시켜 광학 이방성을 형성한다.

광중합 반응은 고분자 막에 직선 편광을 조사하여 어떤 특정 방향의 분자들을 반응시켜 박막 위에 광학 이방성을 형성하게 한다. 음의 감광제로 알려진 시나모일(cinnamoyl)계는 외부에서 조사되는 자외선에 의해 광화학(isotropic photochemical) 반응을 일으킨다. 고분자 측쇄에 포함된 시나모일(cinnamoyl)계는 자외선 빛을 통해 에너지를 흡수하여 라디칼(radical)을 형성하면서 주변의 동일한 반응을 일으킨 라디칼과 쌍을 이뤄 결합해 시클로부탄(cyclobutane) 고리를 형성한다. 이와 같은 구조의 고분자 박막 위에 자외선을 비춰주면 측쇄의 시나모일(cinnamoyl)계에 의해 시클로첨가 반응(cycloaddition)은 막 전체에 걸쳐 균일하게 일어나면서 광중합을 일으키게 된다. 직선 편광 자외선을 비추면 편광 방향이 일치하였을 경우에만 중합 반응이 선택적으로 일어나게 된다. 이러한 특성을 이용하여 고분자를 선형 광중합 시키면 고분자 막에 비등방적인 특성을 부여할 수 있다.

광분해법은 폴리이미드 수지와 같은 고분자 박막에 직선 편광 시킨 자외선을 비춰서 특정 방향의 분자 결합을 선택적으로 절단하는 광분해 반응을 이용하여 광학이방성을 형성한다.

광이성화 반응에는 역반응의 영향, 광분해 반응에는 분해 생성물에 의한 액정층의 오염 등을 개선하는 문제가 남아 있다. 광이량화 반응에 있어서는 비닐 계피산(vinyl cinnamate)을 이용하였으나 사용되는 자외선의 파장이 짧기 때문에 범용 대형 노광 장치를 사용해서는 양산용 대형 노광 장치에 적용하기 어려워 대량 생산을 할 수 없는 문제점이 있다. 이를 개선하기 위해 자외선 파장을 장파장화 하기 위해 고분자 계통의 물질을 적용하려고 하고 있다.

용어
정리

01. 스페이서(spacer): 지지판 사이에 일정한 거리를 유지하기 위해 액정셀에 들어 있는 구 혹은 실린더 모양의 재료를 말한다.

02. 배향막(alignment layer): 액정분자를 일정한 방향으로 배열시키기 위해 기판 내벽에 형성하는 막을 말한다.

03. 러빙(rubbing): 액정분자의 균일한 분포와 일정한 방향성을 위하여 고분자 물질(polyimide)의 박막을 형성하고, 박막 표면을 특수한 천을 이용해 한쪽 방향으로 문질러 일정한 패턴을 형성시키는 공정이다.

04. 개구율(aperture ratio): 실제 화소의 크기 대비 실제 빛이 나오는 영역의 비로 정의한다.

Chapter

09
모듈 제조공정

본 장에서는

모듈 제조공정의 기본 원리를 살펴보고, 각 요소 공정의 구조, 제조 및 장비에 대하여 파악해 보도록 한다.

모듈 제조공정

모듈 공정은 액정 디스플레이 제조 공정의 마무리 공정이라 할 수 있으며, 셀 공정에서 만들어진 패널에 편광판, 인쇄 회로 기판(PCB: printed circuit board) 및 백라이트(BLU; back light unit)를 부착하는 공정이다. 신호 처리 회로를 제작하여 패널과 제작된 신호 처리부를 실장 기술로 연결하고, 기구물을 부착하여 액정 디스플레이의 모듈(module)을 제작하게 된다.

모듈 제작 과정은 대부분 다음 절차로 이루어지는데, 세정 공정은 셀 공정을 마친 후, 패널 표면에 발생할 수 있는 이물질을 제거하는 공정이다. 편광판 부착 공정은 패널의 상·하면에 편광판을 부착하여 여러 방향으로 진행하는 빛을 한 방향으로 진행하도록 집중하는 기능을 하고, 상·하판의 편광판은 90도로 교차되는 구조로 배치한다. 탭(TAB: tape automated bonding) 부착 공정은 박막 트랜지스터 제조 시, 미리 제작한 패널 패드(panel pad)에 구동 회로(IC)을 연결하는 공정이다. 백라이트 조립 공정은 액정 디스플레이 특성상 스스로 발광하지 못하기 때문에 광원을 부착하여야 한다. 이를 위해 패널의 배면판 아래에 백라이트를 연결하는 공정이다. 에이징(aging) 공정은 모듈 제작을 마치고, 실제 사용 시 발생하는 초기 불량을 출하 전에 검사하기 위해 고온에서 일정 시간 액정 디스플레이를 실제 사용 조건보다 가혹한 조건에서 구동하여 초기 불량을 검출하기 위한 공정이다. aging test를 마친 후, 화상 및 외관 검사를 하여 불량이 발생하지 않으면 포장하여 출하하게 된다.

9.1 세정 및 편광판 부착 공정

셀 공정이 끝난 패널은 가장 먼저 세정 공정을 위해 투입되며, 순수(DI water; deionized water)를 뿌려 주면서 붓(brush)이나 스폰지 롤을 이용하여 패널 표면에 붙어 있는 오염물이나 이물질을 제거하고, 샤워 방식의 열풍 건조기를 이용하여 건조시킨 후, 편광판 부착 공정으로 패널을 이동시킨다. 이와 같은 세정 공정을 그림 9-1에서 보여준다.

세정작업이 완료되면 그림 9-2에서 나타나듯이, 패널은 편광판을 부착하기 위한 장치로 이동하게 되며, 편광판 부착 장치는 패널의 공급과 정확한 부착 위치를 결정하여 편광판 필름을 박리하고, 패널의 상·하판에 부착하게 된다. 상·하판의 편광판은 90도로 교차되어 있다.

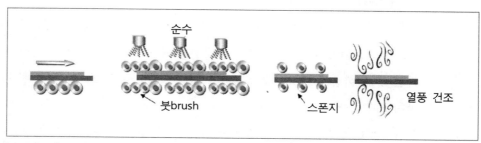

[그림 9-1] 패널 세정 과정

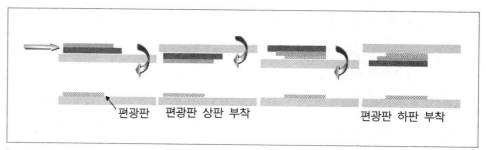

[그림 9-2] 편광판 상·하판 부착 과정

9.2 탭(TAB) 부착 및 탈포(autoclave) 공정

탭 공정은 편광판 부착 공정을 마치고 구동 집적 회로(IC)를 실장하기 위한 공정이다. 이를 위해 탭 필름과 이방성 전도 필름(ACF: anisotropic conductive film)을 이용하여 패널에 이미 제작된 패드(pad) 위에 연결한다. 열압착기를 이용하여 열을 가하면서 압력을 가하여 테이프 캐리어 방식(TCP: tape carrier package) 필름을 압착하면 이방성 전도 필름의 수지가 경화되고, 이방성 전도 필름 내의 전도성 구(ball)가 패드와 접촉된다.

부착 과정은 이방성 전도 필름의 보호막을 떼어내고 패널 패드 위에 고정시킨 후 테이프 캐리어를 릴(reel)에서 잘라낸다. 테이프 캐리어와 패널에 있는 정렬 표시(align mark)를 이용하여 광학 장치로 정렬시킨 다음에 압착하게 된다. 다시 열 압착기를 이용하여 열과 압력을 이용하여 패널 패드와 강하게 부착하는 공정이며, 이상의 제조공정은 그림 9-3에서 나타내고 있다.

탈포 공정은 패널에 편광판을 부착한 후, 편광판과 유리 기판 사이에 기포를 제거하는 공정이다. 기포를 제거하는 과정은 열과 압력을 가하면서 편광판과 유리 기판 사

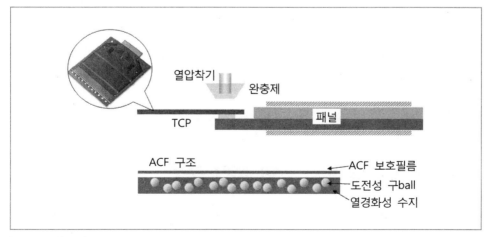

[그림 9-3] 탭 공정과 ACF 구조

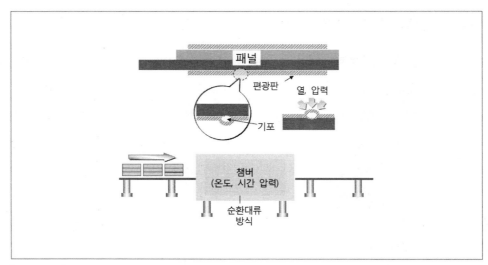

[그림 9-4] 탈포 공정

이의 기체를 제거하게 된다. 탈포 과정을 거치면서 편광막과 유리 기판의 부착력은 더욱 개선되고, 화면에서의 이상 굴절로 인한 화상의 변화를 없앨 수 있다. 그림 9-4 에서는 탈포 공정을 보여준다.

탈포 공정이 끝나고 나면, 조립 공정을 수행하기 전에 화상 검사를 진행한다. R·G·B 각각의 색으로 화면 전체를 밝히고, 상·하·좌·우로 선결함(line defect)과 같은 결점 이 있는지를 확인하게 된다. 또한 화면으로 제조 과정에서 발생하는 이물질의 침입 으로 인한 얼룩이 존재의 여부도 확인할 수 있다. 탭 공정 과정에서 테이프 캐리어와 기판 패드 상의 정렬이 잘못되어 나타나는 불량인 선결함을 확인할 수 있다.

9.3 인쇄 회로 기판 부착 공정

인쇄 회로 기판(PCB)에는 구동 회로를 비롯하여 구동 회로부가 설치되어 액정 디스 플레이를 구동하기 위한 전반적인 영상 신호를 보내게 되며, 구동 전압의 생성이나 공급 등의 기능을 제어하는 역할을 한다. 액정 디스플레이의 인쇄 회로 기판은 다층 구조를 사용하고 있으며, 얇으면서 집적도를 높이기 위해 표면 실장 기술(SMT: surface mounting technology)을 주로 사용한다.

표면 실장 기술은 기판 위에 부품을 올려 놓는 작업이나 시스템을 의미하고, 이는 표면 실장 부품을 인쇄 회로 기판에 부착하는 납땜 기술의 일종이다. 기존의 삽입 실장 기술(IMT: insert mount technology)과 달리 실장 부품들을 납땜 표면에 자동으로 배치할 수 있기 때문에 얇고 간소한 처리 과정으로 생산성이 높아지게 되며, 제품의 가격과 성능이 크게 향상된다. 높은 생산성의 표면 실장 기술은 부품을 자동으로 기판에 배열하여 이루어지며, 이와 같은 자동화는 품질의 향상을 가져오고 있다. 자동화된 셋업은 공정 시간을 단축시킬 수 있으며, 제품의 교체 작업도 극대화하게 된다. 자동화 장비의 사용으로 공정 관리와 기판의 수리도 용이하고 단순화되었다. 인쇄 회로 기판 부착 공정이 끝나면 패널 단독으로 구동이 가능하다. 따라서 화질과 불량 패드를 검사할 수 있으며, 외부 전원을 이용하여 백라이트를 구동하고, 화질을 검사하기 위한 다양한 신호들을 입력하게 된다. 화상 평가와 불량을 검출하기 위해 적절한 시험용 영상 패턴들을 미리 제작하여 화질 검사를 수행한다. 그림 9-5에서는 표면 실장 기술에 의한 부착공정을 나타낸다.

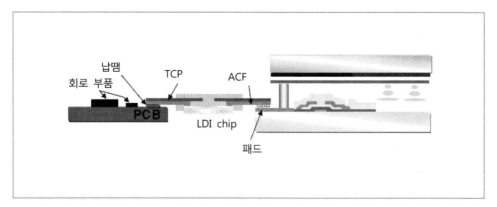

[그림 9-5] 표면 실장 기술로 인쇄 회로 기판 부착

9.4 백라이트 조립과 에이징(aging)

구동 회로 조립이 끝나면 최종적으로 광원인 백라이트(BLU: back light unit)을 부착한다. 백라이트는 액정 디스플레이에 단순히 빛을 제공해주는 역할도 하지만, 떨어뜨리거나 진동과 같은 외부로부터 오는 기계적인 충격과 외부의 환경적인 요소, 즉 온도나 습도의 변화로부터 패널을 보호하는 중요한 역할도 수행하기 때문에 이를 고려하면서 제작하게 된다.

백라이트를 부착함으로써 액정 디스플레이 패널은 완성되는 단계에 이르며, aging test는 제품을 사용하면서 초기 발생할 수 있는 불량을 검출하는 작업이다. 초기 작동 시, 작동이 불안하고 특성이 안정되지 못하는데 이를 안정화시키는 역할도 한다. 이를 위해 실제 사용 조건보다 가혹한 조건이나 온도는 약 60도에서 일정 시간 동안 액정 디스플레이를 구동시킨다.

9.5 인쇄 회로 기판을 사용한 모듈 비교

인쇄 회로 기판을 사용하여 디스플레이 제품에 사용되고 있는 모듈을 간단히 살펴보면 다음과 같다. 다음은 IT 제품에 주로 사용되고 있는 인쇄 회로 기판을 기준으로 전반적인 모듈 공정에 대해 간략하게 기술한다.

탭(TAB: tape automated bonding)은 집적 회로(IC: integrated circuit)를 실장하기 위하여 테이프 캐리어 방식(TCP: tape carrier package)과 이방성 전도 필름(ACF: anisotropic conductive flim)을 이용하여 패널의 패드와 접속시키는 방식이다. 칩 온 필름(CoF: chip on film)은 반도체 칩을 직접 얇은 필름 형태의 인쇄 회로 기판에 장착하는 방식이다. 기존 38~50 μm 보다 리드선 간 거리가 훨씬 미세하고, 얇은 필름을 사용할 수 있는 특징이 있다. 휴대폰 기판, 반도체 및 디스플레이 소재로써 고

영상 이미지를 구현하기 위한 액정 표시 장치의 화소수 증가에 따른 구동과 $40 \mu\mathrm{m}$ 이하의 고정세 동영상 구현에 사용된다. 칩 온 필름은 연성 인쇄 회로(FPC: flexible printed circuit)에 집적 회로를 wire bonding 방식을 사용하여 실장하는 기술이다. 크기와 두께 면에서 큰 장점을 가지고 있으며 고밀도화가 가능하다. 현재 많이 사용하고 있는 분야는 액정 디스플레이를 이용한 벽걸이형 텔레비전, 휴대 전화 및 노트북 등이다.

칩 온 보드(CoB: chip on board)는 반도체 칩을 직접 인쇄 회로 기판 위에 Au wire로 연결하고 성형하는 방식이다. 표면 실장 기술(SMT: surface mount technique)의 하나로, 금선 연결 실장과 flip chip 실장으로 구분된다. 전자 회로 기판에 die를 와이어 본딩하여 연결하고 난 후, 성형하는 공정으로 진행된다. 저가형으로 구현이 가능하며, 낮은 높이와 최저의 공간 사용으로 빽빽한 회로 구성이 가능하다는 장점을 가지고 있다. 응용 분야는 액정 디스플레이 모듈에 적용되며, 휴대 전화 이외에 모든 전자 부품에 적용이 가능하다.

테이프 캐리어 방식은 리드 배선을 형성하는 테이프 모양의 절연 필름에 대규모 집적 회로(LSI: large scale integration)에 베어 칩(bare chip)을 실장하여 리드와 접속하는 반도체의 표면 실장형 패키지이다. 테이프 캐리 방식은 한 장의 기판 상에 복수의 집적회로 소자를 고밀도로 탑재하거나, 소자 상호 간의 배선 길이를 극단화하기 위한 멀티칩(muti chip) 패키징에서 많이 활용되고 있는 기술이다. 응용 분야는 액정 디스플레이에 적용하여 주로 벽걸이 텔레비전, 노트북과 내비게이션 모니터에 사용된다.

칩온 글라스(CoG: chip on glass)는 액정 패널의 유리 기판 위에 드라이버 집적 회로를 직접 내장하는 방식으로 인쇄 회로 기판이 필요 없는 초박형 경량화와 미세한 접속 피치의 실장 방식이다. 칩온 글래스는 액정 디스플레이 유리 기판 위에 이방성 전도 필름을 부착하고, 융기 칩(bumped IC)에 열, 압력과 온도를 가해 집적 회로를 부착하는 방식이다. 액정 디스플레이와 유기 EL에 적용되고, 위성 위치 확인 시스템

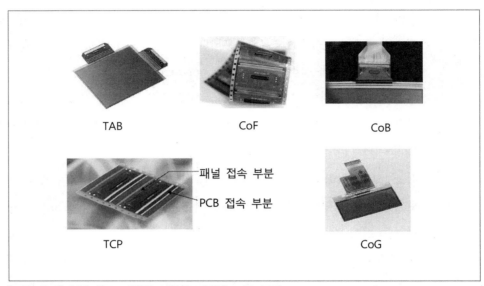

[그림 9-6] 인쇄 회로 기판을 이용한 다양한 모듈 종류

(GPS: global positioning system)이나 바코드(bar code) 시스템 측정기 등 휴대용 장비에 사용된다.

9.6 액정 디스플레이의 구동 방식과 회로

액정 디스플레이 구동 회로(DDI: display driver IC)는 디스플레이에 글자나 이미지 등이 영상이 표시될 수 있도록 구동 신호 및 데이터를 패널에 전기 신호로 제공하는 집적 회로(IC)이다. 디스플레이 회로는 휴대 전화나 각종 휴대용 기기에 주로 채용되는 중소형과 모니터나 텔레비전에 적용되는 대형 디스플레이 회로로 구분된다. 그리고 액정의 종류, 수동형이나 능동형의 구동 방식과 해상도에 따라 구분될 수 있다. 액정 디스플레이 모듈의 재료비에서 유리 기판이 10%, 액정 4%, 백라이트 24%, 구동 회로가 차지하는 비중은 15% 정도로 크며, 해상도가 높은 고화질 디스플레이

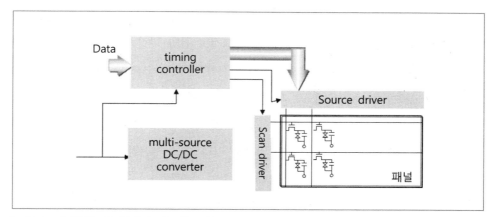

[그림 9-7] 액정 디스플레이 시스템 구성도

요구에 의해 전체 재료비에서 구동 회로가 차지하는 비중은 증가하게 될 것이다. 그림 9-7에서는 액정 디스플레이를 구동시키는 시스템 구성도를 보여준다. 그래픽을 처리하는 칩에서 출력되는 디지털 화상 데이터가 액정 디스플레이의 시차 조절기 (timing controller)로 입력된다. 액정 디스플레이는 디지털 방식으로 동작되기 때문에 입력 데이터가 아날로그 신호이면 아날로그-디지털 변환기(AD converter)를 이용하여 디지털로 변환시켜 사용한다. 시차 조절기에서는 입력된 디지털 신호를 화면 크기에 맞추어 구동 회로에서 처리가 가능한 신호로 변환시켜준다. 변환된 신호는 각각 소스(source)와 스캔(scan) 구동 회로를 통해 패널에 전달한다.

스캔 회로는 패널 어레이의 게이트 신호 배선을 순차적으로 선택하여 주사 신호를 인가하는 역할을 하고, 소스 회로는 화상 정보 디지털 데이터를 화소 전압으로 변환하여 데이터 신호 배선에 인가하는 역할을 한다. 가로와 세로로 배열된 배선들은 각각 게이트 신호와 데이터 신호를 전달하므로 게이트 구동 회로(gate driving IC)와 데이터 구동 회로(data driving IC)라고 부른다. 게이트 구동 회로가 주사선을 선택하여 주사 신호를 인가하여 패널 내의 스위칭 소자를 켜고 데이터 구동 회로는 데이터 신호를 각각의 신호 배선으로 연결하여 액정 셀에 신호 전압을 인가한다.

액정 디스플레이의 화면 크기가 커지고 해상도가 높아지면서 디지털 데이터 신호와 clock 신호의 주파수가 증가하여 그래픽 칩과 액정 디스플레이 모듈 사이의 연결 부위에서의 신호 왜곡(distortion)과 전자기 방해(electromagnetic interference)와 같은 문제가 발생할 수 있다. 이로 인해 화질에 좋지 않은 영향을 주기 때문에 저전압 차등 신호 기술을 이용하여 신호를 변환하여 전송한다. 대화면으로 될수록 신호 전송 속도가 급격하게 빨라지게 되므로 이와 같은 저전압 고속 접속 회로의 역할이 중요하다. 액정에 전압을 가할 때, 액정이 손상되기 때문에 이를 개선하고자 화면마다 액정에 인가되는 전압을 화면마다 역으로 걸어주는 방식을 반전 방식이라 한다.

게이트 구동 회로는 화소 배열의 게이트 배선에 순차적으로 주사 신호를 공급한다. 일반적으로 주사 신호의 전압 범위는 15~30 V 정도이고, 게이트 구동 회로는 고전압 공정을 사용하여 제작된다. 시프트 레지스터, 레벨 시프터(level shifter), 출력 버퍼(output buffer)로 주로 구성되어 있다. 시프트 레지시터는 클락에 동기되어 주사 신호를 생성한다. 출력 버퍼는 용량이 큰 커패시턴스 부하로 작용하는 게이트 전극을 구동한다. 레벨 시프터는 낮은 전압 3~5 V에서 동작하는 시프트 레지스터와 15~30 V에서 동작하는 출력 버퍼를 연결하기 위해 사용한다.

ATP(alt and pleshko technique) 구동 방식은 행을 순차적으로 선택하고, 새로운 화면이 시작되면 다시 처음 행부터 선택되는 과정을 반복한다. 한 개의 주사 전극이 선택되면 선택된 시간 동안에 주사 전극과 연결된 데이터 전극에 입력된 화상 신호에 따라 데이터 전압이 인가된다. 화소를 켜기 위해서는 데이터 전극에 전압을 인가하여 선택된 화소의 실효 전압을 작게 한다. 화소에 인가된 실효 전압은 화소 켜질 때, 주사 전극과 데이터 전극의 두 전압의 합이 되고 꺼질 때는 두 전압의 차가 된다. 액정에 직류 전압이 인가되면 액정의 특성이 점점 나빠지기 때문에 실제 구동 시에는 매 화면마다 액정에 인가되는 신호 전압의 극성을 바꿔준다.

화면에 밝고 어두운 정도를 나타내기 위해서 계조를 표시할 수 있는 구동 방식이 필요하다. 이러한 방식에는 펄스폭 변조(PWM: pulse width modulation) 방식과 화면 비율 조절(FRC: frame rate control) 방식이 있다. 계조를 구현하기 위해서는 화소의 응답 시간 내에 한 화면 신호가 입력되고, 이 시간 동안 인가된 실효 전압에 따라 화소가 응답한다. 펄스 폭 방식은 한 개의 bit의 계조를 표시하려면 한 개의 행이 선택된 시간을 나눠서 화상 신호에 따라 화소에 인가되는 실효 전압을 변화시킨다. 화면 비율 조절 방식은 한 화면을 여러 개 작은 화면으로 나누어서 계조를 표현하는 방식이다.

데이터 구동 회로 방식 중에 아날로그 구동 방식은 입력되는 아날로그 화상 신호를 샘플링하여 화소에 전달하기 위해 시프트 레지스터와 아날로그 스위치를 사용한다. 시프트 레지스터는 수평 동기 신호를 전달 받아 수평 clock에 동기되어 출력 신호를 순차적으로 발생시키고, 출력 신호가 아날로그 스위치(switch)를 제어한다. 전달 받은 아날로그 화상 신호를 샘플링하기 위해서는 충분한 속도로 동작하여야 하며, 데이터 clock은 각 비디오 모드에 따라 결정된다. 아날로그 구동 회로는 일반적인 텔레비전 사용되는 화상 신호를 그래도 사용할 수 있지만 샘플링 회로의 제한된 대역폭 때문에 고해상도 화면에는 적합하지 못하다.

디지털 데이터의 구동 회로는 화상 신호가 2진수로 입력된다. 디지털 구동 회로는 샘플링 회로의 대역폭에 제한 받지 않는다. 구동 회로 외부에 디지털-아날로그 변환 회로(DAC: digital analog converter) 없이 디지털 인터페이스가 가능하고 정확한 화상 신호와 계조 표현에 용이하다. 입력 레지스터(input register)는 한 주사 전극에 해당하는 디지털 화상 신호를 순차적으로 입력 받아 부하 신호가 인가되면 입력된 화상 신호들을 저장 레지스터에 동시에 전달하고 다음 행의 화상 신호를 순차적으로 입력하게 된다. 입력 레지스터가 다음 행의 화상 신호를 받는 동안 저장 레지스터에 전달된 화상 신호들은 디지털-아날로그 변환 회로를 거쳐 화소에 전달된다.

용어
정리

01. 탭(TAB; tape automated bonding): 고집적 반도체 칩을 필름 위에 실장하고 실장된 필름을 디스플레이 패널에 접합하여 수지로 밀봉하는 공정이다.

02. 에이징(aging): 패널의 성능을 안정화시키기 위해 패널을 제작한 후에 정상적인 동작 범위 내에서 일정 시간 패널을 구동시키는 공정이다.

03. 탈포(autoclave): 패널에 편광판을 부착한 후, 편광판과 유리 기판 사이에 기포를 제거하는 공정이다.

04. 백라이트(BL; back light): 액정셀 뒤에서 균일하게 빛을 조사하여 제공하는 광원장치이다.

05. 계조(gray scale): 액정 패널을 투과한 빛이 가장 밝은 경우와 가장 어두운 경우 사이를 단계적으로 나눈 것을 의미한다.

Chapter

10

백라이트 제조공정

본 장에서는

백라이트의 구조와 기능에 대해 살펴보고, 제조공정과 장비에 대하여 공부해 보도록 한다.

백라이트 제조공정

디스플레이 장치의 추세는 얇고 가벼우며 이동 편의성을 향상시키는 방향으로 전개되고 있으며, 액정 디스플레이는 저소비전력, 고정세화 및 기술의 안정화라는 장점을 가지고, 디스플레이 시장을 급속히 장악하였으며, 노트북과 모니터 산업을 비롯하여 대형 텔레비전 산업으로 빠른 속도로 성장하였다.

액정 디스플레이에서 사용되는 액정은 액상을 보이지만, 광학적 특성으로는 결정체와 같은 이방성을 나타내는 특이 상태로 일정 온도 범위에서 액정이 되는 서모트로픽 액정(thermotropic liquid crystal)이라 불리는 유기 화합물을 사용한다. 그러나 액정은 자체로는 빛을 내지 못하고, 외부 광원에서 나오는 빛을 조절하는 역할만 수행한다. 빛을 제공하면서 화면 전체를 균일한 밝기로 일정 휘도를 지원할 수 역할을 하는 백라이트(backlight)는 액정 디스플레이의 필수적인 구성요소이다.

백라이트 산업은 효율이 높은 빛을 만들 수 있는 전자공학 기술, 빛을 원하는 방향과 균일하게 만드는 광학 기술, 빛을 균일하게 만들 수 있는 재료로 합성하는 화학 및 재료 공학 기술, 이들을 조립하고 쉽게 깨지지 않도록 신뢰성 있게 패키징하는 금속·기계공학 기술 등의 종합적 기술을 필요로 하는 복합 기술 산업의 결정체라고 할 수 있다. 이러한 복합적인 첨단 기술을 필요로 하는 백라이트 유닛(BLU; back light unit)은 대부분 일본에서 수입하여 액정 디스플레이 조립에 사용하고 있는 실정이었으나, 최근 들어 국내에서도 기술에 대한 연구개발은 물론이고, 대량 생산 체제를 구축해 나가고 있으며, 자체 기술로 생산은 물론 수출할 수 있는 단계로 급속한 발전

추세에 이르렀다.

10.1 백라이트의 구조와 기능

백라이트는 문자 그대로 액정 뒤에서 빛을 제공하는 기능을 갖고 있다. 빛을 발광만 한다는 관점에서 보면 조명 장치와 다를 게 없게 보이지만, 구조들을 살펴보면 첨단 기술들이 조합된 장치이다. 백라이트 이루고 있는 부품들은 반사판(reflector sheet), 광원(light source), 몰드(mold frame) 및 도광판(light guide panel) 등이 있다. 광원은 주로 디스플레이 장치를 얇게 만들기 위해 백라이트 옆에 두는 경우가 많다. 옆에서 빛이 나오기 때문에 이를 패널 앞 방향으로 반사시켜 주어야 한다. 백라이트의 가장 중요한 요구 사항은 LCD 전체에서 균일하게 빛을 비추는 것이며, 밝은 환경에서도 좋은 색대조비가 나오도록 충분히 밝아야 한다.

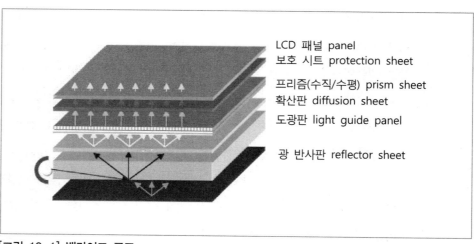

[그림 10-1] 백라이트 구조

〈표 10-1〉 백라이트의 부품별 기능

부 품	기 능
광 반사판 (lamp reflector)	램프에서 발생하는 빛을 도광판의 입광부로 모아주는 부품으로 빛의 유출 방지 및 램프를 보호하는 역할.
램프(lamp)	다양한 광원으로 빛을 발한다.
몰드(mold frame)	Backlight의 여러 구성 부품을 고정시킬 수 있는 플라스틱 케이스(case)
반사판 (reflector sheet)	도광판의 입광부로부터 들어온 빛은 모든 방향으로 나가는데 반사판은 화면의 반대쪽으로 나가는 빛을 화면방향으로 반사시켜 빛의 효율을 높인다.
도광판 (light guide panel)	광원으로부터 유입된 빛을 화면 전체에 균일하게 확산시키는 부품으로 이를 위해 표면에 일정한 무늬(Pattern)를 인쇄해 빛의 효율 높인다.
확산 시트 (diffuser sheet)	도광판으로부터 방사되는 빛을 한층 더 균일하게 해주며 전체적으로 부드럽게 처리해 준다. 또한 도광판의 무늬를 보이지 않도록 해준다.
프리즘 시트 (prism sheet)	BEF(Brightness Enhencement Film)라고도 하며 확산 시트에 의한 휘도 저하를 빛의 굴절 및 집광시켜 휘도를 높여주는 역할.
보호 시트 (protector sheet)	프리즘 시트는 충격, 얼룩 및 이물질 등에 매우 민감하여 이를 보호하기 위해 보호 시트를 사용. 또한 수직, 수평의 프리즘 시트에 의한 간섭 현상을 제거

현재 LCD의 기술 개발의 핵심은 보다 가볍게 보다 얇게 만드는 것이라 할 수 있다. 따라서 백라이트 역시 얼마나 얇고, 가볍게 개발하느냐가 시장의 선점 조건이 된다. 균일하게 빛을 비추는 정도를 휘도 균일성이라고 하는데, 일반적으로 패널 화면의 9점에서 휘도를 측정하여 최저 휘도와 최고 휘도의 비를 백분율로 표시한다. 일반적으로 85~95% 정도이다.

10.2 광원

백라이트의 광원은 냉음극 형광(CCFL: cold cathode fluorescent lamp), 발광 다이오드(LED: light emitting diodes), EL 광원과 광섬유 광원 등이 있다. 여기에서 각각의 광원들의 특성과 장·단점을 살펴보기로 한다.

10.2.1 냉음극 형광 광원

냉음극 형광 백라이트는 현재 대부분의 LCD 제품에 적용되고 있다. 형광 램프는 아연 실리케이트와 다양한 염화인산 계열의 물질이 내부에 도포된 형광등 모양의 유리관으로 구성되어 있다.

유리관의 양쪽 끝에 전극을 붙여 밀봉하고, 내부에는 일정량의 Hg, Ar과 Ne의 혼합 가스가 들어 있다. 전극의 양단에 고전압을 인가되면 유리관 안에 존재하는 전자가 고속으로 전극으로 유인되고, 전극과 전자의 충돌로 발생되는 2차 전자에 의해 방전이 개시된다. 전극에서 발산된 전자는 수은 원자와 충돌하고, 이와 같은 충돌로 인하여 253.7 nm의 자외선이 발생된다. 자외선이 유리관 내면에 도포된 형광체를 여기시켜 가시광선을 발하게 된다.

유리관 양쪽 끝을 밀봉하고 한 쪽 끝에서는 Hg을 분배하는 전극과 다른 한 쪽에는 니켈 음극이 연결되어 있다. 광원 안에는 보통 약 2~10 mg 정도의 Hg이 들어 있고, Ar과 Ne 혼합 기체들이 있다. 고압의 전압을 전극에 인가하면 Hg과 내부의 기체들이 이온화되면서 254 nm 파장의 자외선이 생성된다. 그 결과로 Hg에서 방전되는 자외선이 내부의 형광체와 충돌하면서 380~780 nm 사이의 가시광선을 방출한다. 일반적인 냉음극관 광원의 특성은 다음과 같다.

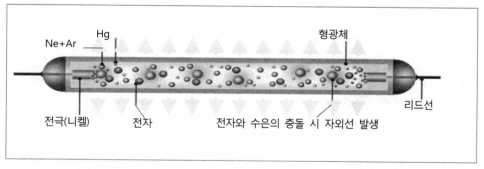

[그림 10-2] 냉음극 형광 광원(CCFL) 구조

- 광원 : 음극 형광 램프(CCFL)

- 수명 : 25,000~50,000 hr.

- 빛 색깔 : 백색

- 밝기 : 1800 cd/m^2

- 균일도 : 80% 이상

냉음극 형광 광원의 장점은 다음과 같다.

- 고휘도

- 백색광 : 뛰어난 색 밸런스(balance)

- 균일한 평면광을 얻기가 쉽다.

- 긴 수명

- 높은 효율

- 다양한 제품에 적용 가능성

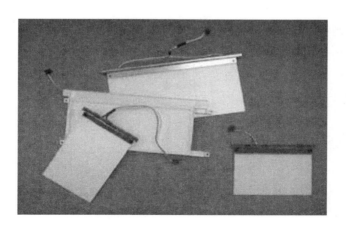

[그림 10-3] LCD 백라이트용 냉음극 형광 광원

약점은 다음과 같다.

- 고전압과 고주파수
- 유리관 사용(깨지기 쉬움)
- 관 두께가 두껍다.
- 인버터(inverter) 공간이 크다.
- 플리커(flicker) 현상

10.2.2 발광 다이오드 광원

발광 다이오드(LED: light emitting diode) 광원은 크기가 작거나 중간 크기의 LCD 백라이트에 사용되고 있다. 발광원리는 LED 전극에 순방향 전압인 p층을 양극과 n층은 음극으로 인가하면, 전도대의 전자가 가전자대의 정공과 재결합을 위하여 천이 될 때, 그 만큼의 에너지가 빛으로 발광된다. 발광 다이오드를 백라이트로 사용하면 비용이 절감되고, 수명이 길며, 진동에 둔감하고, 구동 전압이 낮으며, 빛의 강도를

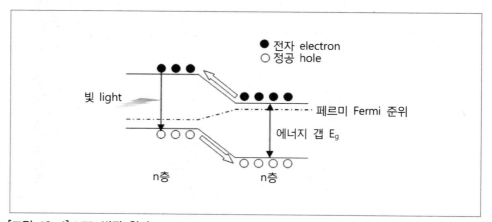

[그림 10-4] LED 발광 원리

다른 광원에 비해 정확하게 조절이 가능하다. 그러나 다른 광원에 비해 높은 소비 전력이 요구되기 때문에 대형 액정 디스플레이 장치에 적용하는데 걸림돌이 되고 있다. 발광다이오드 광원은 옆에서 발광하거나 다이오드를 배열하여 발광하는 두 가지 방법이 있다. 최근에 주로 광원을 배열하여 사용하는 방법을 많이 사용하고 있다. LED 광원의 특성은 다음과 같다.

● 장수명 :

　　　　100,000 시간 (적색)

　　　　 50,000 시간 (초록)

　　　　20,000~40,000 시간 (청색)

● 높은 환경 신뢰성 : 강한 자외선, 높은 온도, 높은 습도에서 잘 견딤

● 작은 열 발생

● 전자파 발생이 없음

● 다양한 색의 광원

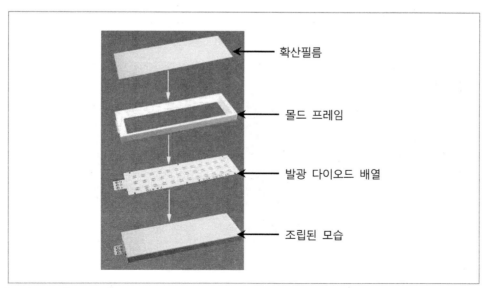

확산필름

몰드 프레임

발광 다이오드 배열

조립된 모습

[그림 10-5] LED 백라이트

10.2.3 전계발광(electroluminesent) 광원

전계발광 광원은 두 개의 전극 사이에 형광체와 유전 물질을 배치하고, 전극에 전압을 인가하면 전기장이 형광체와 유전 물질 사이에 형성된다. 이때 전자들이 여기되면서 빛이 방출된다. 전계발광 현상은 1936년에 발견되었으며, 이후 광원으로 뿐만 아니라 디스플레이 소자로서, 무기 분산형 전계발광, 유기 분산형 전계발광, 무기 박막형 발광 소자에 적용하였고, 최근 주목받고 있는 유기 전계발광 소자로 발전해왔다. 전계발광 광원은 전계발광 원리를 응용한 종이 형태의 평면 광원으로 기존의 네온이나 형광등이 가지지 못한 장점으로 인해, 다양한 산업 분야에 사용되고 있다. 특히, 유연성을 지닌 아주 얇은 박막 형태의 소재이며, 소비 전력이 낮고, 다양한 형태로 잘라서 사용할 수 있다. 전력 소모는 적으며, 구동 전압은 80~100V 정도이며, 인버터를 통해 5, 12 또는 24 V의 직류 전압을 사용한다. 수명은 현재까지는 다른 종류의 광원보다 짧은 편이며, 현재 5,000 hr 이상 수명을 갖는 전계발광 광원들이 상품화되고 있다. 전계발광 램프의 발광 원리는 투명 필름 위에 도포된 형광체가 한쪽의 투명 전극과 다른 전도성 전극 사이에서 빛을 발하는 구조이고, 형광체로 구성된 발광층에 교류 전압이 전극에 가해진다. 이때, 전기장은 형광체로 하여금 빠르게

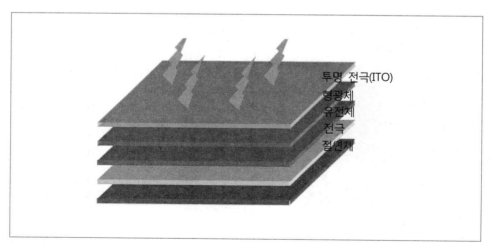

[그림 10-6] 전계발광 광원 구조

충전과 방전을 일으키게 하고, 이러한 순환 과정에서 빛을 발생하게 되는 것으로 그림 10-6에서 나타내고 있다. 전계발광 광원이 특성은 다음과 같다.

- 얇다 (> 0.25 mm)
- 높은 균일도 (> 90%)
- 낮은 소비 전류 (10 ~ 15 mA)

10.2.4 광섬유 광원

백라이트에 적용하는 광섬유는 얇은 광섬유 막을 사용한다. 인버터가 필요 없고 매우 높은 수준의 균일도를 갖고 있다. 광섬유 자체에서 발광하는 것이 아니고 할로겐 혹은 발광 다이오드를 광원으로 사용하여 광섬유를 얇게 면으로 만들어 이를 통해 면광원을 만드는 것이다. 광섬유 광원의 특징은 할로겐 혹은 발광 다이오드를 사용하므로 수명이 길다. 낮은 소비 전력을 필요로 하고 넓은 면적의 면광원을 만들기가 용이하다. 그리고 비교적 얇고 열이나 전자파 방출이 거의 없다. 그러나 비용 문제는 LCD용 백라이트로 사용하기에는 시급하게 해결해야 할 문제점을 갖고 있다.

[그림 10-7] 백라이트용 광섬유 광원

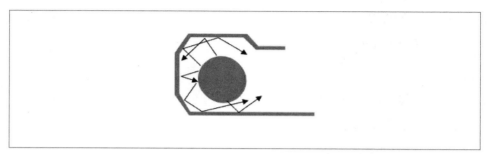

[그림 10-8] 광원과 광 반사판 구조

10.3 광 반사판

광원으로부터 방출되는 빛은 모든 방향으로 진행하기 때문에, 반사판을 이용하여 필요하지 않는 방향으로의 빛 유출을 막기 위해 도광판과 반대면으로 빠져나가는 빛을 반사시켜 도광판 쪽으로 진행하도록 하여 광원의 효율을 극대화시키는 역할을 한다. 반사판에 쓰이는 재료는 SUS+Ag, brass+Ag과 PET film 등이 주로 사용되고 있다. 광 반사판의 가져야할 특징으로는 광흡수율이 낮아야 하고, 광반사율이 높아야 하며, 열 또는 빛에 대한 내구성이 우수하여야 한다.

10.4 반사판

반사판은 광원으로부터 도광판 아래 방향으로 진행하는 빛을 액정 디스플레이 패널 방향인 위로 진행하도록 다시 반사시켜 도광판 내로 돌려보내는 기능을 수행하는 것으로서, 반사율이 높은 재료들이 사용된다. 확산판은 주로 도광판 상의 액정 패널 쪽에 위치하며, 도광판을 통해 입사되는 빛을 확산하고 산란시켜 빛의 정면 방향의 휘도를 증대시킬 뿐만 아니라 균일하게 한다.

확산판의 소재로는 흑백용 백라이트에 주로 사용되는 PC(polycarbonate) 수지와, 컬러용 백라이트에 많이 사용하는 polyester 수지가 있으며, PC 수지는 가격이 저렴하고 광투과율이 우수하며, polyester 수지는 광을 확산시키는 능력이 우수하고 고휘도화에 적합하며, 이와 같이 광 확산을 증대시키기 위해 표면 확산층이 도포된다. 확산판은 66~96%의 가시광선 투과율을 가진다.

광확산 재료로 탄산 칼슘, 황산·바륨, 실리카, 산화티타늄 등의 무기물을 사용하고 제조는 polyester 필름 표면에 광확산재를 배합한 투명 수지액을 도포하고, 광확산 재료를 염기(base) 수지 중에 분산시켜 필름 상으로 성형하고, PC 필름을 압출 롤(roll)을 이용해 압력과 열을 가하여 불규칙한 요철 구조를 무수히 형성하는 엠보스 가공(embossing: 표면가공)을 행한다.

일반적으로 광확산재를 이용한 확산 필름으로는 법선 방향 이외의 광의 진행은 당연히 많지만, 거기에 비해 표면 가공에 의한 확산필름에서는 집광성이 우수한 측면이 있다. 또한, 확산판이 도광판과 접하는 면에도 미세한 요철을 만드는데, 이는 도광판에 직접 접촉시키면 양자가 부분적인 광학 밀착을 일으키고 부분적으로 밝게 되기도 하며, 뉴톤 링(Newton's ring)과 같은 간섭 모양이 발생하기도 한다. 이는 광확산성 저하에 의해 도광판 배면의 인쇄·가공 패턴에 의한 것일 수도 있고, 액정 화면에

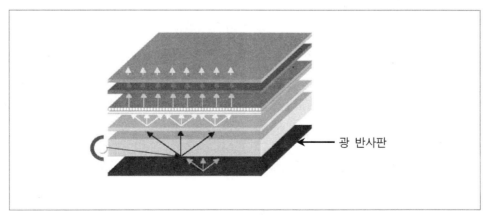

[그림 10-9] 반사판 구조

격자상 구획선과 프리즘 시트의 능선과 곡선과의 간섭 현상인 모아레(moire) 현상을 초래하는 경우도 있기 때문이다. 도광판의 형태에 따라 산란 도광체 고분자를 이용한 도광판 기술의 경우에는 도광판 자체가 산란 기능과 프리즘 기능을 갖추고 있으며, 백라이트 발광면의 휘도가 10~30% 정도를 향상시켜 광원 램프의 조도를 낮추므로 액정 디스플레이 모듈의 소비 전력 감소도 가능하고, 확산판이 불필요하여 박형화 및 경량화와 비용 절감도 가능하다.

10.5 도광판

도광판은 액정 디스플레이 내에서 빛을 액정에 이끄는 사용되고 있는 부품으로 도광판으로 입사한 빛은 도광판의 한 면에 설치된 광산란 층에서 산란해 면 전체가 균일하게 발광하는 역할을 하고 있다. 광 산란은 표면에 증착된 일정면적과 모양을 가진 패턴을 통해 이뤄진다. 또한, 광원으로부터 입사된 빛을 균일한 평면광으로 변환시켜 주는 구성요소로서, 백라이트 유닛에서 가장 핵심이 되는 부품으로 광원과 광원 반사판에서 방출된 광선이 램프와의 거리가 먼 곳까지 도달할 수 있도록 해주는 기능을 담당한다.

도광판은 아크릴 제조의 투명 플라스틱판이 일반적이지만, 그 밖에 PC 수지, 시클로 올레핀계 수지(COP)가 사용되고 있다. 시클로 올레핀계수지는 비중이 1.0(아크릴의 1.2에 대해서)이며 상대적으로 가볍기 때문에, 경량화 요구의 높은 노트북 액정 디스플레이에 채용되고 있다. 또한 저흡습으로 치수 안정성이 양호하기 때문에, 대화면의 도광판에서 보이는 휘어진 상태의 발생이 없다. 휴대 전화 용도에서는 내열성·내충격성의 요구가 높기 때문에, PC 수지가 이용되고 있다. PC 수지는 고온으로 유동성이 높고, 휴대 전화용 도광판에 필요한 복잡 미세 가공에 적합하다. 그러나 복굴절에 생길 가능성을 갖고 있어 지속적으로 해결해 나가야할 과제를 안고 있다.

도광판의 원리 및 종류는 광조절층의 형태 및 도광판의 차원에 따라 분류한다. 형태에 따라 평판 방식과 쐐기 방식으로 나눌 수 있고, 평판 방식은 주로 모니터용으로 사용되는 형태로 압출, 사출, 또는 주조 방식으로 제조되며 빛이 양쪽 방향으로 진행되는 구조이다. 경우에 따라 단일 방향으로 여러 개의 광원이 사용 가능하여 고휘도에 대응 가능하며, 광원의 수에 따라 6~12 μm 두께의 도광판을 사용한다. 평판 방식에 비해 광효율이 우수한 쐐기 방식은 두께를 얇게 하는데 용이하므로 휴대용 디스플레이 장치에 적용되고, 사출 또는 캐스팅 방식을 통해 제조하며, 한쪽 측면 방향으로 광원의 빛이 입사되는 구조로 중형급까지 적용될 수 있다.

빛을 가공하는 방식에 따라 구분되는데, 입사된 광원의 빛이 전면에서 균일한 광강도 분포를 갖기 위해 도광판의 수직 방향으로 출광시키는 방식에 따라 인쇄 방식과 무인쇄 방식으로 나눌 수 있으며, 인쇄 방식의 경우 광 산란 잉크를 도광판 하부에 스크린 인쇄하여 입사된 빛의 수직 산란을 통해 출광시키는 방식이다. 무늬 모양은 원형, 타원형, 사각형, 육각형 등 다양하게 만든다. 각각의 무늬는 스트라이프(stripe), 육방형, 불규칙(random), 방사 모양으로 배열시킨다. 잉크의 종류로는 SiO_2를 사용한 반투명형, TiO_2 계열을 사용한 백색형, 유리, 아크릴을 사용한 구슬형이 있다. 무인쇄 방식의 경우에 반사, 굴절, 회절 및 산란과 같은 광기하학적인 기능을 갖는 구조를 도광판에 가공하여 구조체를 통하여 출광 기능을 갖도록 하는 방식과 투명수지 내부에 빛을 산란시킬 수 있는 물질을 삽입하여 광을 진행하는 기능을 갖도록 하는 제조 방식이 있으며, 각 업체별로 다양한 방식을 개발하고 있다.

사출자체의 양산 안정성이 도광판 크기가 커짐에 따라 떨어지므로 소형에서는 주로 무인쇄방식을 사용하고, 중대형 크기에서는 인쇄방식이 사용되어 왔으나 사출 기술의 발전으로 현재는 양산 수율과 광효율 상의 장점을 가진 무인쇄 방식으로 진행되어 가는 추세에 있다.

10.5.1 인쇄법

도광판 중에서 광의 세기에 따른 분포를 조절하여 용이하기 때문에 균일도가 높은 장점을 갖고 있어 가장 많이 사용되는 일반적인 형태로 사출 또는 캐스팅 방식을 통해 제조된 기판에 아크릴수지(PMMA: polymethyl methacrylate)를 주재료로 사용한다. 접착력을 증가시키기 위해 PVA(polyvinyl-alcohol) 섬유를 첨가시키고 유기 용제로 용해시킨 후, 광 산란제를 혼합한 잉크를 스크린 인쇄하여 광 산란 무늬를 형성하여 제조한다. 광 산란제 중 SiO_2은 아크릴수지(PMMA)와 굴절률의 차이가 적어 광 산란 손실이 상대적으로 적고, 도광판 내부를 통해 패턴에 전파 입사된 빛이 투과 산란하여 도광판 하부의 반사판(reflection sheet)에 반사, 산란되도록 하는 작용을 한다. TiO_2은 PMMA와 굴절률의 차이가 커서 도광판과 잉크와의 계면에서 투과가 거의 안 되고 모두 산란 반사 작용을 하는 특성을 나타나게 한다. 초기에는 TiO_2 잉크를 많이 사용하였으나, 광효율, 고온 및 다습 환경에서의 안정성 문제 때문에 현재는 SiO_2 잉크를 주로 사용한다.

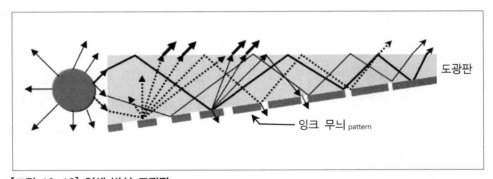

[그림 10-10] 인쇄 방식 도광판

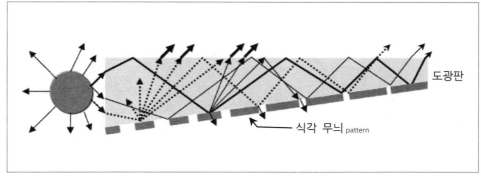

[그림 10-11] 식각 방식 도광판

10.5.2 무인쇄 방식

❶ 식각형

도광판 사출용 금형의 배면에 감광 수지(photoresist)를 도포한 후, 무늬 막(pattern film)을 부착한다. 노광한 후에는 현상하여 화학적으로 식각하는 방법으로 제조하기 쉽고, 생산성이 높은 방법이나 동일 패턴으로 재작업 한다. 식각액(etchant)의 농도와 시간 제어가 쉽지 않기 때문에 패턴의 크기, 깊이 및 면조도 등의 재현성이 나쁘며, 식각된 면의 전사성에 문제가 있어 높은 수준의 사출 기술이 요구된다. 주로 일반 스크린 인쇄 패턴과 동일한 모양을 적용하고, 소형에서는 직선 형태의 모양을 사용하며, 식각 특성에 따라 모양이 만들어진다. 광학적 효율 및 특성은 인쇄 방식 도광판과 유사하며, 사출 조건에 따라 도광판 상에 휘도 얼룩이 발생하기 쉽다.

❷ 블라스팅 식각법

식각액을 사용하는 화학적 식각 방식을 법이 화학적 방식이라면 블라스팅 식각 방법은 물리적인 방식이다. 식각액 대신에 수치 제어 블라스트 장비를 사용, 무늬 모양을 식각하여 무늬의 크기, 깊이 및 면조도 재현성이 향상되었다. 또한 식각 모양(profile)

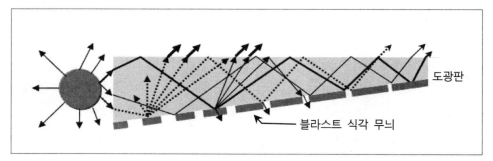

[그림 10-12] 블라스트 방식 도광판

이 화학적 식각보다 더 반구형에 가깝기 때문에 사출성도 더 좋다. 하지만 감광 수지
(PR)의 강도 문제로 20 ㎛ 이상의 깊은 패턴 가공이 어렵다.

❸ 샌드 블라스트법

주로 휴대용 노트북 컴퓨터에 많이 적용하는 도광판 제조 방식으로 식각 방식과 더
불어 사용되어 왔으며 샌드 블라스트(sandblast) 가공기를 이용하여 금형 표면에 미
세한 패턴의 밀도를 조절하며 도광판의 광분포를 조절할 수 있는 방식이다. 도광판
의 상부 표면에 무늬가 존재하여 광학적 효율이 인쇄 방식 대비 100% 높은 장점이
있다. 또한 하부에 프리즘을 가공하여 집광 기능을 갖는 형태도 있다. 그러나 무늬
크기의 한계가 있어 사출 조건에 따라 휘도 분포가 변하기 쉬운 단점이 있다.

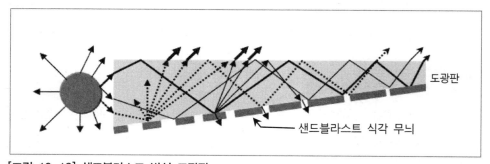

[그림 10-13] 샌드블라스트 방식 도광판

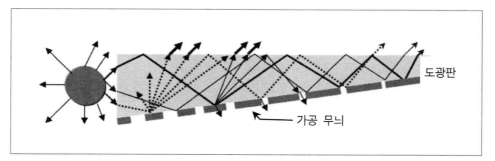

[그림 10-14] 엔플러스 방식 도광판

❹ 엔플러스 방식

주로 노트북용 도광판에 적용하는 방식으로 경사 무늬를 설계하여 초정밀 수치제어
기기를 이용하여 금형 표면에 직접 가공하는 사출 방식으로 무늬 크기와 깊이 조절
을 통해 광 강도분포 조절이 쉽고, 무늬 제조가 용이하다. 가공의 특성상 무늬의 모
양은 형태를 띠며, 표면은 산란면이다. 광학적 특성은 인쇄 방식과 비슷하나 모양은
무늬 크기의 변화와 사출 수지에 유동적이다.

❺ 인쇄 사출 무늬 방식

일본에서 개발한 방식으로 스크린 인쇄 방식으로 무늬를 설계하고, 금형에 무늬를 특수
한 페이스트로 만든 후, 인쇄하여 사출하는 방식이다. 일반적인 무인쇄 방식보다 기간과
비용이 적게 드는 장점을 가지고 있으나, 무늬 인쇄 형상의 수명 주기가 짧은 편이다.

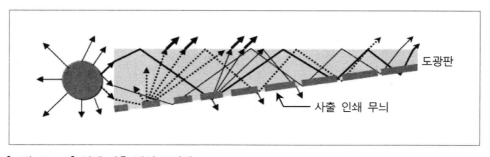

[그림 10-15] 인쇄 사출 방식 도광판

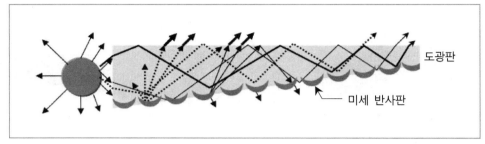

[그림 10-16] OPI 방식 도광판

❻ 광학적 방식(OPI: optical insertion)

일본 Denyo사에서 개발한 방식으로 미세 반구현의 패턴을 도광판 하부에 배열하여 측면에서 입사하는 빛을 반사시켜 도광판에서 빛을 진행시키는 방식이다. 광학 매체에 적용되는 스탬퍼(stamper) 기술을 사용하여 금형에 장착하고, 진공 흡착한 후 사출하여 도광판을 제조한다. 무늬 형성면이 경면으로 되어 있고, 전반사를 이용하므로 광효율이 높고 사출성이 좋다.

❼ 스탠리 방식(Stanley type)

OPI 방식과 유사한 방식으로 직사각형 반사기의 크기 변화 배열로 도광판의 하부에 면의 형태로 배열되어 있는 방식이다. 금형 방향의 무늬 면이 경면이기 때문에 사출성이 좋지만 설계 개념상 무늬 밀도는 사각형의 끝부분의 면적에 비례하기 때문에

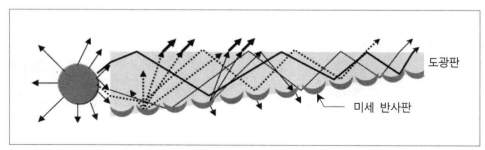

[그림 10-17] 스탠리 방식 도광판

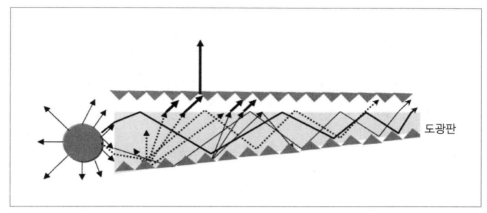

[그림 10-18] 양면 프리즘 방식 도광판

전극부 암부 수정이 어렵다. 현재 개발 중에 있으며 인쇄 방식보다 대비 5% 정도 광효율이 좋은 것으로 알려져 있다.

❽ 양면 프리즘 방식

금형 양면에 V자형의 홈을 가공하여 사출하는 방식으로 여러 도광판 중에 가장 휘도가 높은 방식이다. 양면의 프리즘을 이용하여 특정 각도로 출사시켜 특수한 형태의 역프리즘 1장만을 사용하여 특정 방향으로 반사시키는 구조이기 때문에 수직 방향에서 기존 방식보다 대비 2배 정도의 휘도 특성을 나타낸다. 그러나 시야각이 좁고 측면부의 휘선발생 등의 단점과 귀형상이 없어야 하고 출광부 두께가 1 mm 이상이 되어야 하는 제약이 있지만, 단위 소비 전력당 높은 휘도 특성을 가진다.

❾ 홀로그램 방식

홀로그램 확산 무늬를 이용하여 스탬퍼로 가공한 후, 무늬를 도광판에 전사하는 방식으로 특정 방향으로 빛이 확산되도록 제어되어 수직 방향으로 초점을 맞추어 휘도 특성이 개선될 수 있다. 크기가 변화되는 경사 무늬 내부에 확산면이 존재하는 형태이며, 모니터용과 노트북 컴퓨터에 사용될 수 있지만, 일반적인 사출 기술로는 수

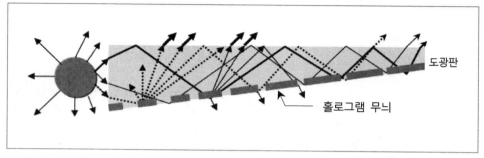

[그림 10-19] 홀로그램 방식 도광판

㎛의 홀로그램 무늬를 전사하기 어렵기 때문에 휘도 개선 효과가 미약하여 인쇄 방식 도광판 정도의 광 특성을 보인다.

❿ V자형 홈 방식

모니터용 도광판에 주로 사용되는 가공 방법으로 다이아몬드 끝을 이용 평판 도광판에 직접 라인 형태의 무늬를 광원의 수직 및 수평 방향으로 가공하여 도광판 내부로 전파해온 빛이 수직 방향으로 반사되어 진행되므로 기존 인쇄 도광판에 비해 10%정도 광효율이 좋다. 또한 완전 자동화가 용이하고 인쇄방식 보다는 광 강도 분포 재연성이 좋지만, 가공 후에 잔존 입자가 발생하므로 이를 제거하는 세척 공정이 중요하다.

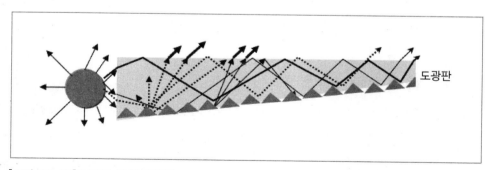

[그림 10-20] V자형 방식 도광판

⓫ 다이아몬드 모양 식각 방식

일본 Colcot사에서 개발된 방법으로 모니터용 도광판 양산에 적용된 기술이다. 곡선으로 평행하게 V자 홈을 가공하면 서로 다른 크기의 다이아몬드 모양의 돌출 형상이 나타나며, 표면 전면을 식각한 중심을 도광판 배면 금형으로 하여 3차원 형상을 사출하고 성형하여 출광기능을 갖도록 하는 구조이다. 도광판 생산 공정은 무늬 모양을 설계하여 도광판을 성형하고, 이를 기판에 전사하는 과정으로 진행된다.

① 무늬 모양 설계

무늬 모양은 도광판이 광원에서 입사되는 입사광을 액정 디스플레이 패널의 전면 방향으로 균일하게 밝게 반사시켜주는 역할을 할 수 있도록 산란성 도트 및 여러 가지의 형태의 무늬를 광학적으로 배치하는 설계를 말하며, 도광판 생산을 위해서는 1차적으로 반드시 요구되는 기술이다.

② 도광판 성형

설계된 무늬가 전사될 도광판을 구체적으로 제작하는 공정으로 주로 사출 성형의 방법으로 제작한다. 그러나 대형 액정 디스플레이 패널에 대응한 백라이트용 도광판은 사출 방식으로 적용하기 어려운 관계로 통상 압출로 제작된 아크릴판재를 도광판의 기판으로 사용한다.

③ 기판 무늬 형성

도광판 뒷면의 맞대응하는 면에 전체를 미리 설계된 무늬로 전사하거나 부식 등을 이용하는 다양한 방법으로 제작하며, 일반적으로 투명 아크릴판에 특수 산란 잉크를 이용하여 실크 스크린 방식으로 백색의 도트 무늬와 같은 패턴을 인쇄한다. 그러나 생산에 사용되는 도광판의 재질 문제로 무늬에 미묘한 불균일성이 있는 것에 의한 수율의 저하, 그리고 공정에 사용되는 잉크 자체가 고온이나 다습한 환경 변화에 안

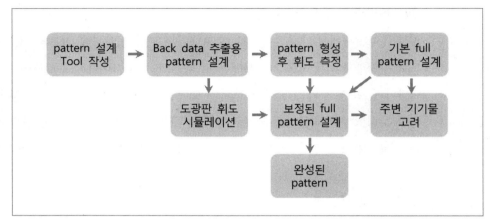

[그림 10-21] 도광판 무늬 설계 순서도

정성이 약한 점 등의 문제점으로 인해 새로운 전사방식의 개발이 활발히 진행되어지고 있다. 이와 같은 과정을 그림 10-21에서 잘 보여 주고 있다.

도광판용 재료를 살펴보자. 현재 가장 일반적으로 사용되는 도광판 재료는 아크릴 수지(PMMA) 계열이며, 굴절률이 1.49이고, 비중은 1.19의 플라스틱이다. 경량화를 위해서 비중이 1.0인 올레핀(olefin)계 투명성 플라스틱(COC)이 사용되기도 한다. 아크릴 수지는 기계적인 강도가 높고, 변형되지 않으며, 가볍고 내화학성이 강하고 투명하고 가시광선에 대한 투과율이 상당히 높다. 아크릴수지가 플라스틱 기판 소재로 사용되는 핵심적인 이유는 재료 자체의 높은 광투과율 때문이다.

액정 디스플레이용 백라이트에 요구되는 광 특성은 액정의 표시면 전체의 휘도가 균일해야 하며, 액정 패널의 투과율이 10% 미만인 것을 고려하여 충분한 휘도가 유지되어야 된다는 점 등이다. 디스플레이 추세가 얇고, 가볍고, 저 소비 전력 방향으로 발전하고 있다. 따라서 도광판의 기술 개발도 이에 맞추는 방향으로 개발되고 있다. 또한 생산성 및 효율을 증가시켜 경쟁력을 확보할 수 있는 확산판과 프리즘 판의 기능이 복합되어 있는 차세대 도광판 개발이 활발하게 진행되고 있다.

10.6 확산판

도광판 바로 위에 위치하고 있으며, 일정한 방향으로 도광판에서 나온 빛을 산란시켜 패널 전반에 걸쳐 여러 각도로 빛이 진행하도록 하는 역할을 한다. 구조는 폴리에틸린 수지인 PET(polyethylen terephthalate) 기판에 구슬 모양의 광 산란층을 증착시키며, 그림 10-22에서와 나타난다.

확산판은 시야각과 밀접한 관계를 보인다. 다양한 구조의 확산판을 통하여 시야각을 향상시킬 수 있다. 그림 10-23과 같이 인쇄된 도광판에 새겨진 무늬들이 그림 a에서 보여주듯이 직접 눈으로 들어오기 때문에 무늬 모양이 그대로 보이게 된다. 그림 b는 확산판을 보여 주고 있다. 확산판을 도광판 위에 올려놓으면, 그림 c처럼 무늬들이 사라지고 실제 액정 화면에서는 보이지 않게 된다.

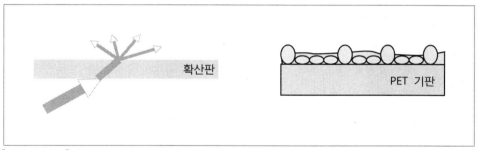

[그림 10-22] 확산판의 기능과 구조

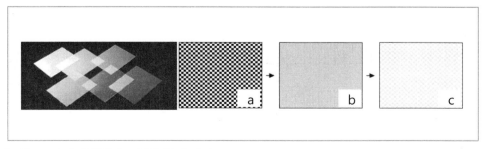

[그림 10-23] 확산판과 도광판 무늬 제거

확산판은 반사 도트가 눈에 띄지 않게 하는 기능 이외에 액정 시야각에 해당하는 방향으로 빛을 집광하여 정면 휘도를 향상시키는 역할을 한다. 집광의 정도를 더욱 강하게 하고자 할 때 프리즘 시트를 사용한다.

10.7 프리즘 시트

프리즘 시트는 확산판에서 방사되어 나오는 빛을 굴절 및 집광시켜 액정 패널 방향으로 표면에서 휘도를 상승시키는 역할을 한다. 프리즘 시트가 갖추어야 할 특성으로는 높은 휘도 상승률과 넓은 시야각 확보이다. 광원에는 형광 램프에 의한 테두리(edge) 방식이 주로 사용되고 있다. 광원으로부터 나온 빛은 도광판을 거쳐 액정 디스플레이 패널측으로 진행되고, 확산판을 지나게 되면, 면에 수평이나 수직의 양방향으로 확산이 일어나면서 밝기가 급격히 떨어진다. 이를 개선하기 위해 프리즘 시트는 확산판으로부터 나오는 빛을 출광면의 정면 이외의 방향으로 나가는 것을 막고, 광지향성을 향상시켜 시야각을 좁혀서 백라이트 출광면의 정면 방향으로 휘도를 증대시켜 소비 전력을 줄일 수 있다. 프리즘 시트의 구조는 띠 모양의 마이크로 프리즘 모재로 폴리에스테르를 많이 사용하며, 두 장의 수평·수직 프리즘 시트를 한 세트로

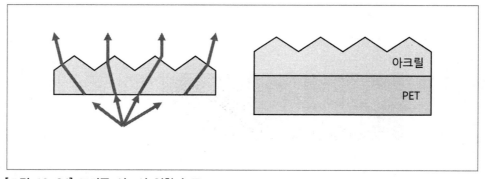

[그림 10-24] 프리즘 시트의 역할과 구조

사용한다. 프리즘의 종류는 프리즘 산 형태, 프리즘 산 각도 및 배면처리 등에 따라 집광성, 밀착성, 내스크래치성 등이 달라 용도에 맞게 사용하면 된다. 프리즘 시트의 제조는 프리즘 패턴이 형성된 금속 롤이나 금형에 자외선 경화 수지액을 도포하고, 자외선을 투과하는 투명수지 필름 기재를 중합시켜, 자외선을 조사하여 경화시킨 후, 프리즘 패턴을 경화하는 수지 층에 입히면 된다.

10.8 보호 시트

프리즘 시트를 통해 나오는 빛은 시야각이 제한되어 있으므로 확산층을 이용하여 시야각을 넓히고, 프리즘 시트의 마모를 방지하고, 프리즘 시트 2매 사용 시에 나타나는 모아레 현상을 방지하기 위해 사용한다. 재료와 구조는 확산 시트와 유사한 구조를 갖고 있다. 하지만 최근에는 프리즘 시트의 기능이 많이 향상되어 별도의 보호 시트를 사용하지 않는 추세이다.

10.9 광원의 위치에 따른 백라이트 분류

액정 디스플레이 백라이트 광원의 위치에 따라 특성이 다양하므로 용도에 맞게 백라이트 유닛을 설계한다. 액정 디스플레이 뒤에 위치하여 전면을 향하여 빛을 진행시키는 직하형(direct type), 광원을 도광판 옆에 두고 빛이 도광판을 거치면서 전면을 향하도록 하는 테두리(edgy light)형 방식과 광원 자체가 평면 형태의 평편 광원 방식이 있다. 액정 디스플레이 소형 패널은 차량 기기와 중소형 기기용으로, 대형 패널은 모니터 및 텔레비전 시장으로 구분하는데, 차량 및 노트북 같은 소형의 10인치급 이하는 한 개의 냉음극 형광관을 도광판 외곽에 설치해 조립하는 테두리 방식이 일반적이다. 모니터와 텔레비전용으로 사용되는 10인치급 이상에 쓰이는 백라이트 광원은 밝기를 높이기 위해 도광판 외곽에 각 2, 3개의 램프가 설치된다. 20인치급 이상은 도광판 방식으로는 충분한 밝기를 낼 수 없기 때문에 다수의 램프를 확산판 아래에 일정한 간격으로 배열한 직하형 방식이 사용된다. 평면 광원은 최근에 텔레비전 시장으로 진입하면서 대면적화 요구와 고속 정보 전달을 위한 고휘도의 요구로 거의 대부분의 산업체와 연구소에서 많은 노력과 연구를 하고 있다.

직하 방식의 백라이트 구조는 액정 디스플레이 패널 아래쪽에 여러 개의 광원을 일렬로 배치하여 액정 디스플레이 화면으로 직접 빛을 진행하도록 하며, 테두리형 보다 휘도를 높이고 광 균일도를 개선한 방식이다. 디스플레이 크기가 대형화에 적용할 수 있도록 일정 휘도를 유지할 수 있어 대형 화면에 적용 가능하며 무게가 가볍다. 직하형 백라이트 구조는 도광판이 따로 필요가 없어 재료비 절감도 가능하다. 하지만, 광원의 수가 늘어나므로 전력 소모가 증가하고 가격이 높아지고, 광원 사이의 휘도 차에 의해 전체적인 광 균일도를 나빠지게 할 수 있다.

광원은 주로 냉음극관(CCFL)이 사용되며 도광판이 필요 없고 광원 이용 효율이 양호하고 구성이 단순하여 초기에 칼라 액정 디스플레이 모듈에 적용되었다. 고휘도가 필요한 차량용 액정 디스플레이 기기 등에서 사용되고 있으며 최근의 화면 크기의 대형화 추세에 따라 직하 방식으로 배치하는 구성이 다시 주목받고 있다.

테두리형 방식이나 도광판 방식은 광선을 진행시키기 위한 패널을 사용하며 도광판 측면에 광원을 두었으며, 이 때 광원의 개수는 측면의 길이에 국한되지만 박형화가 가능하다는 장점이 있고, 발광면 전체에 휘도를 균일하게 분포시키기 위한 과정이 직하 방식에 비해 복잡하다. 도광판 방식의 백라이트는 도광판이 평판 형태인 평판 방식(flat type)과 도광판이 경사가 진 쐐기 방식(wedge type)으로 분류한다. 평판 방식은 도광판의 양쪽 또는 네 모서리에 모두에 광원을 고정시킬 수 있다. 여러 개의 광원을 두어 휘도를 높이기 위해서는 도광판의 측면 두께가 균일해야 하며, 이러한 평판 방식은 모니터나 고휘도가 필요한 경우에 사용된다. 휴대용 기기에서는 전력 소모가 제한되어 있으므로 여러 개의 광원을 사용하기 곤란하다. 이에 맞는 쐐기 방식은 광원 입사부인 한 쪽 면만 폭을 넓게 하고 다른 면은 좁게 함으로써 백라이트의 무게도 줄일 수 있다.

평면 광원 방식 백라이트는 평면 광원을 그대로 사용하는 형태로 구조가 간단하며, 확산판 등에 있어 빛의 손실이 없는 이점이 많고 휘도 면에서 현재까지는 직하형 광원보다 못하지만 얇고, 가벼워 소형화에 유리하다. 광원으로는 전계발광, 발광 다이오드 및 냉음극 평판 형광램프가 실용화되고 있다.

최근까지 발표되고 있는 평판 형광램프는 상판과 하판의 유리에 각각 형광층을 도포하고, 상·하판 사이에 방전 기체를 주입해 봉입된 구조들이 대부분이다.

상·하판의 방전 공간 내부에 전극을 설치하고 전극을 유전층으로 덮어서 방전하는 교류형 방전을 채용하는 방식이다. 상판의 전면에 투명 전극을 도포하고, 하판 전체에 면전극을 도포하여 각각 형광층을 형성한다. 그리고 상·하판 사이의 방전에 의한 플라즈마로부터 형광체를 발광하는 방식이 있다. 그러나 이와 같은 구조는 방전 효율이 매우 낮고 방열이 문제가 되므로 액정 디스플레이 광원으로 부적합하다.

또 다른 구조는 하판에 다수의 전극을 일정한 간격으로 설치하고, 그 위에 유전층을 도포한 전극 구조다. 최근 독일의 Osram사는 이러한 구조를 채용해 중형급에 적용한 백라이트를 선보였다. 이는 하판에 여러 개의 와이어 전극을 수 센티미터 간격으로 배치해 짝수 번과 홀수 번의 전극을 각각 연결해 구동하면서 전극 사이에 교류형 방전에 의해 상·하판에 도포된 형광체를 발광하는 방식의 면 램프다. 이러한 구조도 역시 방열 문제가 발생한다. 패널의 열 발생은 전극 사이의 간격이 좁을수록 고열이 발생한다. 이는 방전 효율과도 연관된다. 반면에 전극 사이의 간격이 클수록 양광주 형태의 플라즈마가 생성돼 방전 효율이 높다. Osram사의 구조는 열의 발생 문제뿐만 아니라, 패널의 중량도 문제가 된다. 패널 내부가 저진공이기 때문에 패널의 신뢰성을 높이기 위해 상·하판 유리가 두꺼워야 하므로 무게가 무거워진다.

전극 사이의 간격을 충분히 확보한 구조로서 패널의 양쪽 가장 자리에 전극을 설치한 구조를 갖기 때문에 이와 같은 구조는 테두리형 백라이트의 개선된 구조라 볼 수 있다. 냉음극이나 열음극 형태의 기다란 선형 전극을 설치한다. 이때, 직류형 방전을 시도하면 플라즈마가 전체 패널에 균일하게 발생하지 않는다. 플라즈마가 임의의 곳으로 집중되기 때문에 패널 전체에 균일한 휘도를 낼 수 없다. 이 구조는 휘도와 효율이 좋은 반면 대면적화가 어렵고 대화면에 적용하기 위해 상·하판을 지지하는 격벽(barrier rip) 혹은 스페이서가 필요하다. 그러나 이로 인해 휘도의 균일도를 저하시키는 요인으로 작용한다.

용어
정리

01. 반사판(reflector): 액정 디스플레이의 배면 광원에서 빛을 패널 방향으로 반사시켜 광효율을 높이기 위한 광학부품을 말한다.

02. 도광판(light guide panel): 광원으로부터 제공되는 빛을 구동 영역으로 인도하는 역할을 하는 얇고 투명한 판을 의미한다.

03. 확산판(diffuser): 광원으로부터 나오는 빛을 확산시켜 디스플레이 패널로 균일하게 조사시키기 위한 광학부품이다.

04. 프리즘 시트(prism sheet): 확산판에서 방사되어 나오는 빛을 굴절이나 집광시켜 디스플레이 패널 방향으로 표면에서 휘도를 상승시키는 역할을 한다.

[참고 자료]

[1] 김홍배 외, "진공의 기초", 전자자료사, 2000.

[2] 문창범, "진공이란 무엇인가", 전파과학사, 1995.

[3] T.E. Madey, "Early applications of vacuum, from Aristotle to Langmuir", J. Vac. Sci. Tech. A, Vol. 2, No. 2, p110, 1984.

[4] M.H. Hablanian, "Comments on the history of vacuum pumps", J. Vac. Sci. Tech. A, Vol. 2, No. 2, p118, 1984.

[5] J.P. Hobson, "The future of vacuum technology", J. Vac. Sci. Tech. A, Vol. 2, No. 2, p144, 1984.

[6] 한전건 외, "세계 진공산업기술 발전현황 및 전망", 진공산업기술연구회, 1994.

[7] 주장헌, "진공기술 실무", 홍릉과학, 2004.

[8] 정석민 외, "진공과학입문", 청문각, 2004.

[9] J.F. O'Hanlon, "A user's guide to vacuum technology", John Wiley & Sons, 1989.

[10] J.M. Lafferty, "Foundations of vacuum science and technology", John Wiley & Sons, 1998.

[11] D.M. Doffman, et al., "Handbook of vacuum science and technology", Academic Press, 1998.

[12] John D. Barrow, "The Book of Nothing", Random House UK, 2003.

[13] 안일신, "진공물리 및 진공기술", 한양대학교 출판부, 2005.

[14] 전환돈, "기압계로 유명한 토리첼리", 물과 미래, 39권, 7호, p99, 2006년

[15] 황학인 역, "알기 쉬운 진공기술", 세화, 1994.

[16] H. Harada, "Properties and safety of the gases", J. Vac. Soc. Jpn., Vol. 28, p494, 1985.

[17] http://www.svc.org/H/H_HistoricalTime.html

[18] http://lesker.com/newweb/index.cfm

[19] http://www.varianinc.com

[20] http://www.vacuum.or.kr

[21] E.N. Da C. Andrade, "The history of the vacuum pump", Adv. Vac. Sci. Tech. I, p14, 1960.

[22] 김현후 외, "디스플레이 공학", 내하출판사, 2010.

[23] 박대희 외, "디스플레이 공학", 인터비젼, 2005.

[24] 이준신 외, "평판 디스플레이 공학", 홍릉과학, 2009.

[25] 노봉규 외, "액정 디스플레이 공학", 성안당, 2000.

[26] 김상수 외, "디스플레이 공학 I", 청범, 2000.

[부록 A]

〈표 A-1〉 진공 기술의 역사

연도	개발자	내 용
1615	Beekman	• Water pump의 작용을 기술
1640	Galileo	• 피스톤을 이용한 진공측정 시도
1640	Berti	• Siphon을 이용한 기초 기압계 고안(베르티의 진공)
1643	Torricelli	• 수은주를 이용하여 진공 실험(토리첼리의 진공)
1648	Pascal	• 기압계 실험
1650	Guericke	• 처음으로 air pump 개발, 마그데부르크시의 반구실험
1662	Boyle	• 보일의 법칙(압력-부피 관계)
1676	Picard	• 진공에서 전기방전 실험
1679	Mariotte	• Boyle-Mariotte law(독립적으로 압력-부피 실험)
1705	Hauksbee	• 전계발광 실험
1740	Nollet	• 달걀형 용기로 전기 방전 실험
1775	Lavosier	• 대기 분석(질소와 산소의 혼합 상태)
1783	Bernoulli	• 기체 운동이론 정립
1802	Charles	• 기체의 부피-온도 법칙
1811	Avogadro	• 아보가드로 수
1843	Clegg & Samuda	• 첫 진공 수송장치 고안
1850	Geissler & Toepler	• 수은주 진공 펌프
1851	Newman	• Mechanical pump 제작
1859	Maxwell	• 기체의 분자-속도 법칙
1865	Sprengel	• Mercury drop vacuum pump
1874	McLeod	• 압축 진공 게이지
1875	Dewar	• 목탄의 흡수에 의한 가스포획 기술
1879	Edison	• 탄소 필라멘트 전구
1879	Crooks	• Cathode ray tube
1881	Van der Waals	• 가스 상태 방정식
1893	Dewar	• 진공 보온병
1895	Roentgen	• X-ray
1902	Fleming	• Vacuum diode
1904	Wehnelt	• Oxide coated cathode
1905	Gaede	• Rotary oil pump 개발
1906	Pirani	• 열전도성 진공 게이지
1907	Forest	• Vacuum triode
1909	Coolidge	• Tungsten 필라멘트 램프
1909	Knudsen	• 가스의 분자 흐름
1910	Thomson	• Mass spectrum

연도	개발자	내 용
1913	Gaede	• Molecular vacuum pump
1915	Coolidge	• X-ray tube
1915	Gaede	• Diffusion pump
1915	Langmuir	• 가스 백열전구
1915	Dushman	• Kenotron
1916	Langmuir	• Condensation diffusion pump
1916	Buckley	• Hot cathode 이온 게이지
1923	Holweck	• Molecular pump 원리 정립
1925	Auger	• Auger electron
1931	Ruska	• Electron microscope
1935	Gaede	• Gas ballast pump
1936	Hickman	• Oil diffusion pump
1937	Penning	• Cold cathode 이온 게이지
1944	Siegbahn	• Turbo molecular pump
1950	Bayard & Alpert	• Ultra high vacuum gauge
1953	Schwartz & Herb	• 이온 펌프
1958	Hall	• 스퍼터 이온 펌프
1960	—	• Cryopump
1985	—	• Dry vacuum pump

[부록 B]

● 진공 부품의 기호

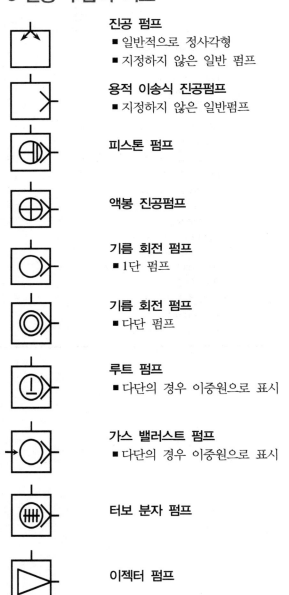

진공 펌프
- 일반적으로 정사각형
- 지정하지 않은 일반 펌프

용적 이송식 진공펌프
- 지정하지 않은 일반펌프

피스톤 펌프

액봉 진공펌프

기름 회전 펌프
- 1단 펌프

기름 회전 펌프
- 다단 펌프

루트 펌프
- 다단의 경우 이중원으로 표시

가스 밸러스트 펌프
- 다단의 경우 이중원으로 표시

터보 분자 펌프

이젝터 펌프

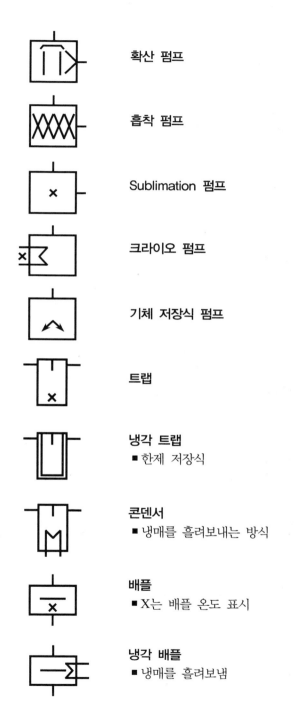

확산 펌프

흡착 펌프

Sublimation 펌프

크라이오 펌프

기체 저장식 펌프

트랩

냉각 트랩
- 한제 저장식

콘덴서
- 냉매를 흘려보내는 방식

배플
- X는 배플 온도 표시

냉각 배플
- 냉매를 흘려보냄

진공계
- 일반적인 도시
- 압력계의 기호와 동일

U자관 진공계
- 사용 액체를 표시

격막 진공계

부르동 진공계

Mcleod 진공계

열전도 진공계

냉음극 전리 진공계

가이슬러관

열음극 전리 진공계

분압 진공계

배관
- 화살표로 흐름을 표시

배관 말단부
- 플랜지에 의해 봉지

밸브(일반)

칸막이 밸브
- 게이트 밸브나 슬루스 밸브

가변 유량 밸브

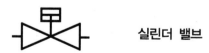

수동 밸브

원격 조정 밸브

실린더 밸브

전동 밸브

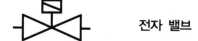

전자 밸브

[부록 C]

〈표 C-1〉 자주 사용하는 유기 용매의 성질

명 칭	Chemical family	Chemical formula	화재 위험	폭발 위험	독성	특 성
Acetone	Ketone	CH_3COCH_3	◎	◎	△	• 낮은 독성, 두통, 마취성
Benzene	Aromatic hydrocarbon	C_6H_6	◎	○	◎	• 극히 위험
n-Butyl acetate	Ester	$CH_3CO_2C_4H_9$	○	○	○	• 마취작용, 눈이나 호흡기 주의
Carbon tetrachloride	Chlorinated hydrocarbon	CCl_4	×	×	◎	• 극히 위험, 가열하면 독성
Ethyl alcohol	Alcohol	C_2H_5OH	◎	○	△	• 낮은 독성, 두통, 호흡기 주의
Ethylene dichloride	Chlorinated hydrocarbon	CH_2ClCH_2Cl	◎	○	◎	• 간이나 신장주의, 호흡기 주의
Isopropyl alcohol	Alcohol	$CH_3CHOHCH_3$	◎	○	△	• 낮은 독성, 두통, 호흡기 주의
Kerosene	Aliphatic petroleum	Hydrocarbon mixture	○	○	△	• 낮은 독성, 마취작용
Methyl alcohol	Alcohol	CH_3OH	◎	○	○	• 두통, 호흡 곤란
Methylene chloride	Chlorinated hydrocarbon	CH_2Cl_2	×	×	◎	• 매우 위험, 가열하면 독성
Methyl ethyl ketone	Ketone	$CH_3COC_2H_5$	◎	○	○	• 눈이나 호흡 주의
Mineral spirits	Aliphatic petroleum	-	○	○	△	• 낮은 독성
Perchloroethylene	Chlorinated hydrocarbon	C_2Cl_4	×	×	○	• 두통, 가열하면 독성
Toluene	Aromatic hydrocarbon	C_7H_9	◎	○	○	• 독성
111-Trichloroethane	Chlorinated hydrocarbon	CH_3CCl_3	×	×	○	• 가열하면 독성
Trichloroethylene	Chlorinated hydrocarbon	C_2HCl_3	×	×	○	• 가열하면 독성, 신장주의
Trichlorotrifluoro-ethane	Fluorinated hydrocarbon	CCl_2FCClF_2	×	×	△	• 비독성
Xylene	Aromatic hydrocarbon	$CH_3C_6H_4CH_3$	◎	◎	◎	• 매우 위험, 독성

〈표 C-2〉 무기 가스의 물리적 성질

기체명	산소	질소	아르곤	헬륨	수소	황화수소	암모니아	이산화질소
분자식	O_2	N_2	Ar_2	He_2	H_2	H_2S	NH_3	N_2O
분자량	32.00	28.01	39.95	4.003	2.016	34.08	17.03	44.01
외관 (상온 상압)	무색	무색	무색	무색	무색	무색	무색	무색
냄새	무취	무취	무취	무취	무취	불쾌한 냄새	자극냄새	감미한 향
가스밀도(kg/m²) 0℃,1atm	1.429	1.251	1.783	0.1785	0.0898	1.539	0.7708	1.977
비중 (공기=1)	1.11	0.97	1.38	0.14	0.07	1.19	0.60	1.53
액체밀도 (kg/l)	1.141	0.808	1.398	0.1248	0.0709	0.993	0.674	1.266
발화점(℃)	−183.0	−195.8	−185.7	−268.9	−252.7	−60.2	−33.4	−88.6
융점 (℃)	−218.8	−209.9	−189.2	−272.2 (26atm)	259.1	−85.5	−77.7	−90.9
임계온도 (℃)	−118.4	−147.1	−122.5	−267.9	−240.2	100.4	132.4	36.5
임계압력 (atm)	50.1	33.5	48.0	2.26	12.8	89	112	130.5
물에 대한 용해도 (cc/100ccH₂O) (0℃, 1atm)	4.89	2.35	5.6	0.97	2.1	437	89.9 (g/100gH₂O)	130.5

〈표 C-3〉 무기 가스의 물리적 성질

가 스	독 성	허용농도(ppm)
시란	흡입으로 호흡기를 매섭게 자극, 급성의 국소자극작용이 강하며 전신 및 만성적인 영향에 대해서 미확인	0.5
포스핀	급성…두통, 흉부불안, 구토, 악감, 횡격막의 동통 만성…소화기장해, 황달, 비인두 자극, 구내염, 빈혈	0.3
디보랑	흡입하면 폐를 자극, 폐수종, 간장, 신장을 침범한다. 기침, 호흡곤란, 전흉부만의 고통, 구토	0.1
알신	급성…헤모글로빈과 결합하여 급격한 적혈구의 저하를 시키며 강한 용혈이 나온다. 두통, 구역질, 현기증 만성…점차 적혈구가 파괴된다. 요에 단백이 난다	0.05
3염화붕소	습기로 가수분해 하여 염산과 붕산을 생성하며 피부, 점막(粘膜)을 침해한다. 폐기종, 기관 상부에의 자극	(BBr.1) (BF.1)
디클로로시란	흡입한 경우 호흡기 상부를 매섭게 자극하여 목이 메며 기침이 난다. 눈, 피부, 점막에 접촉하면 화상이 난다	−
암모니아	흡입으로 호흡기의 부종(浮腫), 성문의 경련, 질식을 일으킨다. 피부 점막에 대한 자극성, 부식성이 강하다	25
스티핑	아르신 의 생체에 미치는 독성과 같다. 과도의 피폭에서는 헤모글로빈요(혈색요소)를 배설	0.1
세렌화수소	결막자극과 호흡이상, 폐수종, 악심, 구토, 구강(口腔)의 금속 취기 현기증, 호흡의 마늘냄새, 사지권태(四肢倦怠)	0.05
염화수소	피부, 점막을 침해, 아픔을 동반하여 화상을 이른다. 눈에 접하면 자극, 흡입하면 호흡기 자극시 질식이 나며 폐기종, 인두경축	5

⟨표 C-4⟩ 여러 종류의 가스에 대한 생체 유독성

물질명	분자식	피부	눈	기관지	폐포	산소희석	간장해	신경	심장	신장	위장	뼈	허용농도 (ppm)
일산화질소	NO	–	–	–	O	–	–	O	–	–	–	–	25
이산화질소	NO_2	–	O	O	O	–	–	–	–	–	–	–	5
암모니아	NH_3	O	O	O	O	–	–	–	–	–	–	–	50
염소	Cl_2	O	O	O	O	–	–	O	–	–	–	–	1
염화수소	HCl	O	O	O	O	–	–	–	–	–	–	–	5
브롬화수소	HBr	O	O	O	O	–	–	O	–	–	–	–	3
불화수소	HF	O	O	O	O	–	–	O	O	O	O	O	3
과산화수소	H_2O_2	O	O	O	O	–	–	–	–	–	–	–	1
황화수소	H_2S	–	O	O	O	호흡마비	–	O	O	–	O	–	10
질소	N_2	–	–	–	–	O	–	–	–	–	–	–	–
아산화질소	N_2O	–	–	–	–	O	–	O	–	–	–	–	–
아르곤	Ar_2	–	–	–	–	O	O	–	–	–	–	–	–
헬륨	He_2	–	–	–	–	O	–	–	–	–	–	–	–
수소	H_2	–	–	–	–	O	–	–	–	–	–	–	–
이산화탄소	CO_2	–	–	–	–	O	–	O	–	–	–	–	5,000
6불화유황	SF_6	–	–	–	–	O	–	–	–	–	–	–	1,000
6불화에탄	C_2F_6	–	–	–	–	O	–	–	–	–	–	–	–
8플루오르프로판	C_3F_8	–	–	–	–	O	–	–	–	–	–	–	–
4염화탄소	CCl_4	–	–	–	–	–	O	O	–	O	–	–	10
4불화탄소	CF_4	–	–	–	–	–	O	O	–	–	–	–	–
3불화질소	NF_3	O	–	–	–	–	O	–	O	O	–	–	10
프론12	CCl_2F_2	–	–	O	–	O	–	O	–	–	–	–	1,000
프론13	$CClF_3$	–	–	–	–	O	–	O	–	–	–	–	–
프론113	$C_2Cl_3F_3$	–	–	–	–	O	–	O	–	–	–	–	1,000
프론114	$C_2Cl_2F_4$	–	–	–	–	O	–	O	–	–	–	–	1,000
플루오르호름	CHF_3	–	–	–	–	O	–	–	–	–	–	–	–
3염화 인	PCl_3	O	O	O	O	–	–	O	–	–	–	–	0.5
5불화 인	PF_5	O	O	O	O	–	–	–	–	–	–	–	–
옥시염화인	$POCl_3$	O	O	O	O	–	–	O	–	O	O	–	0.5
포스핀	PH_3	–	O	O	O	–	–	O	O	–	O	O	0.3
아르신	AsH_3	–	–	–	O	–	–	O	–	O	–	–	0.05
3염화비소	$AsCl_3$	O	O	O	O	성문수종	O	O	O	O	O	O	0.2 mg/m³
3불화비소	AsF_3	O	O	O	O	–	O	O	O	O	O	O	–
5불화비소	AsF_5	O	O	O	O	–	O	O	O	O	O	O	–
지보랑	B_2H_6	–	O	O	O	–	O	–	–	O	–	–	0.1
3염화붕소	BCl_3	–	O	O	O	–	–	–	–	–	–	–	–
3불화붕소	BF_3	–	O	O	O	–	O	O	O	O	O	–	1
3브롬화붕소	BBr_3	O	O	O	O	–	–	–	–	–	–	–	–
3요오드화붕소	BI_3	–	O	O	O	–	–	–	–	–	–	–	–
시란	SiH_4	–	–	O	–	–	–	–	–	–	–	–	0.5
4불화규소	SiF_4	O	O	O	O	–	–	–	–	–	–	O	–
4염화규소	$SiCl_4$	O	O	O	O	–	O	O	–	–	–	–	–

⟨표 C-4⟩ 여러 종류의 가스에 대한 생체 유독성 [연속]

물질명	분자식	피부	눈	기관지	폐포	산소희석	간장해	신경	심장	신장	위장	뼈	허용농도 (ppm)
트라이클로로시란	$SiHCl_3$	−	O	O	O	−	−	−	−	−	−	−	−
디클로로시란	SiH_2Cl_2	−	O	O	O	−	−	−	−	−	−	−	−
3수소화게르마늄	GeH_3	−	−	−	−	−	−	−	−	O	−	−	0.2
수소안티몬	SbH_3	−	−	−	O	−	O	−	−	O	−	−	0.1
수소화셀렌	SeH_2	−	O	O	O	−	−	−	−	−	−	−	0.05
수소화텔루르	TeH_2	O	O	O	O	−	O	−	−	−	−	−	$0.1\ mg/m^3$
디메칠텔루르	$(CH_3)_2Te$	−	−	−	−	−	O	−	−	−	−	−	$0.1\ mg/m^3$
디에칠텔루르	$(C_2H_5)_2Te$	−	−	−	−	−	O	−	−	−	−	−	−
디메칠카드뮴	$(CH_3)_2Cd$	O	O	O	O	−	−	−	−	−	O	−	$0.1\ mg/m^3$
디에칠아연	$(C_2H_5)_2Zn$	−	O	O	O	−	−	−	−	−	−	−	−
트리메칠인	$(CH_3)_3P$	−	−	O	O	−	O	−	−	−	O	O	−
트리에틸인	$(C_2H_5)_3P$	−	−	−	O	−	O	−	−	−	O	O	−
트리메칠비소	$(CH_3)_3As$	−	O	O	O	−	O	O	−	O	−	−	$0.05\ mg/m^3$
트리에칠비소	$(C_2H_5)_3As$	−	O	O	O	−	O	O	−	O	−	−	$0.05\ mg/m^3$
트리메칠길륨	$(CH_3)_3Ga$	O	O	O	O	−	−	−	−	O	−	−	−
트리에칠갈륨	$(C_2H_5)_3Ga$	O	O	O	O	−	−	−	−	O	−	−	−
트리메칠안티몬	$(CH_3)_3Sb$	O	O	O	O	−	O	O	−	O	−	−	−
트리에칠안티몬	$(C_2H_5)_3Sb$	O	O	O	O	−	O	O	−	O	−	−	−
트리에칠알루미늄	$(CH_3)_3Al$	O	O	O	O	−	−	−	−	−	−	−	−
트리메칠알루미늄	$(C_2H_5)_3Al$	O	O	O	O	−	−	−	−	−	−	−	−
디메칠수은	$(CH_3)_3Hg$	−	O	O	O	−	−	O	−	−	−	−	0.001
디에칠수은	$(C_2H_5)_3Hg$	−	O	O	O	−	−	O	−	−	−	−	0.001
4염화게르마늄	$GeCl_4$	O	O	O	O	−	−	−	−	−	−	−	−
4염화주석	$SnCl_4$	O	O	O	O	−	−	−	−	−	−	−	−
5염화안티몬	$SbCl_5$	O	O	O	O	−	O	−	−	−	O	−	$0.5\ mg/m^3$
불소화탄탈	TaF_5	O	O	O	O	−	O	O	−	−	−	O	−
불화텅스텐	WF_5	O	O	O	O	−	O	O	−	−	−	O	−
불화몰리브덴	MoF_6	O	O	O	O	−	O	O	−	−	−	O	−
불화티탄	TiF_4	O	O	O	O	−	O	O	−	−	−	O	−
4염화티탄	$TiCl_4$	O	O	O	O	−	−	−	−	−	−	−	−
비소화갈륨	$GaAs$	O	O	O	O	−	O	O	−	−	−	−	−
poly−si중간체	$CnHnClnSi$	O	O	O	O	−	−	−	−	−	−	−	−

[INDEX]

◆ **김현후**
　현재 두원공과대학교 디스플레이공학계열 교수

◆ **김외조**
　현재 두원공과대학교 디스플레이공학계열 교수

◆ **김원식**
　현재 엘티씨(주) 기술개발연구소 수석연구원

◆ **이상돈**
　현재 강릉원주대학교 전기공학과 교수

◆ **임기조**
　현재 충북대학교 전기전자컴퓨터공학부 교수

진공 및 공정기술

발행일	2015년 2월 26일
저 자	김현후·김외조·김원식·이상돈·임기조
발행인	모흥숙
발행처	내하출판사
등 록	1999년 5월 21일 제6-330호
주 소	서울 용산구 한강대로 104 라길 3
전 화	02) 775-3241~4
팩 스	02) 775-3246
E-mail	naeha@unitel.co.kr
Homepage	www.naeha.co.kr

ISBN | 978-89-5717-430-2
정 가 | 22,000원